高等职业教育“十三五”规划教材

计算机类精品教材

Flash动画设计与制作项目教程

主　编　安远英　王同娟

副主编　姚　娜　罗国春

　　　　张雪松　张　淏

编　委　陈海英　徐　向

電子工業出版社

Publishing House of Electronics Industry

北京·BEIJING

内 容 简 介

根据高职学生的特点，为了培养学生的动手能力，增加项目制作的经验，同时熟悉基础知识，本书采用了“项目导向、任务驱动”方式编写。首先提出任务，展示任务效果，进行思路分析，其次进行知识和技能准备，最后进行任务实施。全书共包括 8 个项目，由于前两个项目主要帮助学生掌握基本工具的使用及熟悉软件，因此设计任务较多。其中，项目一包含 5 个任务，项目二包含 4 个任务，项目三～项目八包含 18 个任务。通过这些任务的实施，构建了从简单到复杂、从认知到实践，以任务实现为主线，融合实践与理论的教学过程，从而使学生感受解决问题的乐趣，激发学习的积极性，提高实践动手能力。

本书具有简明、实用、操作性强等特点，着重强调任务驱动，既可作为高等职业院校计算机及数字艺术类相关专业的教学用书，也可作为一般读者自学和专业人员的参考书。

图书在版编目（CIP）数据

Flash 动画设计与制作项目教程 / 安远英，王同娟主编. —北京：电子工业出版社，2019.5
ISBN 978-7-121-36703-8

Ⅰ. ①F… Ⅱ. ①安… ②王… Ⅲ. ①动画制作软件－高等职业教育－教材 Ⅳ. ①TP391.414

中国版本图书馆 CIP 数据核字（2019）第 103233 号

责任编辑：祁玉芹
印　　刷：中国电影出版社印刷厂
装　　订：中国电影出版社印刷厂
出版发行：电子工业出版社
　　　　　北京市海淀区万寿路 173 信箱　邮编　100036
开　　本：787×1092　1/16　印张：16.5　字数：402 千字
版　　次：2019 年 5 月第 1 版
印　　次：2022 年 8 月第 3 次印刷
定　　价：39.80 元

凡所购买电子工业出版社图书有缺损问题，请向购买书店调换。若书店售缺，请与本社发行部联系，联系及邮购电话：（010）88254888，88258888。

质量投诉请发邮件至 zlts@phei.com.cn，盗版侵权举报请发邮件至 dbqq@phei.com.cn。

本书咨询联系方式：（010）68253127。

前　言

Flash 是 Adobe 公司推出的一款动画设计和多媒体设计软件，主要应用于动画片、广告、MTV、游戏、电子贺卡的制作等领域。由于其导出的 SWF 格式文件较小，便于网上传播，因此应用相当广泛。“Flash 动画设计与制作”课程是计算机及数字艺术类相关专业的一门重要的专业课程。为了使高职院校的教师能够比较全面、系统地讲授这门课程，使学生能够熟练地使用 Flash 进行动画制作和多媒体制作，我们编写了本书。

本书在内容选择及章节的安排方面立足两点：① 从高职学生的特点出发，从实际工作过程出发；② 以实践为主，理论够用即可。本书以项目为载体，分为绘制卡通形象、电子贺卡的制作、电子相册的制作、MV 的制作、广告的制作、动画短片的制作、游戏的制作、网站应用 8 个项目，涵盖了 Flash 动画应用的 8 个主要方面，学生通过参与这些项目的制作，不仅可以学习知识和技能，还可以举一反三，了解 Flash 动画的应用领域，这为学生未来从事相关工作打下了坚实的基础。

根据高职学生的特点，为了培养学生的动手能力，增加项目制作的经验，同时熟悉基础知识，本书采用了“项目导向、任务驱动”方式编写。首先，提出任务，展示任务效果，进行思路分析，其次进行知识和技能准备，最后进行任务实施。书中前两个项目主要帮助学生掌握基本工具的使用及熟悉软件，设计任务较多。其中，项目一包含 5 个任务，项目二包含 4 个任务，项目三～项目八包含 18 个任务。通过这些任务的实施，构建了从简单到复杂、从认知到实践，以任务实现为主线，融合实践与理论的教学过程，使学生感受解决问题的乐趣，激发学习的积极性，提高了实践动手能力。

本书收集了学生的反馈，结合目前 Flash 动画设计与制作教材的优点并考虑到学生的学习特点而编写，主要包括以下两个方面。

（1） 增强理论与实践相结合。项目贯穿全教材，任务源于已实际开发的项目，从教学一开始直至结束，所有概念和方法都会应用于这些任务中，随着任务的分析实施，完成全部教学内容。这种方法在国外相当流行，的确可以在培养学生分析解决问题的能力方面发挥更大作用，因而值得研究和发扬。

（2） 突出组织逻辑和增加趣味性。目前的教材用于教学后，学生的普遍反映还是概念原理介绍过多，内容组织的逻辑思路不是很明晰。我们希望针对学生的反馈在新编教材中进行改进。

鉴于本书面向的是高职计算机及数字艺术类相关专业的学生，他们对实践性的要求不言而喻，因此教材编写重点不在理论上，建议学生在学习时，选择一本偏重于理论的教材作为参考。

本书由铜仁职业技术学院安远英、山东理工职业学院王同娟担任主编，山东理工职业学院姚娜、重庆电信职业学院罗国春、广州城建职业学院张雪松、张淏担任副主编，贵州省铜仁职业技术学院陈海英、贵州装备制造职业学院徐向担任编委共同编写完成。全书由安远英统稿审核。

由于作者水平有限，书中难免有疏漏之处，恳请各位读者给予批评指正。

为了使本书更好地服务于授课教师的教学，我们为本书配了教学讲义，期中、末考卷答案，拓展资源，教学案例演练，素材库，教学检测，案例库，PPT 课件和课后习题、答案。请使用本书作为教材授课的教师，如果需要本书的教学软件，可到华信教育资源网www.hxedu.com.cn下载。如有问题，可与我们联系，联系电话：(010)56645003/13331005816；QQ：394992521。

编　者

2019 年 2 月

目　录

项目一　绘制卡通形象

项目简介：

卡通形象的绘制是制作动画片、广告、MTV、游戏的基础。本项目将介绍五星红旗、西瓜、雨伞、豌豆射手等卡通形象的绘制方法，通过对这些形象的绘制使读者熟悉工具面板中各种工具的使用方法。

学习目标：

❖ Flash 的绘制模式。
❖ 工具面板中各种工具的使用方法。
❖ “颜色”面板、“变形”面板、“对齐”面板、“属性”面板的使用。
❖ 卡通形象的绘制。

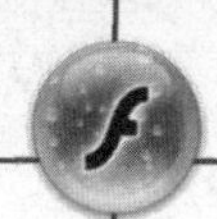

任务一　初识 Flash

1.1.1　了解 Flash CC 的由来

Flash 是一款二维动画制作软件。在 20 世纪末，由于带宽不足及浏览器支持的问题，网页上播放动画只有两种格式：GIF 动画和 Java 编程。它们各有缺点，GIF 动画只支持 256 色，而 Java 编程制作动画要付出更多的努力，这与程序员的编程能力和设计素养有很大关系。1997 年，Macromedia 公司收购了一家名为 FutureWave 的公司，通过改进 FutureSplash 软件，推出了 Flash 软件，使网页上播放动画有了第三种选择。

Flash 自 1997 年诞生以来，推出了 Flash1.0、Flash2.0 版本，但并没有引起人们足够的重视。直到 2000 年 Macromedia 公司推出了具有里程碑意义的 Flash 5.0，并引入了脚本语言 ActionScript1.0，才真正引起一场动画设计领域的革命。Macromedia 公司发布的最后版本为 Flash 8.0。

2005 年 4 月 18 日，Adobe 公司以 34 亿美元的价格收购了最大的竞争对手 Macromedia 公司，这一收购极大地丰富了 Adobe 的产品线，自此，Macromedia Flash 更名为 Adobe Flash。

2015 年 6 月，Adobe 旗下设计套件 Adobe Creative Cloud 2015 最新版本正式发布，包括一系列桌面版工具的重大更新，如 Photoshop CC、Flash CC、Illustrator CC、Premiere Pro CC 和 InDesign CC 等。Flash CC 2015 软件内置强大的工具集，具有排版精确、版面保真和丰富的动画编辑功能，能够帮助用户清晰地传达创作构思。例如，Flash CC 2015 可以用来制作 Flash 导航条、Flash 动画片、纯 Flash 网站、电子杂志、电子相册、精美幻灯片、电子贺卡、MV、游戏等，不胜枚举。

1.1.2　了解 Flash 的用途

在浏览网页时，人们经常发现动画，这些漂亮的动画就是由 Flash 软件制作的，那么在哪些情况下会用到 Flash 动画呢？

（1）制作动画短片。

利用 Flash 软件可以制作动画短片，这是 Flash 常用的功能，如图 1-1 所示。Flash 动画短片可以是讲一个笑话，说明一个道理，讲一个故事或传递一个价值观等，而且 Flash 动画短片还可以是以上几类的结合。

（2）制作电子相册。

电子相册可以利用 Flash 软件进行制作。当然目前还有其他“傻瓜式”的电子相册制作软件，通过导入几张图片，自动产生相册效果。但需要说明的是，这些相册无法根据顾客的要求进行定制，只有利用 Flash 软件制作的电子相册才能更好地满足顾客的定制化需求。

（3）制作电子贺卡。

随着网络时代的到来，在生命中的重要时刻，如生日、新婚、传统节假日等，人们已经习惯采用电子贺卡来传递信息和感情，如图 1-2 所示。单纯的文字过于单调，Flash 贺卡由于占用空间较小、表现形式丰富等特点，便成为制作电子贺卡的技术首选。

图 1-1

图 1-2

（4）制作 MV。

Flash 的绘图功能非常强大，可以导入声音、视频等。因此，利用 Flash 软件可以制作小成本的 MV，能达到较好的效果，如图 1-3 所示。目前，互联网上的 MV 作品非常多，许多利用 Flash 软件结合歌曲音频文件制作的 MV，效果很好。

图 1-3

（5）制作多媒体教学课件或视频。

目前，网络上的很多教学课件或视频都是利用 Flash 软件制作的。利用 Flash 软件制作的教学课件或视频，可以结合授课主题、授课对象及教师的构思，将文字、图片、音乐、视频等素材进行组织，产生有趣的、交互效果较好的多媒体课件或教学视频，如图 1-4 所示。大家耳熟能详的“秒懂百科”中的很多视频都是利用 Flash 软件制作的，借助这种动画形式，受众可以更好地获得课件或视频中传递的信息。

图 1-4

（6）制作广告。

在浏览网页时，或者在观看网络电视时，人们经常可以看到 Flash 软件制作的广告，如图 1-5 所示。相对来讲，利用 Flash 制作动画，其成本比影视拍摄配合后期制作要低许多，但却能收获意想不到的广告效果。

图 1-5

（7）制作游戏。

借助 Flash，可以制作各种主题的小型游戏，如设计类、益智类、换装类等。由于 Flash 软件制作的游戏所占资源较少，因此可以直接在网页中进行操作。

（8）网站应用。

在网站中随处可以看到 Flash 的踪影。例如，很多门户网站中的广告、网站顶端的 banner 等都是由 Flash 软件制作的，如图 1-6 所示。由 Flash 软件制作的动画占用空间较小，可以在网页上快速打开。

图 1-6

1.1.3　了解 Flash 软件的特点

Flash 软件之所以应用范围广泛，受到很多用户的青睐，主要是因为它具有很多的优点。下面介绍最为重要的 4 个优点。

（1）操作简单，动画形式多样。

Flash 以帧组织动画，通过关键帧形成动画效果，这些动画效果通过简单的设置自动形成，而不需要复杂的操作。通过关键帧的设置等操作，可以实现颜色、位置、透明度、形状等的变化。此外，可以通过简单地制作遮罩来引导动画，甚至借助 AS 脚本实现更为复杂的动画。

（2）向量动画，占用空间小。

利用 Flash 软件制作的动画是向量动画。向量图形和位图的区别在于，向量图形可以任意放大图形而不会失真，而位图在放大倍数较大时会出现锯齿状。向量动画占用存储空间较小，与位图动画相比具有明显优势。

（3）流式播放技术，便于传播下载。

流式播放技术使动画可以边播放边下载，进而缓解浏览者的焦虑情绪。此外，由于 Flash 是向量动画，输出格式一般为 SWF，文件非常小，便于网络下载和传播，将其嵌入网页中，不仅能够锦上添花，而且小巧，可以快速打开和下载。

（4）强大的交互功能。

通过 Action 和 FS Command 可以实现交互性，使得 Flash 具有更好的设计自由度。此外，由于和 Dreamweaver 同为一家公司的产品，因此彼此支持，可以直接嵌入网页中的任意位置，非常方便。

1.1.4　了解 Flash 软件的常用术语

理解 Flash 软件术语能在利用 Flash 软件制作动画时具有事半功倍的效果。

FLA 文件是 Flash 的源文件，它包含了关于动画的所有设置信息。在 FLA 文件中，可以编辑、修改动画效果。

（1）SWF 文件。

SWF 文件是 Flash 软件常用的导出格式，其特点是导出文件较小，便于在网上进行传播。但是通过 Flash 软件打开 SWF 文件，无法进行编辑修改。

（2）AS 文件。

AS（AcitonScript）文件可以将某些或全部的 ActionScript 代码保存在 FLA 文件以外的

位置，并有助于代码的管理。

（3）SWC 文件。

SWC 文件包含重新使用的 Flash 组件。每个 SWC 文件都包含一个已经编译的影片剪辑、ActionScript 代码及组件所要求的任何其他资源。

（4）JSP 文件。

JSP 文件可用于向 Flash 软件创作工具添加新功能的 JavaScript。

（5）场景。

场景是创建 Flash 文档的工作区域，即进入 Flash 软件界面后看到的矩形区域，可以在矩形区域放置图形内容，包括矢量插图、文本框、按钮、导入的位图图像或是视频剪辑等。

（6）关键帧。

在关键帧中定义了对动画的对象属性所做的更改，或者包含了 AcitonScript 代码。

（7）图层。

图层具有两大特点：除了有图形或文字的位置，其他位置都是透明的，也就是说，下层的内容可以通过透明的位置显示出来；图层又是相对独立的，修改其中一层，不会影响其他层。

1.1.5 了解 Flash CC 2015 的常用快捷键

Flash CC 2015 的常用快捷键如表 1-1 所示。

表 1-1 Flash CC 2015 的常用快捷键

快 捷 键	功 能	快 捷 键	功 能
Ctrl+O	打开文件	Ctrl+-	缩小
Ctrl+W	关闭当前文件	Ctrl+G	组合
Ctrl+Alt+W	全部打开文件	Shift+F3	查找上一个
Ctrl+F	查找和替换	Ctrl+D	直接复制
F3	查找下一个	Ctrl+M	注释代码
F5	插入帧	Ctrl+Shift+M	取消注释
F6	插入关键帧	Ctrl+Shift+F	构建代码格式
F7	插入空白关键帧	Ctrl+空格	显示代码提示
Ctrl+Alt+V	粘贴帧	Ctrl+L	打开库面板
Ctrl+Alt+C	复制帧	Ctrl+T	打开变形面板
Ctrl+'	显示网格	Ctrl+K	打开对齐面板
Ctrl+A	全选	Ctrl+Shift+F9	打开颜色面板
Ctrl+V	粘贴到中心位置	Ctrl+Enter	测试影片
Ctrl+Shift+V	粘贴到当前位置	Ctrl+Alt+Enter	测试场景
Ctrl+=	放大	Ctrl+Shift+Enter	调试

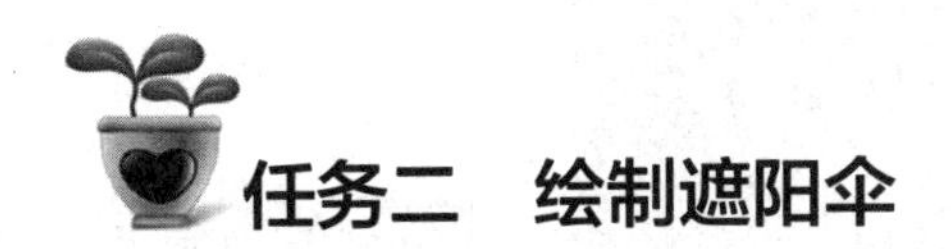

任务二　绘制遮阳伞

1.2.1　任务效果及思路分析

本任务需要绘制遮阳伞，如图 1-7 所示，主要利用选择工具、线条工具、颜料桶工具、成组等功能。

（1）使用选择工具和线条工具绘制太阳伞轮廓。

（2）使用颜料桶工具填充太阳伞颜色。

图 1-7

1.2.2　任务知识和技能

1. 线条工具

线条工具（可通过单击按钮或按“N”键进行选择）用于绘制各种直线。选择“工具”面板中的“线条工具”，将鼠标指针移动到舞台中，鼠标指针变为“+”形状，在舞台中按住鼠标左键并拖动到需要的位置，释放鼠标左键即可绘制一条直线。按住“Shift”键的同时选择“线条工具”，可以绘制水平、垂直或倾斜 45°的直线。

选择“线条工具”后，可以在“属性”面板中调整其参数，如图 1-8 所示。

（1）笔触颜色。在“属性”面板中，单击笔触颜色，弹出“颜色”面板，此时鼠标指针变成吸管形状，可以直接吸取颜色样本进行颜色选择，或者直接在对话框中输入颜色代码（六位十六进制代码，RGB 色彩模式下），即可完成颜色的设置。其中，Alpha 可以设置透明度，其值为“100”时，为完全不透明；其值为“0”时，为完全透明，如图 1-9 所示。

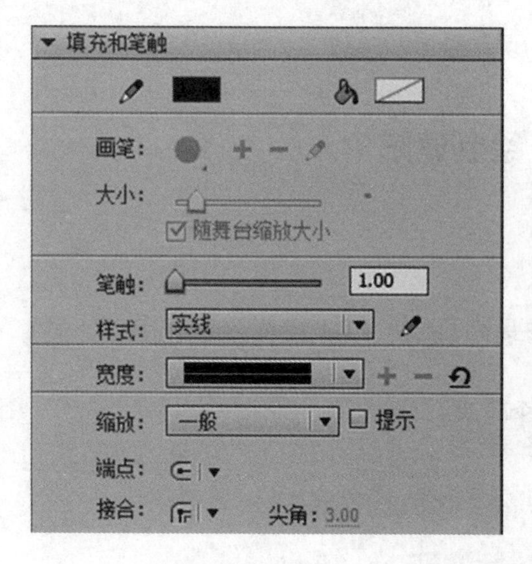

图 1-8

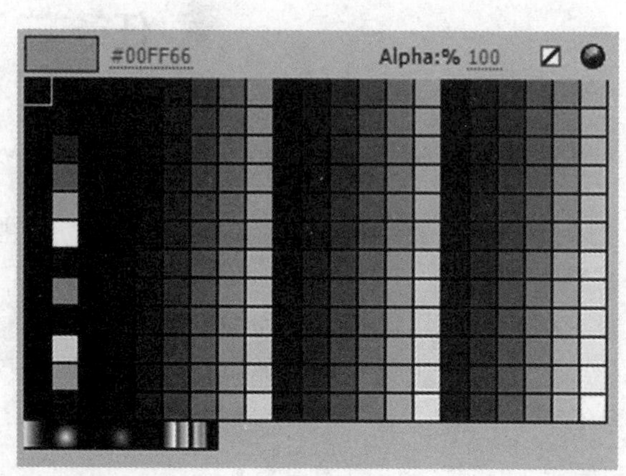

图 1-9

（2）笔触高度。在“属性”面板中，滑动笔触滑块设置笔触高度，或者在右侧的文本框中输入颜色高度，笔触高度越高，线条越粗。

（3）笔触样式。在“属性”面板中，单击笔触样式会弹出一个下拉列表，如图 1-10 所示。

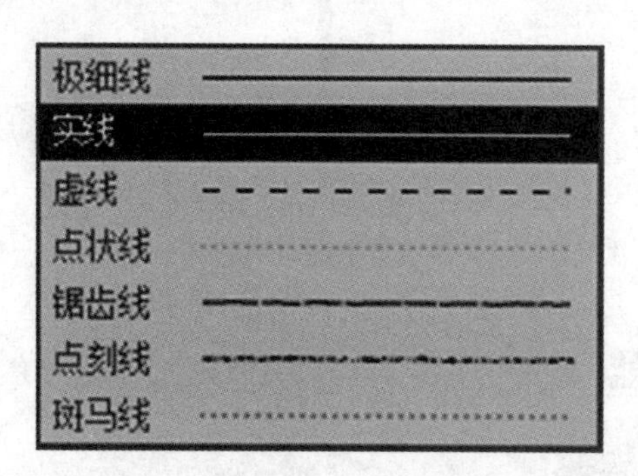

图 1-10

（4）线条的端点。在“属性”面板中单击“端点”右侧的图标，在弹出的下拉列表中包括无、圆角、方形 3 个选项，如图 1-11 所示，效果如图 1-12 所示。

图 1-11　　图 1-12

（5）线条的结合。在“属性”面板中单击“接合”右侧的图标，在弹出的下拉列表中包括尖角、圆角、斜角 3 个选项，如图 1-13 所示，其设置主要体现在线段相连接时的样式，如图 1-14 所示。

图 1-13

图 1-14

2. 选择工具

通过单击“工具”面板中的 按钮或按“V”键，可以选择“选择工具”。“选择工具”用于选择、移动、复制图形及改变图形的形状等。

（1） 更改线条的长度和方向。

选择“选择工具”后，将鼠标指针移动到线条的一个端点，在指针出现直角形状后，按住鼠标左键拖动可以改变线条方向和长度。

（2） 更改线条的轮廓。

将鼠标指针移动到线条上，当指针出现弧线标志后，按住鼠标左键拖动可以改变线条的轮廓，使直线变成各种弧度的曲线。

3. 颜料桶工具

单击“工具”面板中的“颜料桶工具”或按“K”键，可以启用“颜料桶工具”。“颜料桶工具”用于填充颜色，选择该工具，在“属性”面板中设置填充颜色后，可以在闭合的图形内填充颜色。

使用“颜料桶工具”在图 1-15 所示的图形中单击时，发现无法为该图形填充颜色，原因就是该图形的线条没有闭合。

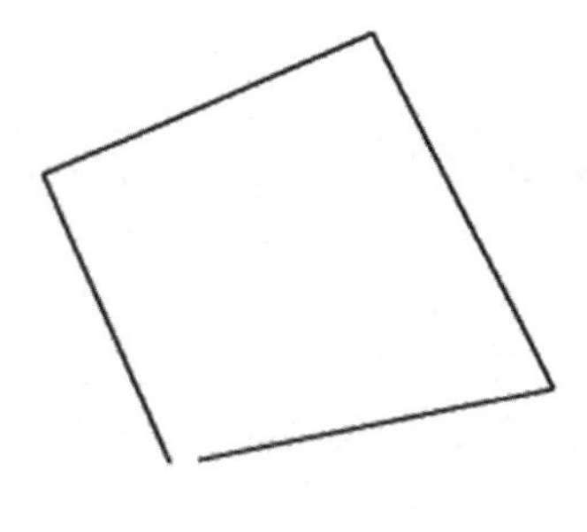

图 1-15

1.2.3 任务实施步骤

（1） 启动 Flash CC 2015 后，执行“新建”→“ActionScript 3.0”命令，新建 Flash 文件，随后进入 Flash 的编辑界面。

（2） 执行“视图”→“网格”→“显示网格”命令（或按“Ctrl+,”组合键）后，舞台会出现 10 像素×10 像素大小的灰色网格。

（3） 执行“视图”→“网格”→“编辑网格”命令，将横纵网格间距调整为 20 像素，并选中“贴紧至网络”复选框，如图 1-16 和图 1-17 所示。

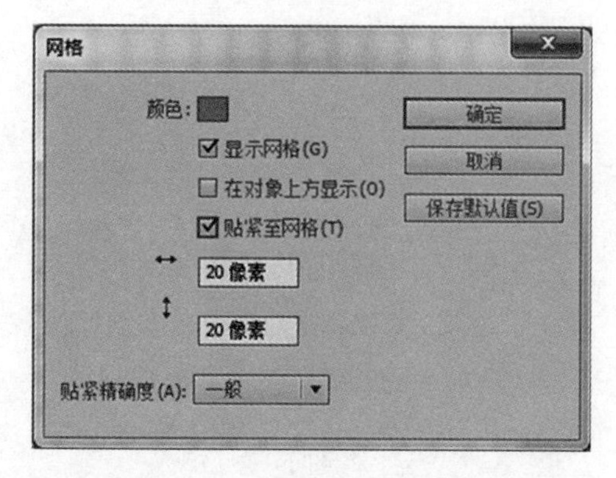

图 1-16

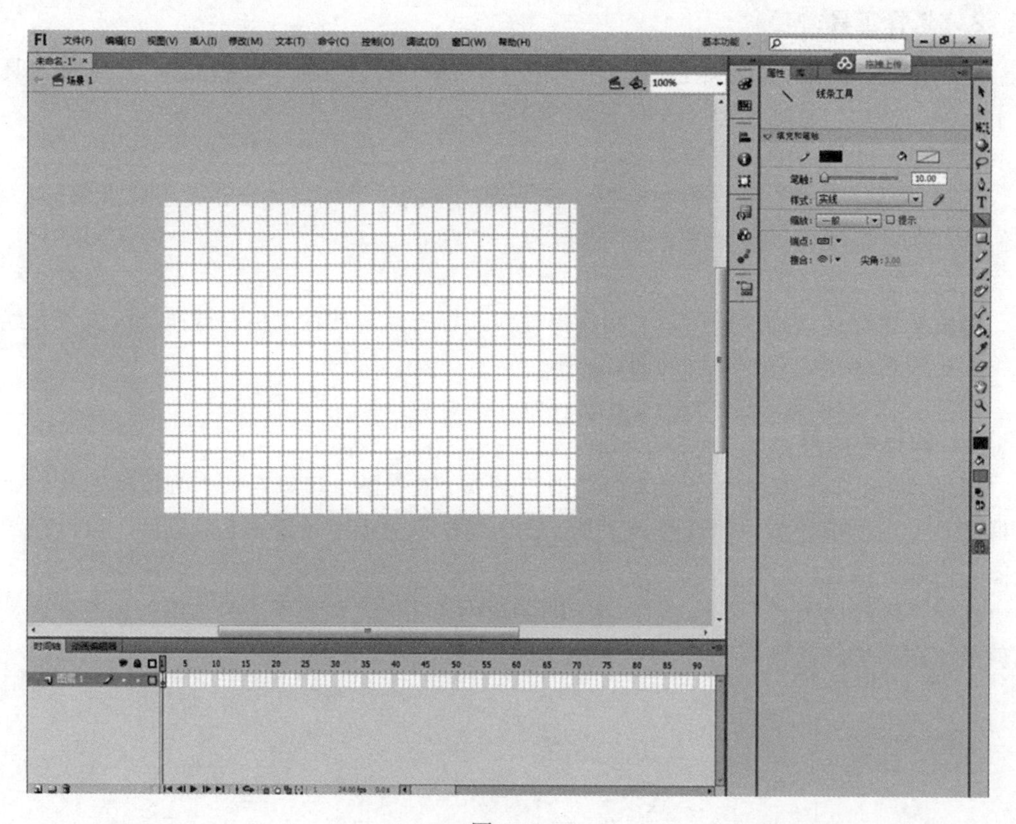

图 1-17

（4） 在舞台右侧的“工具”面板中单击“线条工具”，如图 1-18 所示，设置“线条工具”的填充与笔触，其中笔触颜色为“#999999”，笔触设置如图 1-19 所示，接着在舞台上绘制一条直线，如图 1-20 所示。

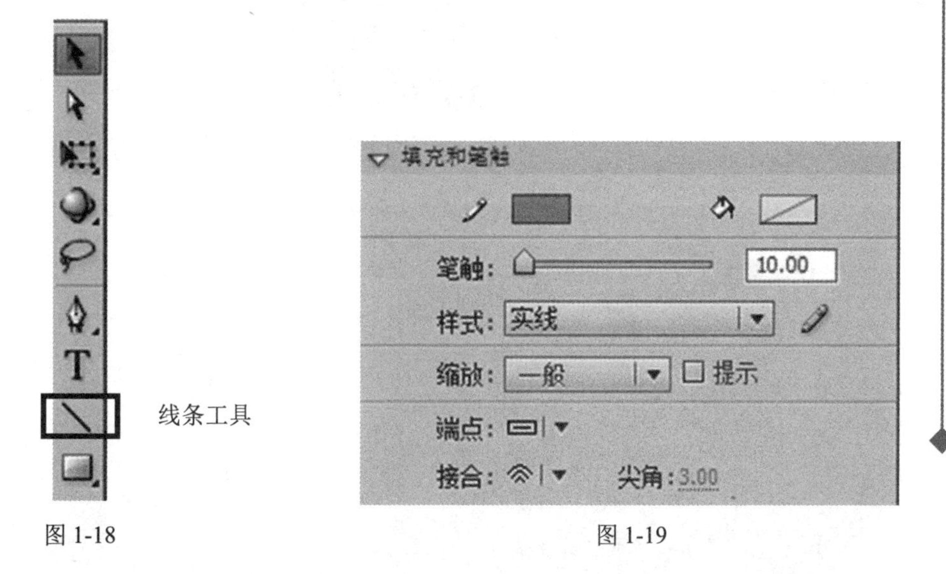

图 1-18　　　　　　　　　　图 1-19

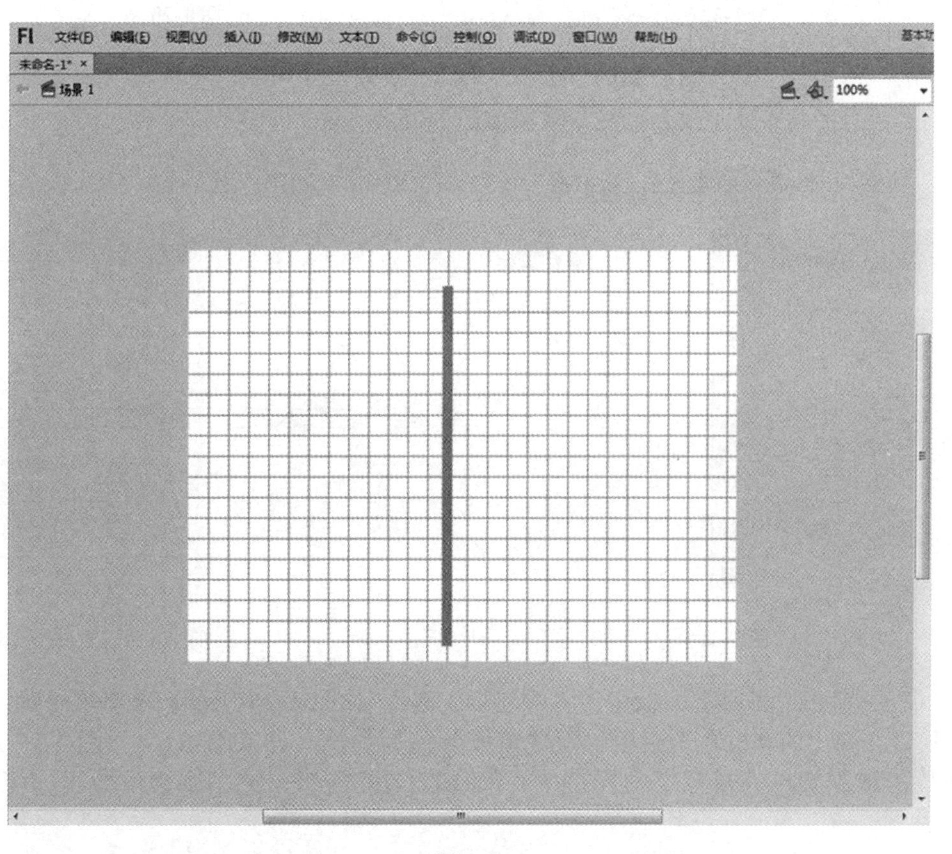

图 1-20

（5）单击“时间轴”面板左下角的“新建图层”按钮，如图 1-21 所示。新建图层 2，选择第 1 帧，修改“线条工具”的填充与笔触，如图 1-22 所示，接着绘制遮阳伞的轮廓，如图 1-23 所示。

图 1-21

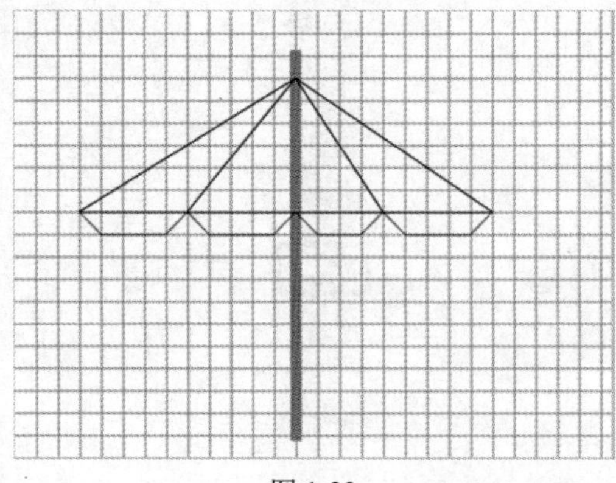

图 1-22

图 1-23

（6） 单击“工具”面板中的“选择工具”，如图 1-24 所示，将鼠标指针移动至直线上，将舞台上的几条线条改为曲线，效果如图 1-25 所示。

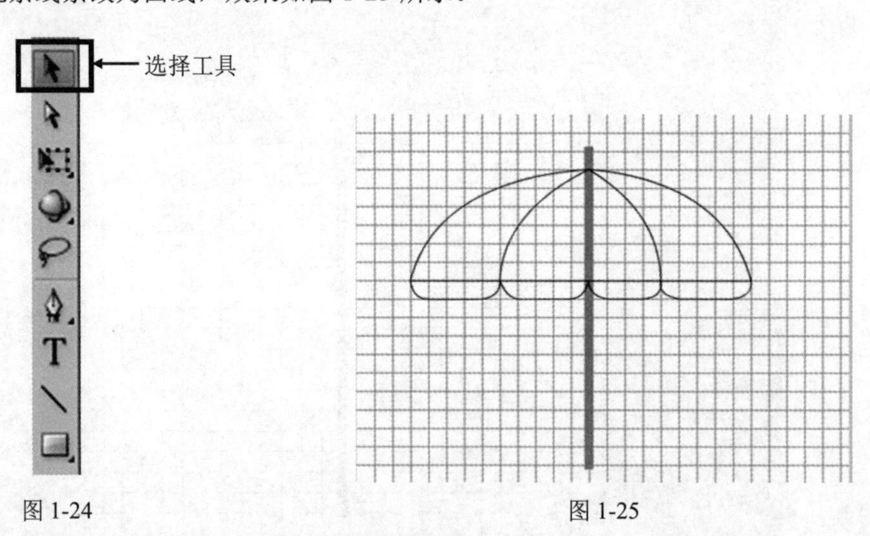

图 1-24

图 1-25

（7） 单击“工具”面板中的“颜料桶工具”，如图 1-26 所示，单击填充颜色正方形色块，在弹出的“颜色”面板中设置填充颜色为绿色（#33CC33），如图 1-27 所示，接着修改填充颜色为蓝色（#33CCFF），如图 1-28 所示，遮阳伞最终效果如图 1-29 所示。

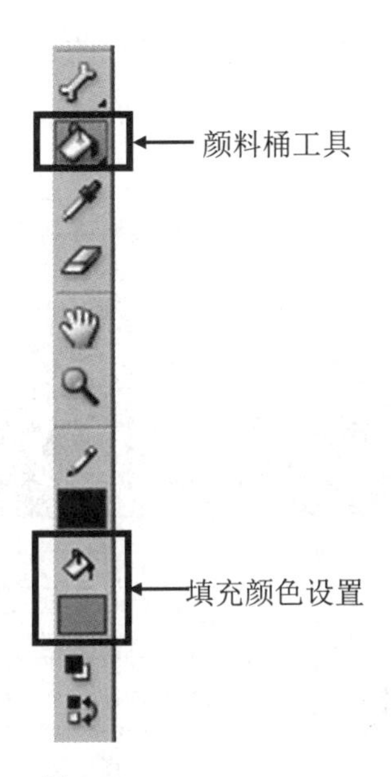

图 1-26

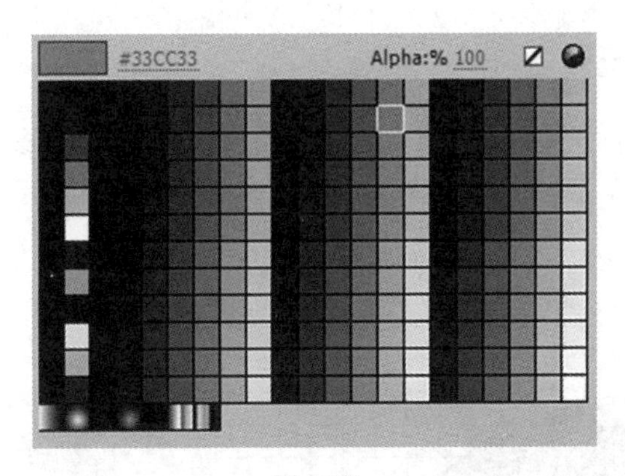

图 1-27

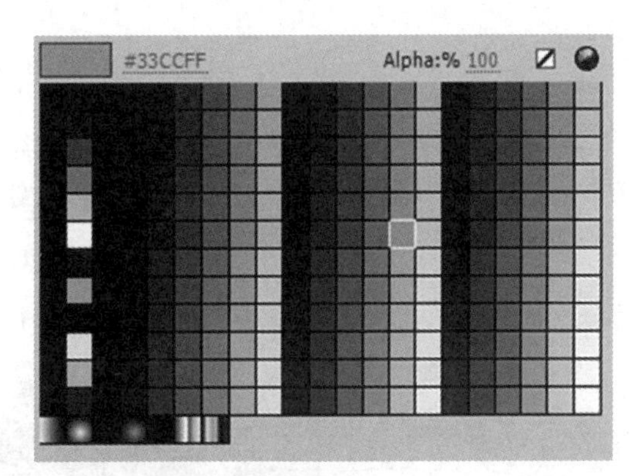

图 1-28

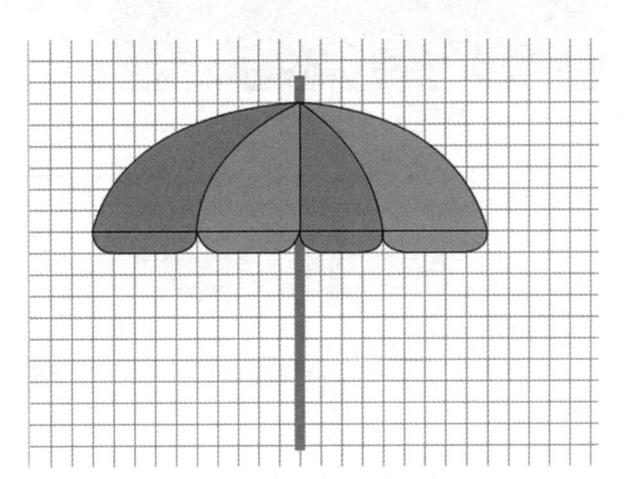

图 1-29

（8） 按步骤（7）所示方法，根据自己的喜好利用“颜料桶工具”设置遮阳伞颜色，参考效果如图 1-30 所示。

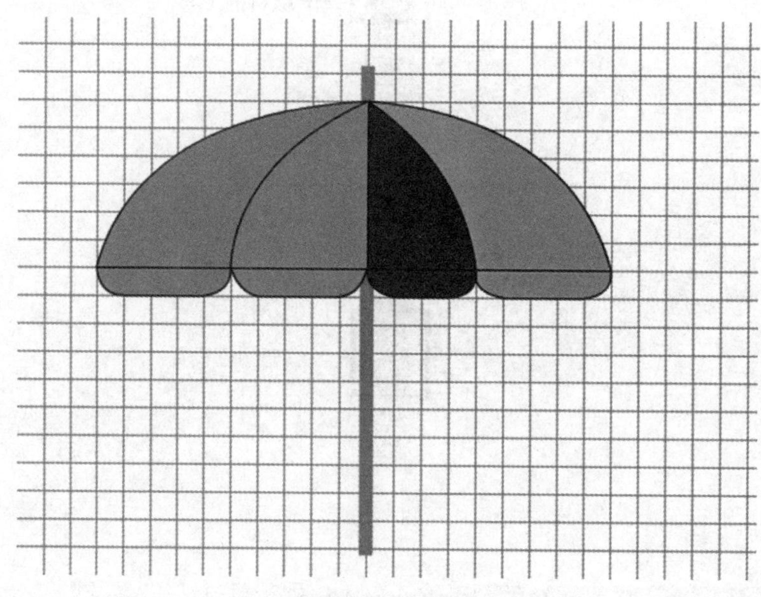

图 1-30

（9） 使用“选择工具”将绘制的图形全部选中（或按“Ctrl+A”组合键），执行“修改”→“组合”命令（或按“Ctrl+G”组合键），使所绘制的图形成组，成组后的遮阳伞有一个蓝色线框，如图 1-31 所示。

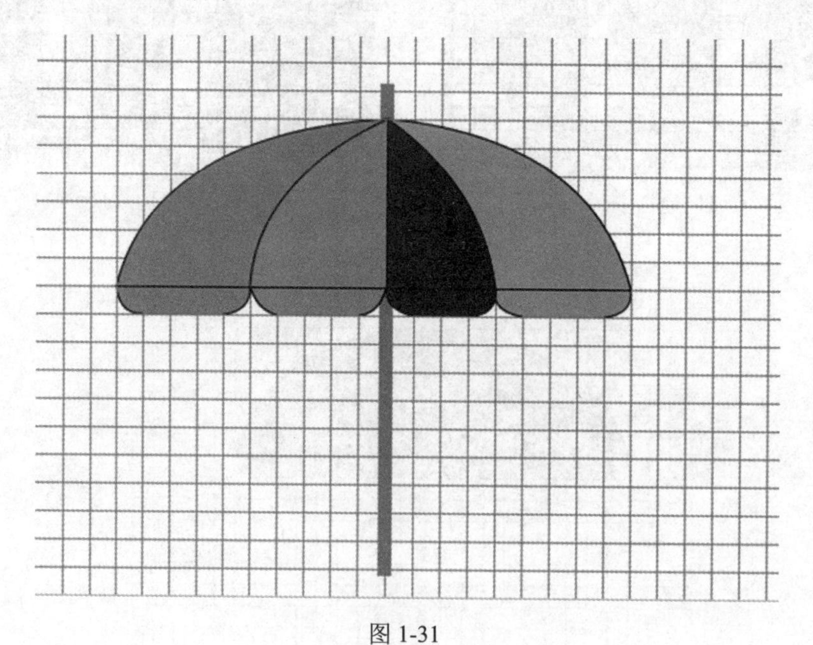

图 1-31

（10） 按“Ctrl+Enter”组合键，测试影片，保存文档。

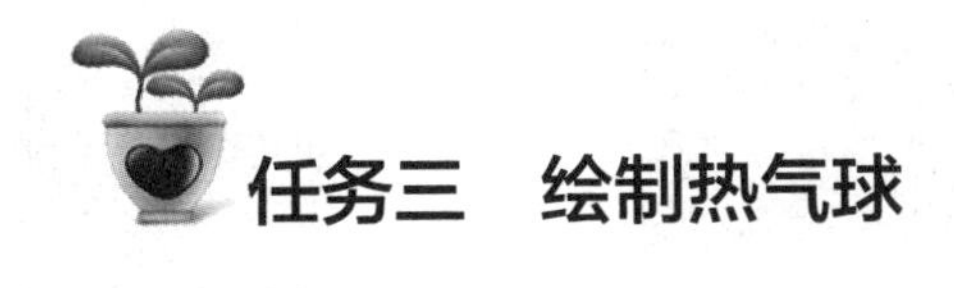

任务三　绘制热气球

1.3.1　任务效果及思路分析

本任务主要是绘制热气球，如图 1-32 所示，主要是利用椭圆工具、钢笔工具、颜料桶工具、线条工具等功能。

（1） 使用椭圆工具、颜色面板绘制热气球形状。

（2） 使用钢笔工具、颜料桶工具绘制热气球装饰色带。

（3） 使用椭圆工具绘制热气球篮子。

（4） 使用线条工具绘制热气球缆绳。

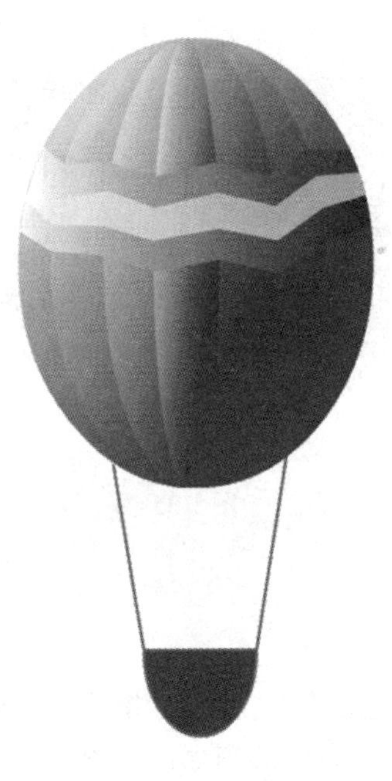

图 1-32

1.3.2　任务知识和技能

1. 渐变变形工具

渐变变形工具是对填充后的颜色进行修改，利用该工具可以方便地对填充效果进行旋转、拉伸、倾斜、缩放等变换。

当图形填充色为线性渐变色时，选择渐变变形工具，单击图形，出现 3 个控制点，如图 1-33 所示。

向图形中间拖动方形控制点，渐变区域减小，如图 1-34 所示。

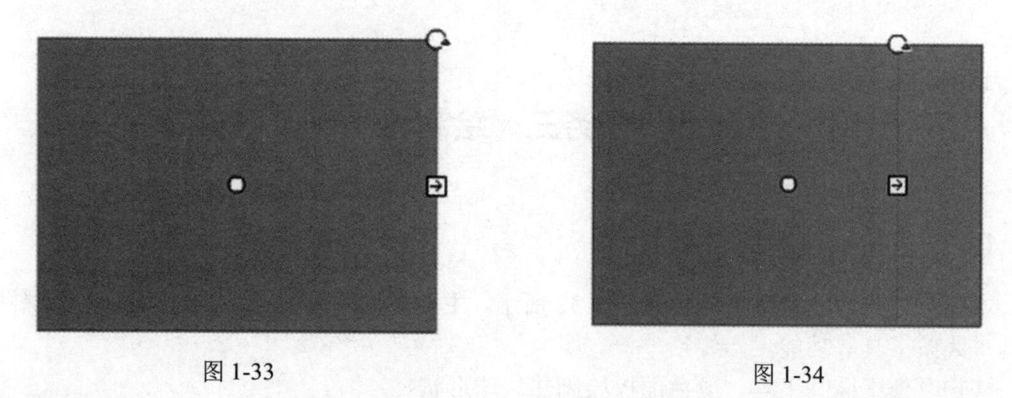

图 1-33　　　　图 1-34

将鼠标指针放在旋转控制点上，此时指针发生变化，拖动旋转控制点会改变渐变区域的角度，如图 1-35 所示。

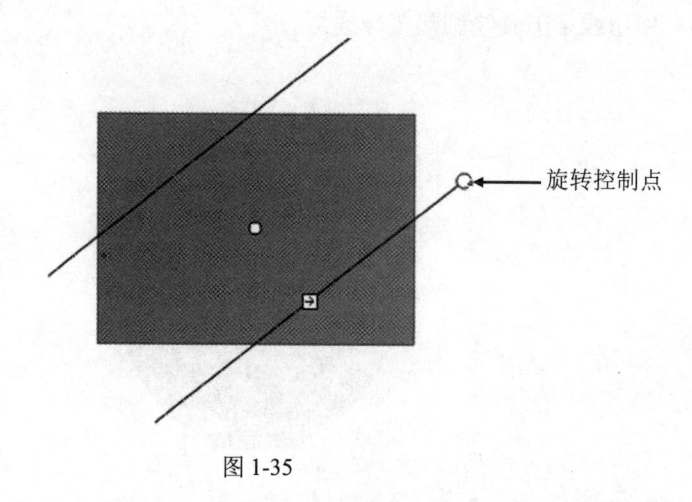

图 1-35

2. 钢笔工具

（1） 用钢笔工具绘制直线。

单击“工具”面板中的“钢笔工具”，将鼠标指针放在舞台上直线的起始位置并单击，然后在另一位置单击，此位置即为直线的端点，如图 1-36 所示。

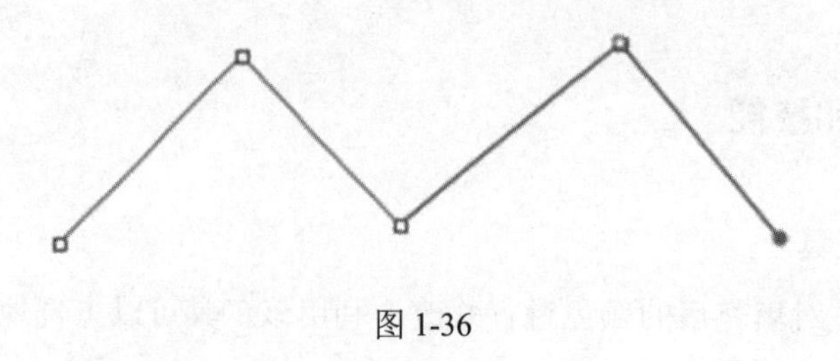

图 1-36

（2） 用钢笔工具绘制曲线。

选择“钢笔工具”，将鼠标指针放在曲线的起始位置，按住鼠标左键不放，此处出现一个锚点，当指针变成箭头形状时释放鼠标，在需要绘制的第二个锚点处单击，然后按住鼠标左键不放，将锚头向其他方向拖动，释放鼠标后即可形成一条曲线，如图 1-37 所示。

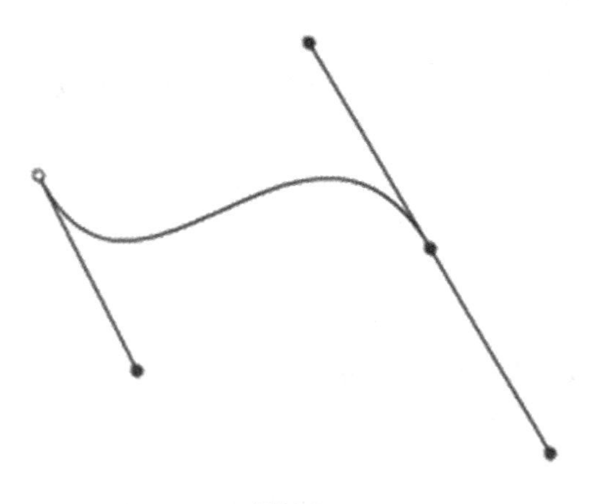

图 1-37

（3） 修改曲线的方法。

① 添加锚点。单击“钢笔工具”，按住鼠标左键，直到弹出快捷菜单，从其中选择“添加锚点工具”选项，如图 1-38 所示，在曲线上希望添加锚点的位置单击，即可添加锚点，如图 1-39 所示。

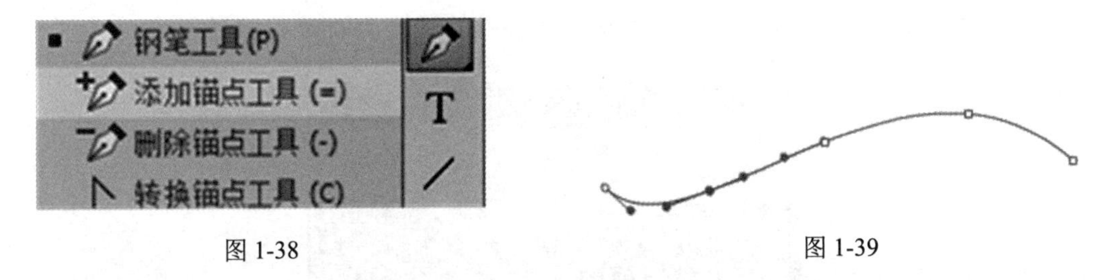

图 1-38　　图 1-39

② 删除锚点。选择“删除锚点工具”选项，在锚点上单击可以将其删除。

③ 转换锚点。选择“转换锚点工具”选项，单击要转换的锚点，该角点可转换为曲线点。如果此时按住鼠标左键不放进行拖动，直线可以转化为曲线。

3. 墨水瓶工具

单击“工具”面板中的“墨水瓶工具”，或者按“S”键，可以选中“墨水瓶工具”，主要用于描绘填充的边缘或改变线条的属性。

4. 复制图形

（1） 菜单复制形状。

选择要复制的形状，执行“编辑”→“复制”命令，可以复制该形状。

（2） 快捷键复制形状。

按“Ctrl+C”组合键，可以复制形状。

5. 粘贴图形

（1） 菜单粘贴形状。

选择“编辑”→“粘贴到中心位置”命令，可以将该形状粘贴到舞台的中心位置。

选择“编辑”→“粘贴到当前位置”命令，可以将该形状粘贴到该形状的初始位置。

（2） 快捷键复制形状。

按“Ctrl+V”组合键，与选择“粘贴到中心位置”命令相同。

按“Ctrl+Shift+V”组合键，与选择“粘贴到当前位置”命令相同。

6. 删除图形

选择要删除的形状或元件，按“Delete”键，即可删除该形状或元件。

7. 组合

选择要组合的形状，选择“修改”→“组合”命令或者按“Ctrl+G”组合键，可以将其组合。组合后的形状将作为一个整体。双击组合的形状，可以进入编辑环境，各个形状之间不会出现切割现象。

1.3.3 任务实施步骤

（1） 新建基于 ActionScript 3.0 的 Flash 文档，选择“修改”→“文档”命令，设置舞台大小为 800 像素×600 像素，其他保持默认参数的调协，如图 1-40 所示。

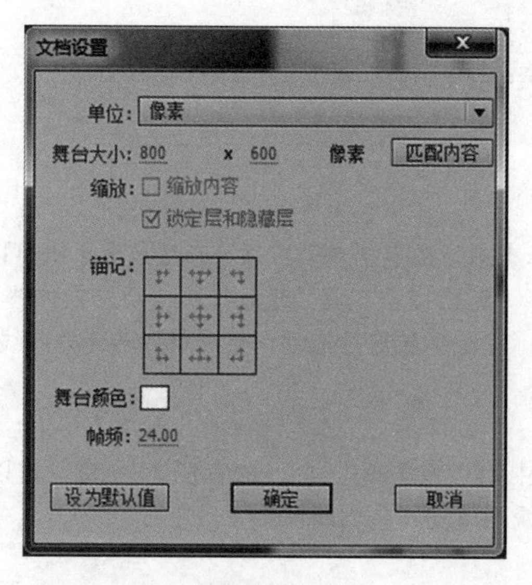

图 1-40

（2） 选择“工具”面板中的“椭圆工具”，单击“颜色”面板，将笔触颜色设置为无，填充颜色设置为线性渐变，颜色从白色（#FFFFFF）到紫色（#9966CC），如图 1-41 所示。在舞台上绘制一个椭圆形，如图 1-42 所示。

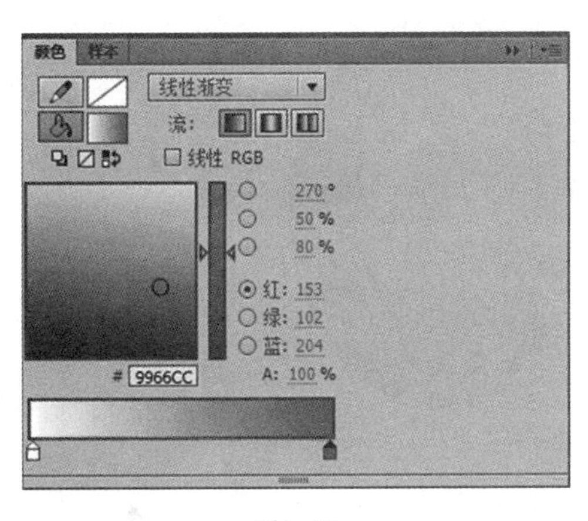

图 1-41

图 1-42

（3） 单击“工具”面板中的“任意变形工具”，按住鼠标左键不放，直到弹出快捷菜单，从其中选择“渐变变形工具”，如图 1-43 所示。

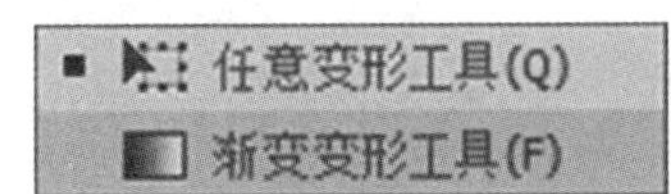

图 1-43

（4） 选择“渐变变形工具”后，单击椭圆形，调整渐变的方向及中心点，如图 1-44 所示。

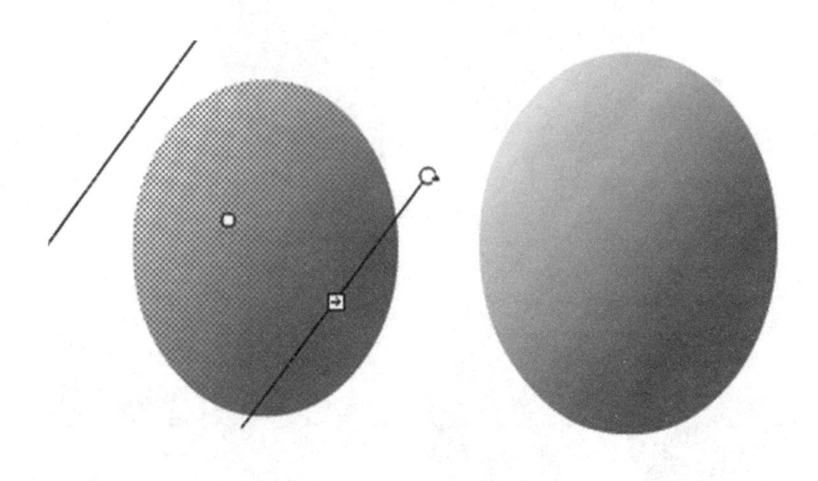

图 1-44

（5） 选择“工具”面板中的“选择工具”，选中舞台上的椭圆形并右击，从弹出的快捷菜单中选择“复制”命令，然后再次在椭圆形上右击，从弹出的快捷菜单中选择“粘贴到当前位置”命令。移动复制得到的椭圆形，使其并列排列，如图 1-45 所示。

（6） 选择右侧椭圆形，按住“Alt”键的同时，拖动椭圆形，将其放置到右侧的空白位置，形成第三个椭圆、第四个椭圆。

图 1-45

注意

按住“Alt”键的同时拖动图形，可以完成图形的复制。

（7） 选择“工具”面板中的“任意变形工具”，单击右侧的 3 个椭圆形，调整其宽度，如图 1-46 和图 1-47 所示。

图 1-46

图 1-47

（8） 选择“工具”面板中的“选择工具”，依次单击右侧的 3 个椭圆形，并将它们移动到左侧的椭圆上，如图 1-48 所示。

图 1-48

（9） 选择“工具”面板中的“选择工具”，拖动矩形选择整个热气球区域，执行“修改”→“组合”命令，将热气球的主体组合起来。

（10） 选择“工具”面板中的“钢笔工具”，将笔触颜色设置为黑色，填充颜色设置为无，在气球区域连续单击，可形成多个线段，直到形成闭合区域。按住“Ctrl+G”组合键，使其区域成为一个组合，则外侧形成一个蓝色矩形框，如图 1-49 所示。接着按照同样的方法，绘制另外两个多边形区域，如图 1-50 所示。

每次用钢笔工具勾勒出一个多边形后，马上按“Ctrl+G”组合键进行组合，否则绘制的多边形将出现在气球的后面，而不是出现在气球上方。

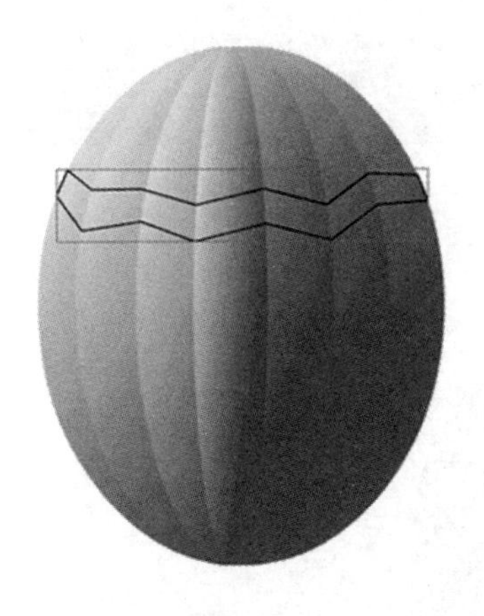

图 1-49

图 1-50

（11） 单击“颜色”面板，设置填充类型为“线性渐变”，颜色从白色（#FFFFFF）到绿色（#009933），如图 1-51 所示。双击第一个多边形，进入其编辑区域，选择“工具”面板中的“颜料桶工具”，在第一个多边形区域单击为其填充颜色，效果如图 1-52 所示。

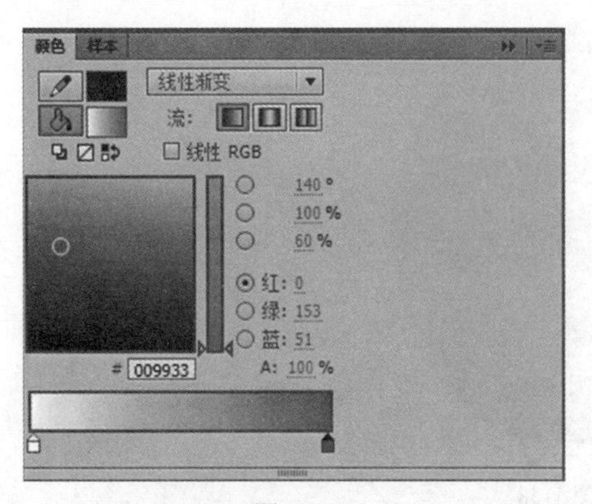

图 1-51

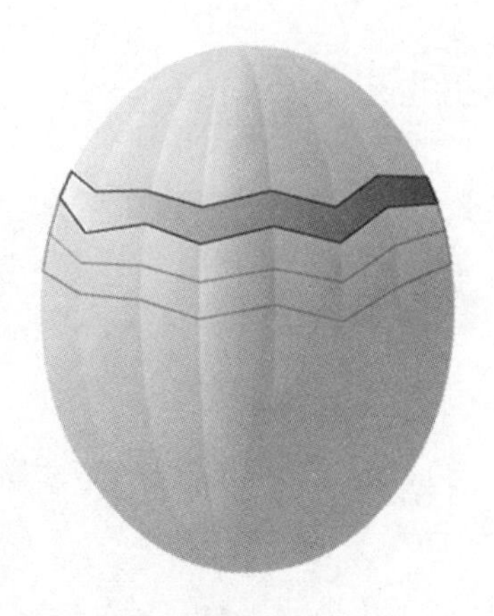

图 1-52

（12） 设置从白色（#FFFFFF）到橙色（#FFCC00）的渐变，为第二个多边形填充渐变颜色，如图 1-53 所示。设置从白色（#FFFFFF）到红色（#FF3399）的渐变，为第三个多边形填充渐变颜色，如图 1-54 所示，最终效果如图 1-55 所示。

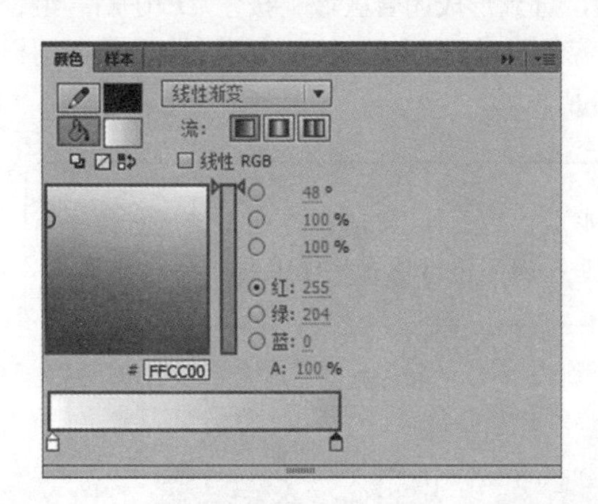

图 1-53

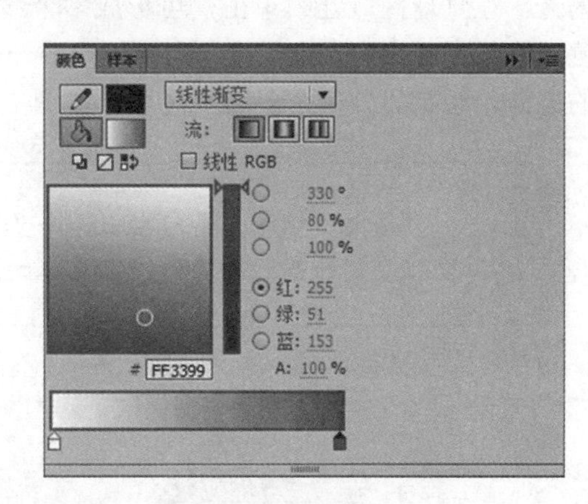

图 1-54

图 1-55

（13） 双击第一个多边形（白绿渐变），进入其编辑区域，选择“工具”面板中的“选择工具”，单击其黑色边框，选中整个黑色边框后，按“Delete”键将其删除，如图 1-56 所示。用同样的方法删除第二个、第三个多边形的黑色边框，最终效果如图 1-57 所示。

图 1-56

图 1-57

（14） 选择“工具”面板中的“选择工具”，拖动矩形框，选中热气球的所有部分，按“Ctrl+G”组合键将其组合。接着选择“工具”面板中的“任意变形工具”，等比例调整其大小，使其相对于舞台大小合适，如图 1-58 所示。

按住“Shift”键的同时，拖动“任意变形工具”在图形外侧形成的黑色正方形，可以等比例缩小或放大。

图 1-58

（15） 选择“工具”面板中的“椭圆工具”，设置笔触颜色为无、填充颜色为棕色（#CC6633），绘制椭圆形。

（16） 选择“工具”面板中的“选择工具”，通过拖动鼠标绘制矩形，选择椭圆的上半部，此时被选中的区域布满了灰色圆点，按“Delete”键将其删除，如图 1-59 所示。

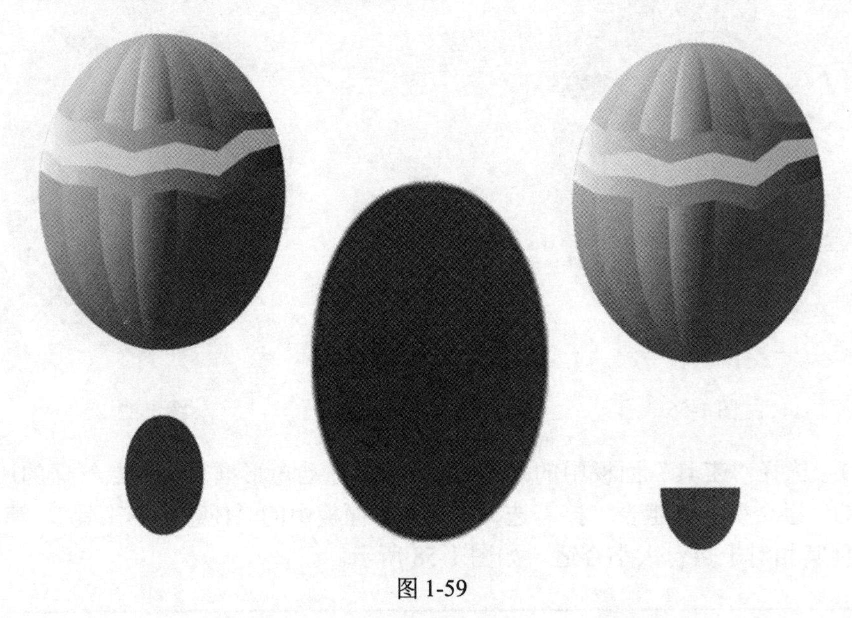

图 1-59

（17） 选择“工具”面板中的“墨水瓶工具”，在“属性”面板中设置笔触颜色为灰色（#999999）、笔触高度为 2.00，其他保持默认设置，如图 1-60 所示。在半个椭圆形上单击，为其添加灰色轮廓，如图 1-61 所示。

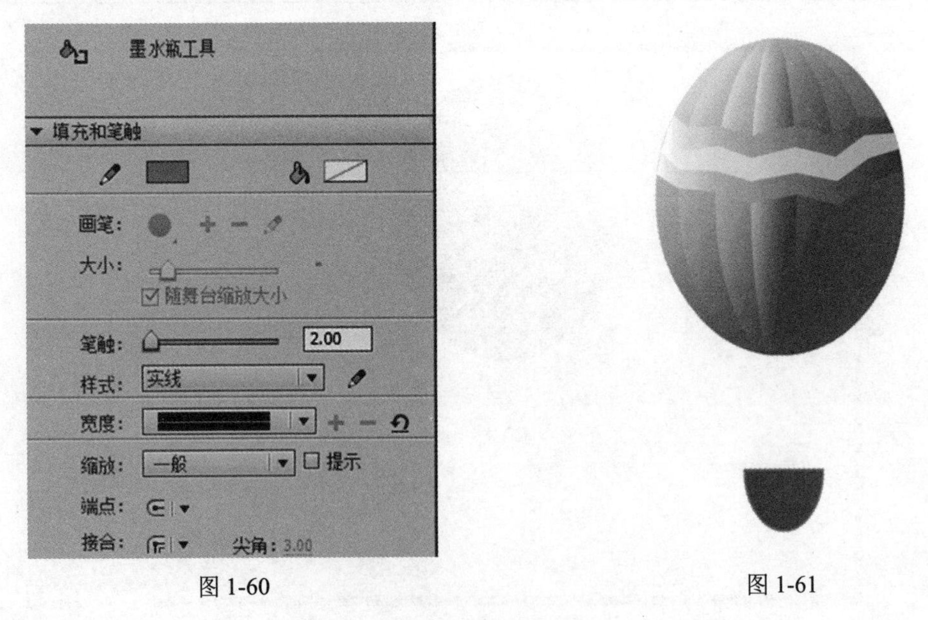

图 1-60　　图 1-61

（18） 选择“工具”面板中的“线条工具”，绘制两条灰色线段，如图 1-62 所示。

（19） 按“Ctrl+Enter”组合键，测试影片，保存文档。

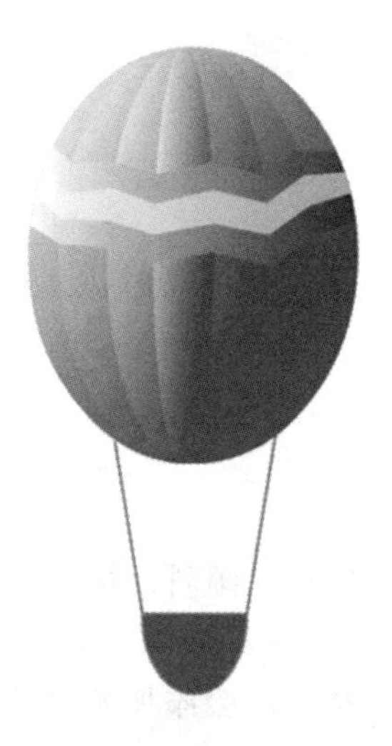

图 1-62

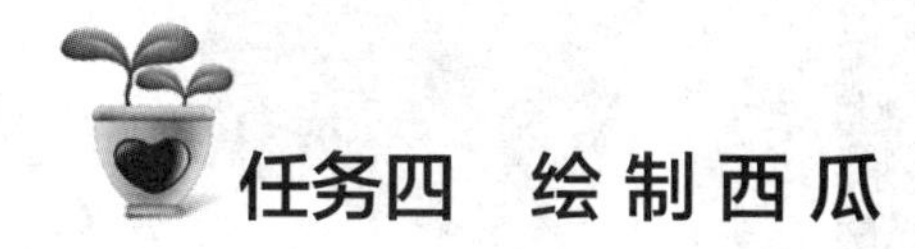

任务四　绘制西瓜

1.4.1　任务效果及思路分析

本任务需要绘制西瓜，通过设置径向渐变、对齐面板、旋转复制功能等来完成，效果如图 1-63 所示。

（1）　使用“椭圆工具”“颜色”面板中的设置径向“渐变”命令完成西瓜切面的制作。

（2）　使用“椭圆工具”“变形”面板中的“重制选区”和“变形”命令完成西瓜子的制作。

（3）　使用“椭圆工具”“线条工具”“选择工具”完成西瓜皮的制作。

（4）　使用“任意变形工具”调整西瓜切面和西瓜皮，使之形成半个西瓜。

图 1-63

1.4.2 任务知识和技能

1. 椭圆工具

“椭圆工具”用于绘制椭圆或正圆，操作时需要单击“工具”面板中的“椭圆工具”或按“O”键。

绘制正圆时需要按住“Shift”键，同时选择“椭圆工具”，拖动鼠标可以绘制一个正圆。

2. 任意变形工具

“任意变形工具”用于缩放、旋转、倾斜、扭曲或封套图形。可通过单击“工具”面板中的“任意变形工具”或按“Q”键来选择该工具。

单击“任意变形工具”后，形状四周会添加 8 个端点和一个中心点，如图 1-64 所示。

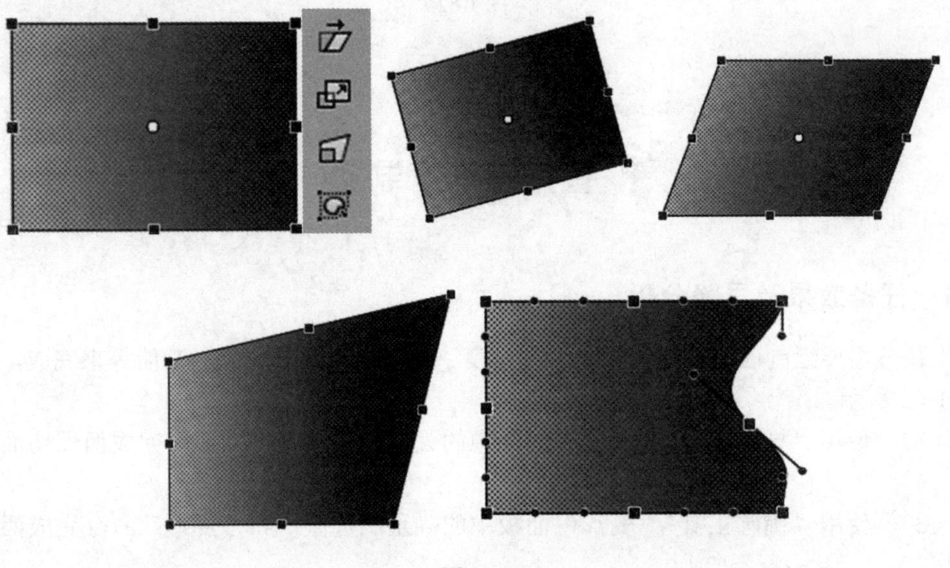

图 1-64

（1）旋转和倾斜。

旋转和倾斜对图形对象与元件都适用。将鼠标指针放到任何一角上，指针变成圆弧形状，按住鼠标左键并拖动，即可实现图形的旋转。将鼠标指针放到四边的黑色方块上，指针变成双向箭头，这时按住鼠标左键并拖动可实现倾斜。

（2）缩放。

缩放对图形对象和元件都适用。将鼠标指针放到任意一个手柄上，向外拖动可以放大，向内拖动可以缩小。此外，同时按住“Shift”键，可以实现同比例缩放。

（3）扭曲和封套。

扭曲和封套不能直接应用于元件上，将元件打散后可以使用。

选中对象，单击“扭曲”按钮，拖动边框上的角手柄和边手柄，移动该角或边。单击“封套”按钮，拖动点和切线手柄可以修改封套。

3. 径向渐变的设置

单击“颜色面板”按钮，打开“颜色”面板，单击“颜料桶工具”，设置颜色样式为“径向渐变”，在下方色带的色标上双击，通过“颜色”面板选择某种颜色，或者输入 6 位十六进制代码，同样双击右侧的色标，选择一种颜色，即可建立两种颜色的径向渐变，如图 1-65 所示。在色带下缘单击可以增加色标，向下拖动色标可以将其删除，最终效果如图 1-66 所示。

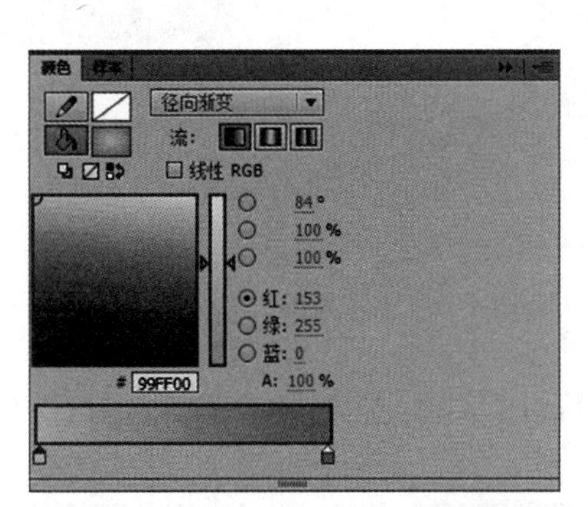

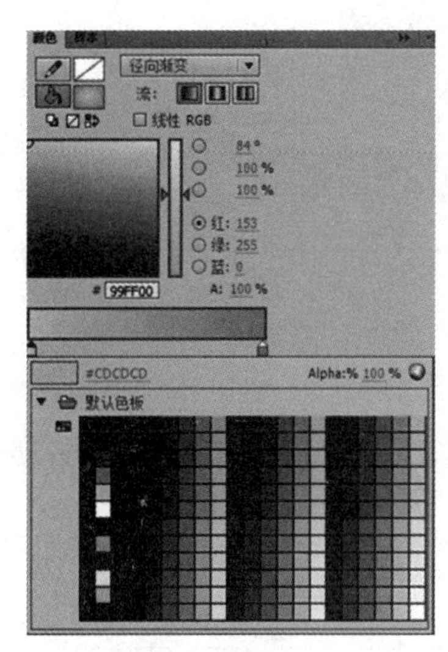

图 1-65

图 1-66

1.4.3 任务实施步骤

（1） 新建基于 ActionScript 3.0 的 Flash 文档，选择“椭圆工具”，单击按钮，或者按“Ctrl+Shift+F9”组合键，或者选择“窗口”→“颜色”命令，打开“颜色”面板，设置笔触颜色为“无”，选择填充颜色，将颜色类型设置为“线性渐变”，这里设置 4 种颜色的渐变：红色（#FF0000）、红色（#FF0000）、白色（#FFFFFF）、绿色（#006600），如图 1-67 所示。将鼠标指针移至舞台中央，同时按下“Shift”和“Alt”键，向外拖动鼠标绘制一个正圆形，如图 1-68 所示。

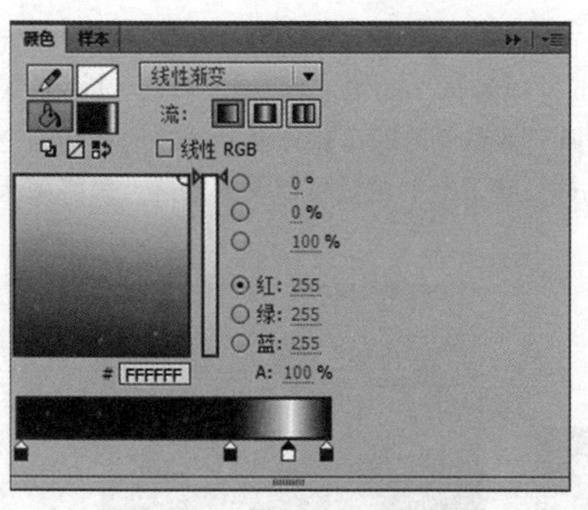

图 1-67

图 1-68

（1）在色带下面单击，即可添加一个滑块，拖动一个滑块向下即可删除该滑块。

（2）按住“Shift”键可以绘制正圆形，按住“Alt”键可以以光标位置为圆心向外扩展得到一个圆形。

（2） 按下“Ctrl+A”组合键，选中所有图形，再按下“Ctrl+G”组合键使其成组，此时西瓜外侧出现蓝色矩形框。

（3） 选择西瓜图形，单击“对齐”按钮，调出“对齐”面板，选中“与舞台对齐”复选框，并单击“水平中齐”和“垂直中齐”按钮，如图 1-69 所示，使西瓜图形位于舞台中央位置。

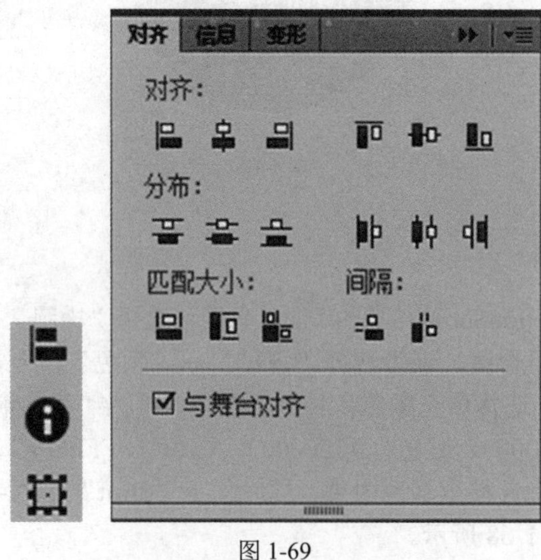

图 1-69

（4）选择“椭圆工具”，设置笔触颜色为“无”，设置填充颜色为黑色（#000000），绘制一个黑色椭圆，制作瓜子图形，如图 1-70 所示。

（5）选择瓜子图形，按下“Alt”键的同时，向下拖动瓜子图形，拖到合适的位置释放鼠标，即可复制一个瓜子图形。按照同样的方法，再复制一个图形，得到 3 个瓜子图形，如图 1-71 所示。

（6）选择第 2 个瓜子图形，选择“工具”面板中的“任意变形工具”，单击瓜子图形，按下“Shift”键时会出现 8 个黑色矩形块，将其向内拖动缩小瓜子图形，接着缩小第 3 个瓜子图形，效果如图 1-72 所示。

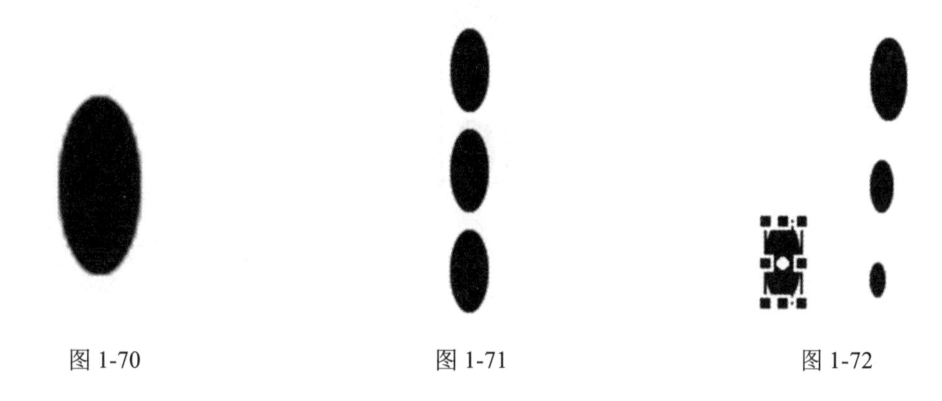

图 1-70　　　　图 1-71　　　　图 1-72

> **注意**　选择“任意变形工具”后，按下“Shift”键的同时拖动鼠标，可以实现等比例缩放。

（7）拖动鼠标绘制一个矩形区域，选中 3 个瓜子图形，单击“对齐”按钮，调出“对齐”面板，单击“水平中齐”和“垂直居中分布”按钮，如图 1-73 所示，最终效果如图 1-74 所示。

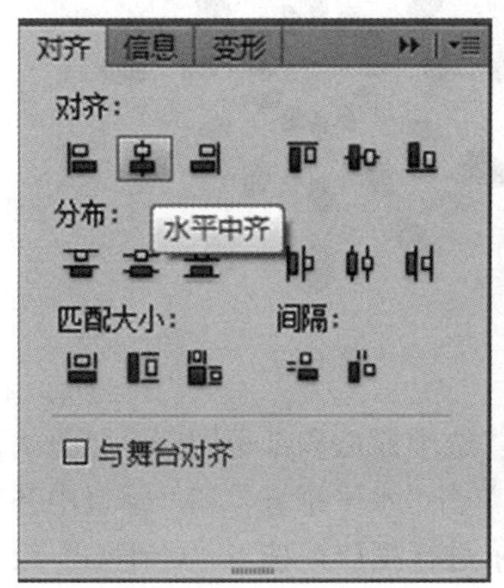

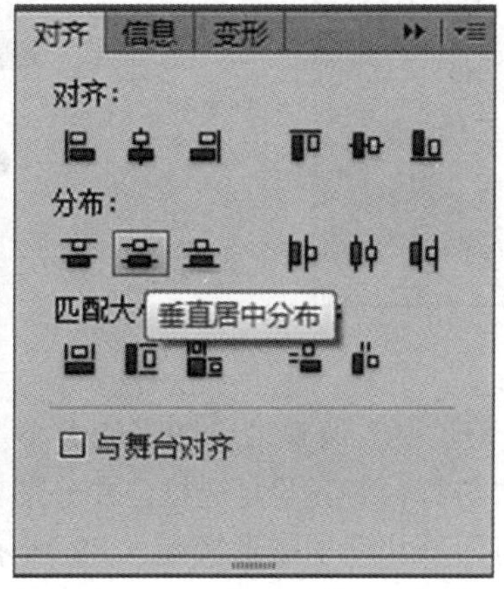

图 1-73

图 1-74

（8） 同时选中 3 个瓜子图形，选择“任意变形工具”，调整其中心点到合适的位置，如图 1-75 所示。

图 1-75

（9） 执行“窗口”→“变形”命令，打开“变形”面板（或单击按钮），设置旋转角度为 30，如图 1-76 所示，单击“重制选区”和“变形”按钮多次，直到瓜子图形达到如图 1-77 所示的形状，按下“Ctrl+G”组合键，使其成组。

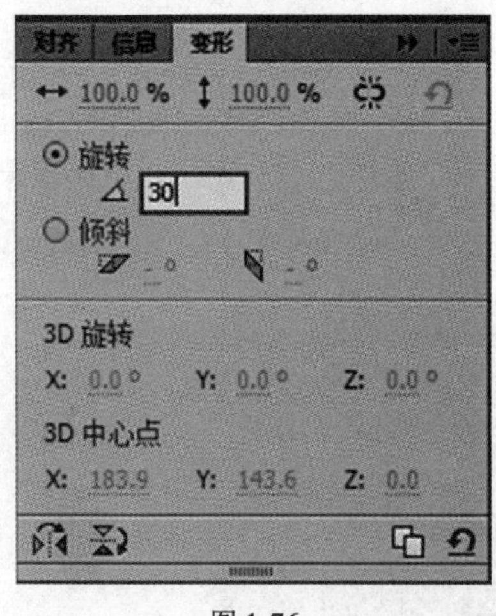

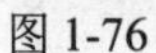

图 1-76

图 1-77

（10） 利用“任意变形工具”调整瓜子图形的大小。选中西瓜和瓜子图形，打开“对齐”面板，在面板中选中“与舞台对齐”复选框，并分别单击“水平中齐”和“垂直中齐”按钮，如图 1-78 所示。将西瓜和瓜子图形按图 1-79 所示进行摆放，按下“Ctrl+G”组合键使其成组，并将其移动到舞台左侧。

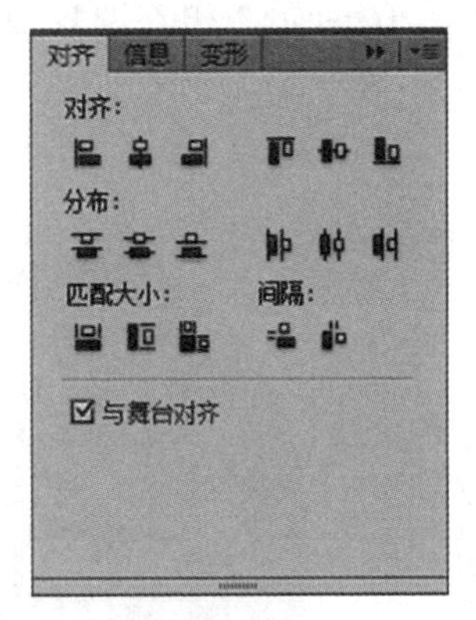

图 1-78

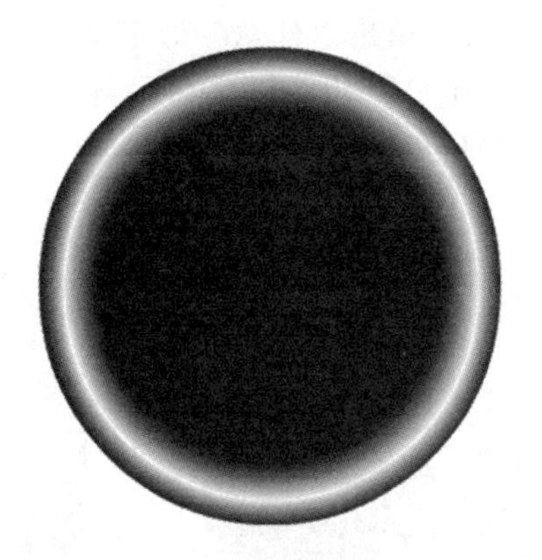

图 1-79

（11）选择“椭圆工具”，设置笔触颜色为黑色、笔触高度为“3”，将填充颜色设置为径向渐变，色带 3 个色块颜色从左到右依次为“#66FF00、#006600、#00CC00”，如图 1-80 所示，绘制椭圆形，如图 1-81 所示。

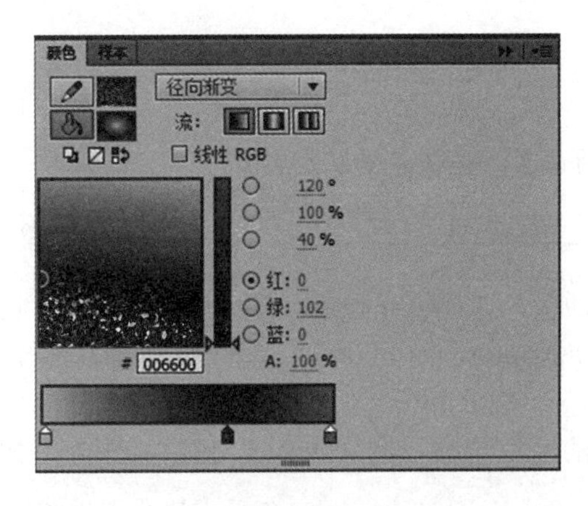

图 1-80

图 1-81

（12）单击“任意变形工具”，在弹出的快捷菜单中选择“渐变变形工具”选项，如图 1-82 所示，调整渐变的中心点及渐变半径，如图 1-83 所示。

图 1-82

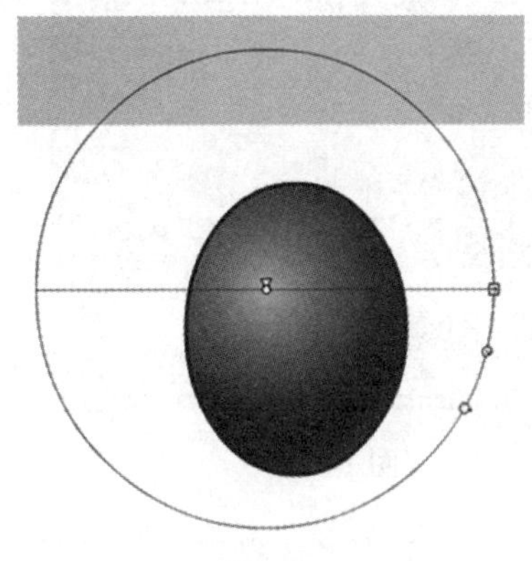

图 1-83

（13） 单击“任意变形工具”，选择椭圆轮廓，按下“Ctrl+C”组合键复制，再按下“Ctrl+Shift+V”组合键粘贴到当前位置，并进行横向缩放，将其移动到合适的位置，重复3次直到如图1-84所示的效果。

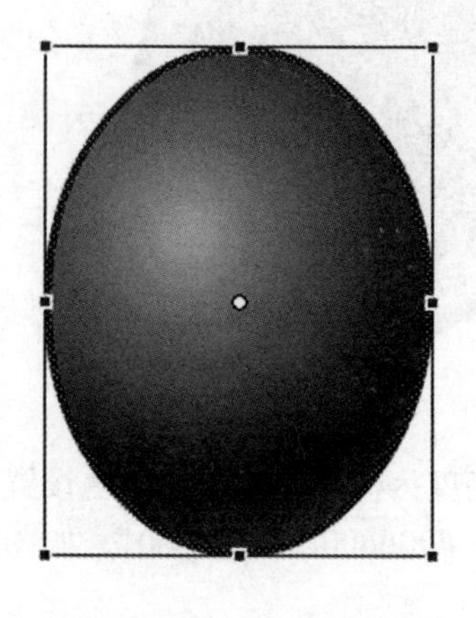

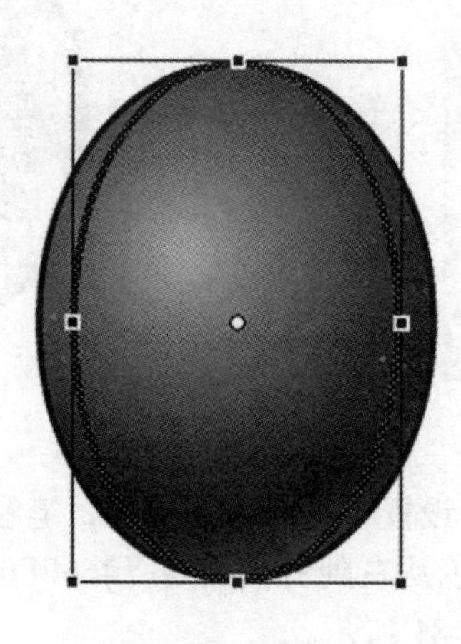

图 1-84

调整轮廓形状后，先调整至合适的位置，再在其他位置单击。

（14） 单击“颜色”按钮，打开“颜色”面板，选择填充颜色，将填充颜色设置“径向渐变”，渐变颜色从左至右依次为“#66FF00、#006600、#66FF00”，选择“颜料桶工具”，间隔填充该渐变，如图1-85所示。

（15） 单击“选择工具”，选中西瓜图形的黑色轮廓，按“Delete”键将其删除，如图1-86所示。

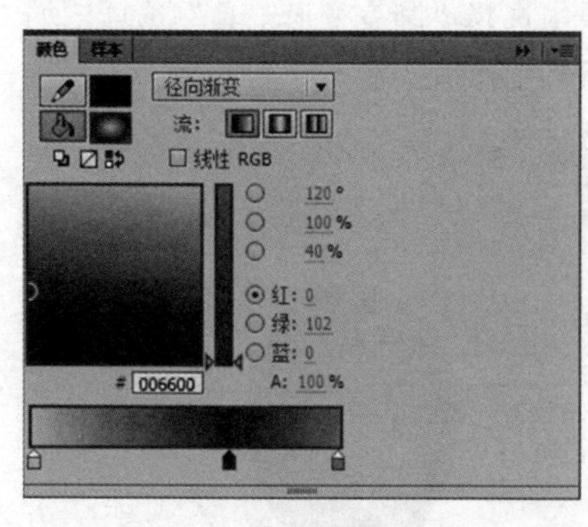

图 1-85

图 1-86

（16） 单击“选择工具”，拖动鼠标绘制矩形区域，按“Delete”键删除西瓜图形的上半部分，如图1-87所示。

图 1-87

（17） 将前面绘制的西瓜切面移动到半个西瓜上，单击“任意变形工具”，调整其大小和形状，效果如图 1-88 所示。

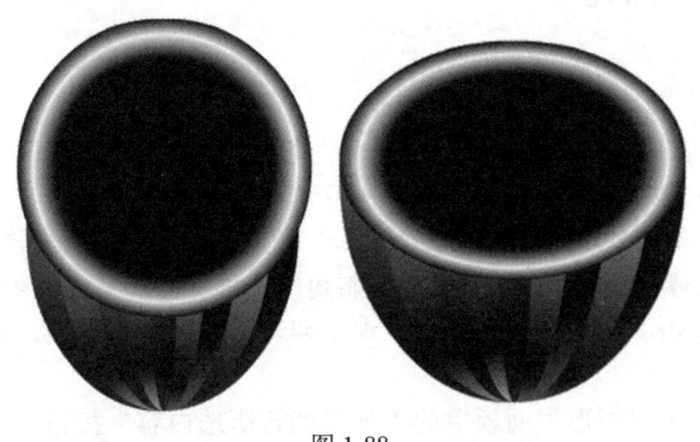

图 1-88

（18） 按下“Ctrl+Enter”组合键，测试影片，保存文档。

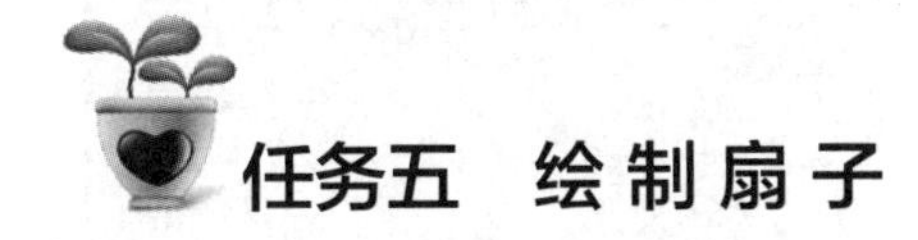

任务五　绘制扇子

1.5.1　任务效果及思路分析

本任务需要绘制扇子，通过矩形工具、椭圆工具、钢笔工具、位图填充、旋转复制功能来完成，效果如图 1-89 所示。

（1） 使用“矩形工具”和“选择工具”绘制一根扇骨。

（2） 使用“变形”面板、旋转复制功能得到整个扇子的全部扇骨。

（3） 使用“钢笔工具”和“选择工具”结合“Ctrl”键得到扇面的形状。

（4） 使用“颜料桶工具”对扇面进行位图填充。

（5） 使用“椭圆工具”绘制扇骨的骨钉。

图 1-89

1.5.2 任务知识和技能

1. 变形面板

单击“变形”按钮，或者选择“窗口”→“变形”面板，或者按下“Ctrl+T”组合键，打开“变形”面板，如图 1-90 所示。

单击图形，在旋转处填入角度，按“Enter”键，可实现图形的旋转。

单击图形，在倾斜处填入水平、垂直倾斜角度，可实现水平、垂直倾斜。

单击图形，单击“变形”面板中的“水平翻转所选内容”按钮，可实现图形的水平翻转。

单击图形，单击“变形”面板中的“垂直翻转所选内容”按钮，可实现图形的垂直翻转。

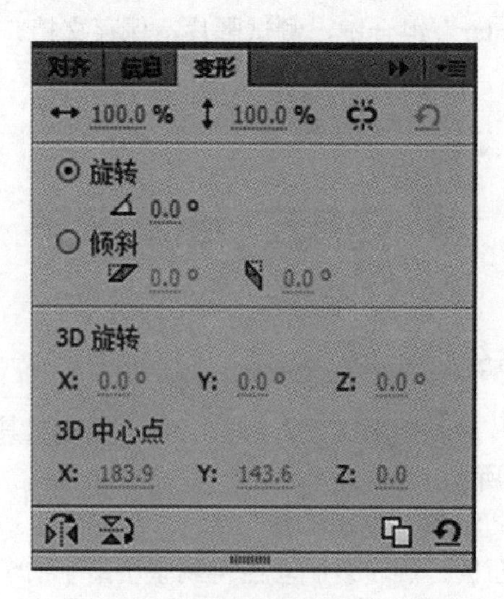

图 1-90

2. 对齐面板

单击“对齐”按钮，或者选择“窗口”→“对齐”面板，或者按“Ctrl+K”组合键，打开“对齐”面板。选中“与舞台对齐”复选框，可以使图形以舞台为参照物进行对齐操作。使用最多的是“水平中齐”和“垂直中齐”两个按钮。

此外，选择多个“图形”，单击“匹配高度”按钮，可以使两个矩形的宽度和高度相同；单击“垂直平均间隔”和“水平平均间隔”按钮，可以使图形水平、垂直均匀分布，如图 1-91 所示。

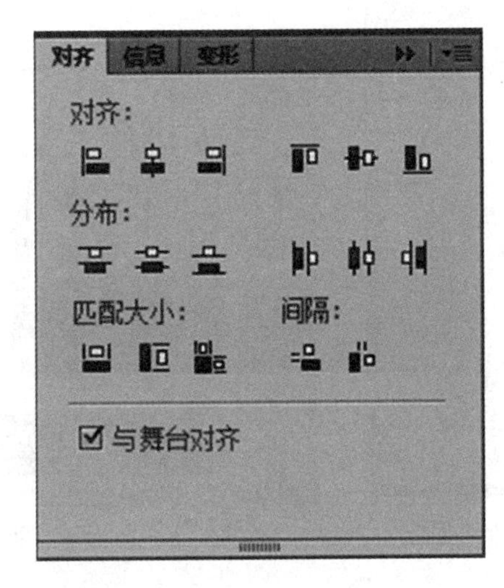

图 1-91

3. 位图填充

单击“颜色”按钮，打开“颜色”面板。单击“填充颜色”按钮，设置颜色样式为“位图填充”，单击“导入”按钮，如图 1-92 所示，此时会打开“导入到库”对话框，选择“蜡烛条纹”图片，即可设置位图填充的图片，如图 1-93 所示。

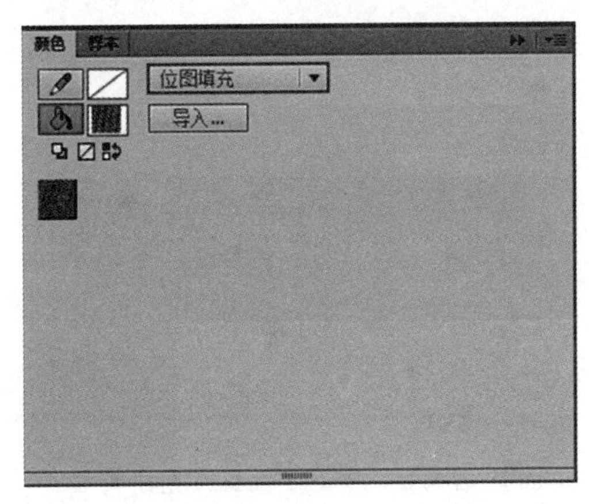

图 1-92

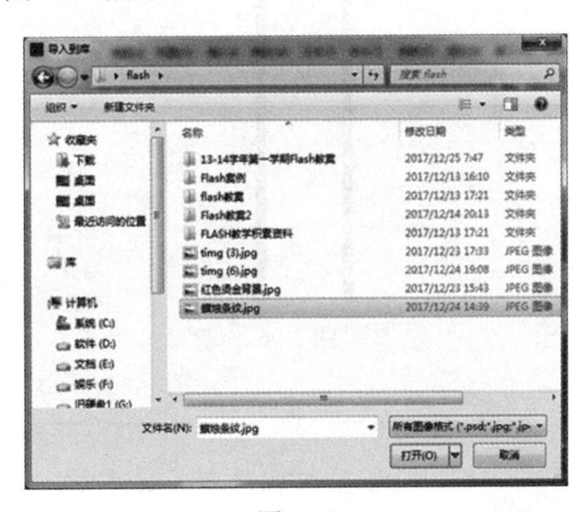

图 1-93

1.5.3 任务实施步骤

（1） 新建 Flash 文档（基于 AcitonScript 3.0），选择“修改”→“文档”命令，将舞台大小更改为 800 像素×600 像素，其他保持默认设置，如图 1-94 所示。

（2）单击“颜色”面板，将笔触颜色设置为“无”，将填充颜色设置为纯色（#030012），如图 1-95 所示。

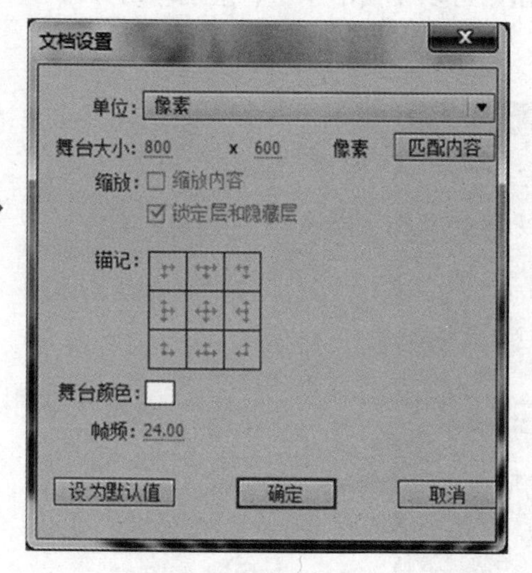

图 1-94

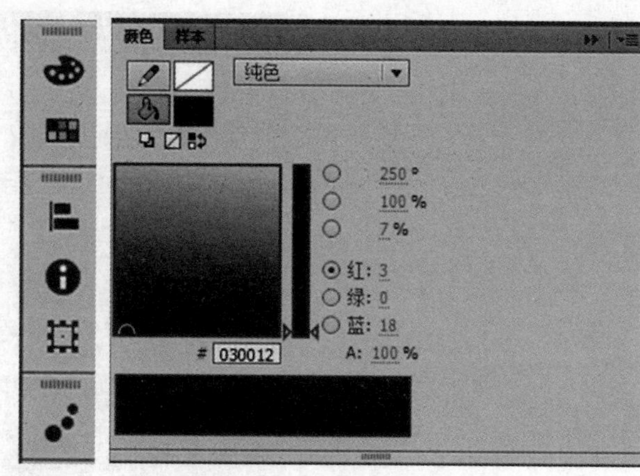

图 1-95

（3） 在“工具”面板中选择“矩形工具”，绘制无边框矩形，如图 1-96 所示。

（4） 在“工具”面板中选择“选择工具”，拖动鼠标移到矩形的下边，调整直线为外凸的弧线，如图 1-97 所示。

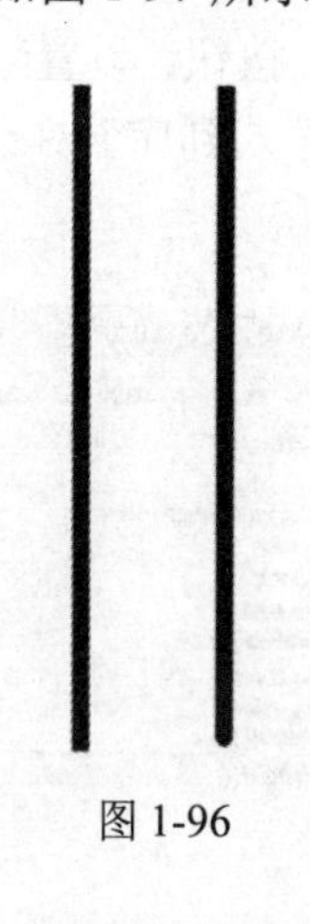

图 1-96

图 1-97

注意

此时，可以将显示比例调整为 200%，调整完成后，为了方便观察整个舞台，可将显示比例再调整为 100%。

（5）选择“工具”面板中的“任意变形工具”，单击矩形，调整其中心点至矩形下边 1/8 处，如图 1-98 所示。

图 1-98

> **注意** 由于矩形较窄，当显示比例为 100%时，比较难以操作，因此，可以将显示比例调整为 800%，调整好中心点后，再将显示比例调回。

（6）按“Ctrl+T”组合键，弹出“变形”面板，在“旋转”处输入“15.0°”，如图 1-99 所示。单击“重制选区和变形”按钮 10 次，如图 1-100 所示，最终效果如图 1-101 所示。

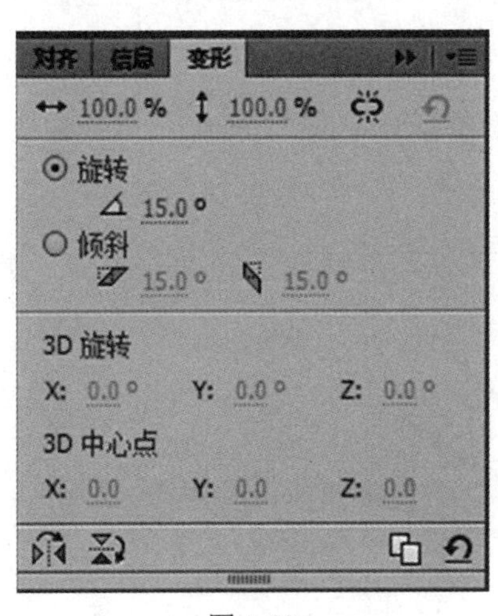

图 1-99

图 1-100

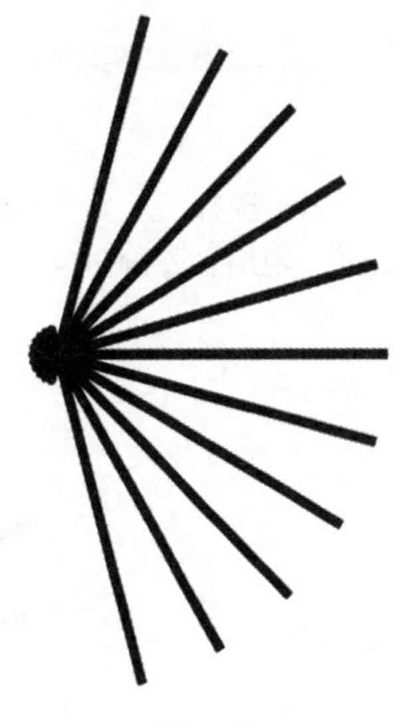

图 1-101

（7） 选择“工具”面板中的“选择工具”，在舞台上拖动鼠标绘制矩形，将所有的扇骨包含，则所有扇骨被选中。接着按“Ctrl+T”组合键，调出“变形”面板，在旋转处输入“270”，按“Enter”键，如图 1-102 所示。

（8） 选择“工具”面板中的“选择工具”，再次选中所有的扇骨，按“Ctrl+K”组合键，调出“对齐”面板，选中“与舞台对齐”复选框，单击“水平中齐”和“垂直居中分布”按钮，如图 1-103 所示，则扇骨位于舞台正中间的位置，如图 1-104 所示。

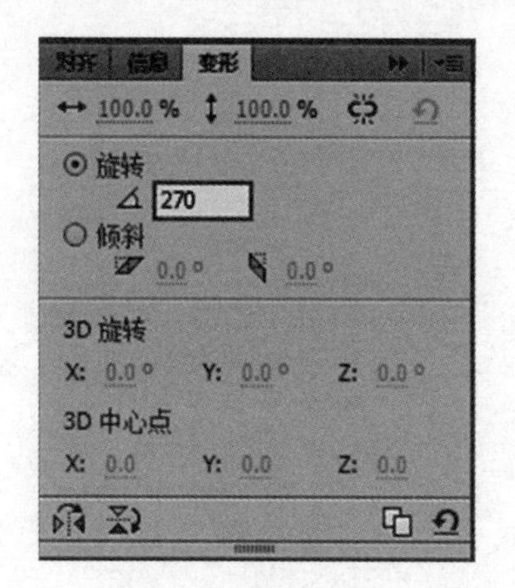

图 1-102

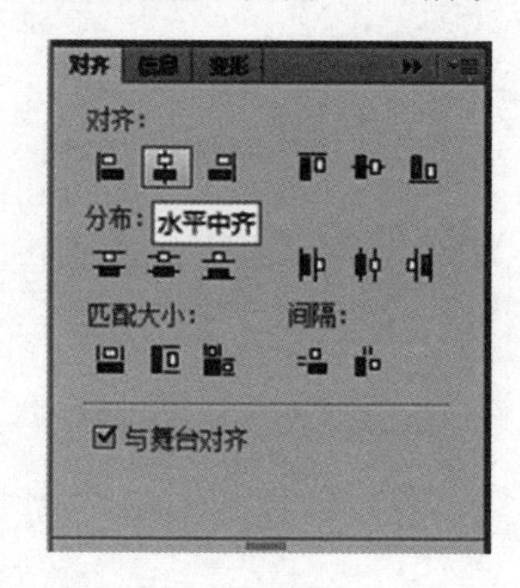

图 1-103

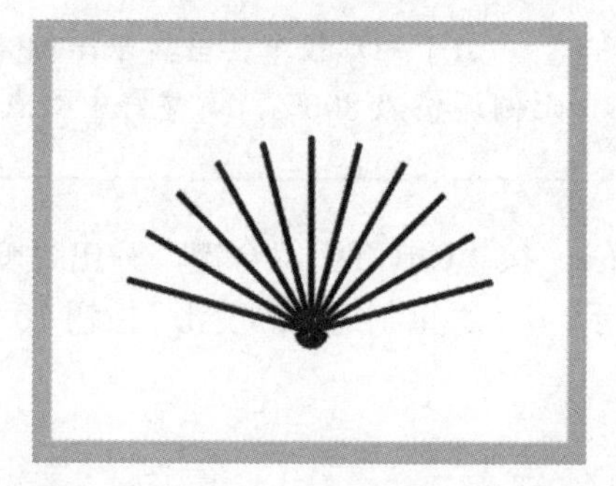

图 1-104

（9） 选择“工具”面板中的“选择工具”，选中所有的扇骨，按“Ctrl+G”组合键使其成组，则扇骨外侧出现蓝色矩形框，如图 1-105 所示。

图 1-105

（10）选择“工具”面板中的“钢笔工具”，设置笔触颜色为红色（#FF0000），在舞台上绘制如图 1-106 所示的图形。

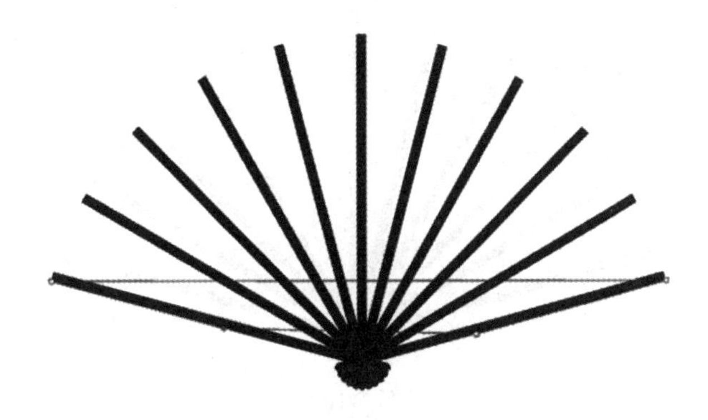

图 1-106

（11）选择“工具”面板中的“选择工具”，将鼠标指针移动到绘制好的直线上，调整其弧度，如图 1-107 所示。

图 1-107

（12）按住“Ctrl”键的同时，拖动上面弧线上的某个点到一根扇骨的顶点，依次调整弧线贴合每根扇骨的顶点，效果如图 1-108 所示。

图 1-108

（13） 按住“Ctrl”键的同时，将鼠标指针移到每两根扇骨弧线的中间部分，将弧线向内拖动，如图 1-109 所示。

图 1-109

（14） 选择“工具”面板中的“颜料桶工具”，打开“颜色”面板，选择填充颜色，将填充类型设置为“位图填充”，如图 1-110 所示。

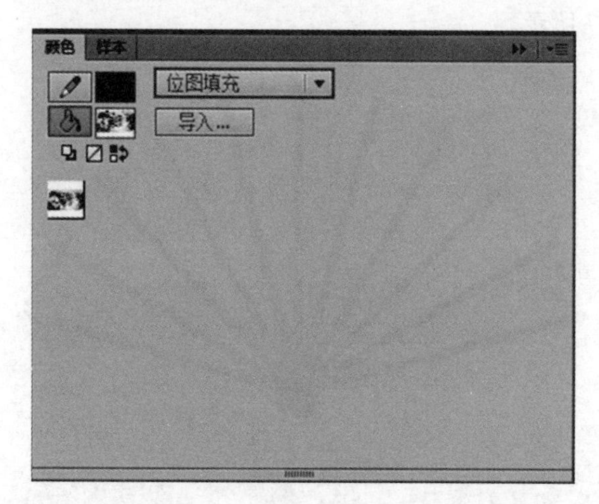

图 1-110

（15） 在扇面空白处右击，使用导入的位图填充扇面区域，如图 1-111 所示。

图 1-111

（16） 选择扇面四周的红线，单击“颜色”面板，修改其颜色为“#030012”，如图 1-112 所示。

（17） 选择“工具”面板中的“椭圆工具”，单击“颜色”面板，设置笔触颜色为无，将填充颜色设置为“径向渐变”，调整其渐变颜色为白色（#FFFFFF）到浅灰（#999999）再到深灰（#666666），接着在舞台中绘制一个圆形，如图 1-113 所示。

图 1-112

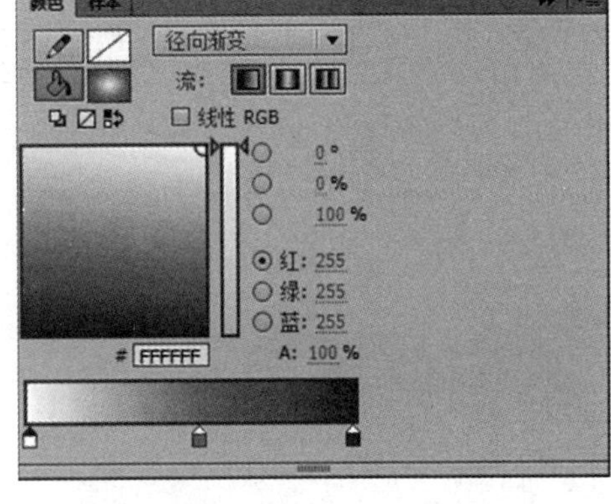

图 1-113

这里“#666666”为十六进制代码表示 RGB 模式下的某种颜色，其中前两位表示红色（Red），中间两位表示绿色（Green），后两位表示蓝色（Blue）。当 3 个分量的值完全相等时，为 FF，表示白色；为 00，表示黑色；在 00 到 FF 之间的值，均为灰色。越接近 00（十进制为 0），灰色越深；越接近 FF（十进制为 255），灰色越浅，最终效果如图 1-114 所示。

图 1-114

（18） 按“Ctrl+Enter”组合键，测试影片，保存文档。

项目二　电子贺卡的制作

Flash 动画广泛应用于电子贺卡制作中，如元旦贺卡、万圣节贺卡、生日贺卡等。本项目主要介绍贺卡的制作方法。

学习目标:

❖ 逐帧动画的使用。
❖ 传统补间动画的使用。
❖ 传统补间形状动画的使用。
❖ 电子贺卡的制作方法。

任务一　元旦贺卡

2.1.1　任务效果及思路分析

本任务主要使用“文本工具”和“橡皮擦工具”，应用逐帧动画制作元旦贺卡，通过复制帧、粘贴帧等操作完成动画制作，如图 2-1 所示。

（1） 使用“矩形工具”和“颜料桶工具”结合位图填充绘制背景矩形。

（2） 使用“文本工具”制作“元旦快乐”四个字。

（3） 从后往前依次使用橡皮擦工具擦除字的笔画。

（4） 通过复制帧、粘贴帧的操作保证笔画擦除的一致性。

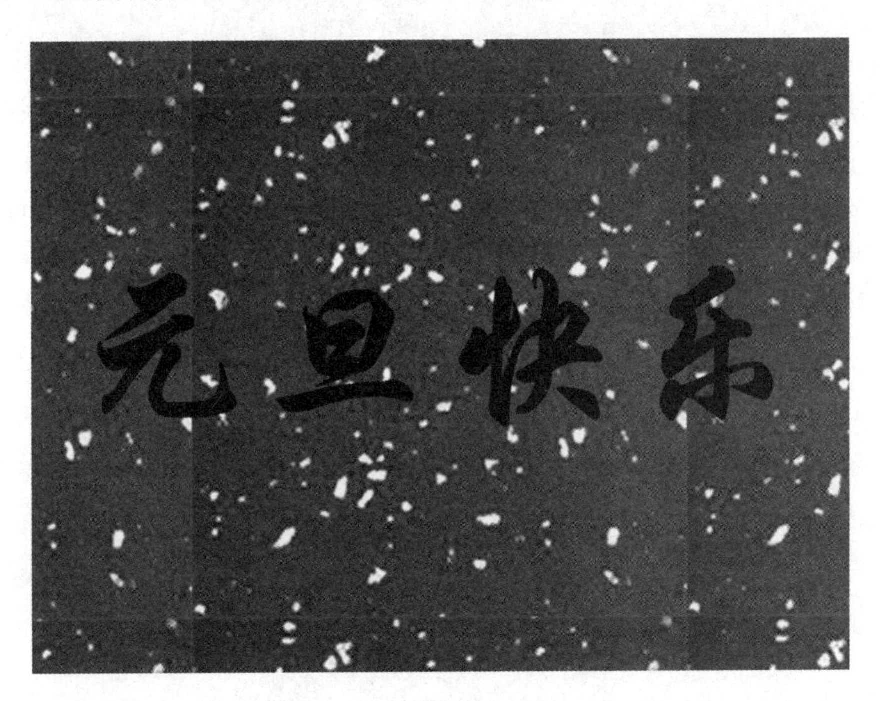

图 2-1

2.1.2　任务知识和技能

1.　视觉暂留原理

视觉暂留原理即视觉暂停现象，又称为“余辉效应”，它是指人眼在观察景物时，光信号传入大脑神经，需经过一段短暂的时间，光的作用结束后，视觉形象并不会立即消失，这种残留的视觉称为“后像”，这一现象被称为“视觉暂留”。

传统意义上的动画由一张张单独的胶片组成，将这些静止画面连续播放，利用人眼的视觉暂留，就产生连续运动的动画效果，而 Flash 的帧就如同电影胶片，按时间轴窗格中每一帧画面的顺序播放就产生了动画效果。

例如，有些零食内赠送小册子，页脚画着人物的连续动作，当快速翻动时，就好像看到人物动了起来。

2. 时间轴

Flash 要建立动画，需要在时间轴上进行操作。时间轴上一个个长方形的小格子就是一个帧。Flash 动画就是按照指定的帧频顺序播放每一帧所对应的画面而形成的。因此，要形成动态效果，时间轴的操作很重要，时间轴如图 2-2 所示。

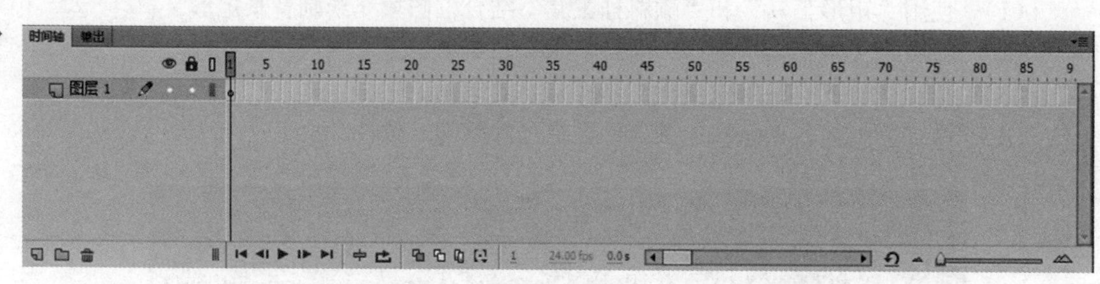

图 2-2

“时间轴”面板左下角有“新建图层”“新建文件夹”“删除”3 个按钮，可以对图层进行操作和管理。“时间轴”面板上面眼睛形状的按钮，可以显示和隐藏所有图层，锁形状的按钮可以用来锁定或解锁所有图层，如图 2-3 所示。

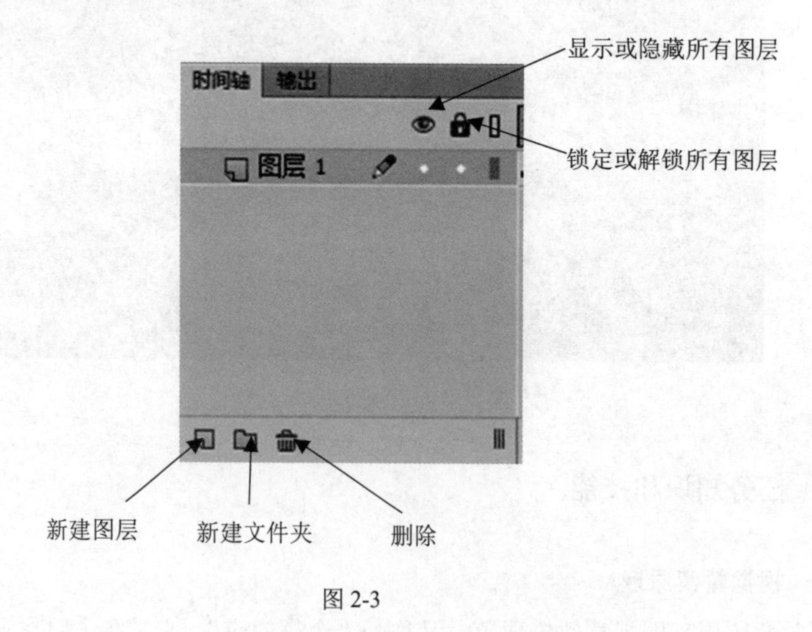

图 2-3

3. 普通帧

普通帧不起关键作用，在时间轴上以灰色方块表示。关键帧之间的灰色帧都是普通帧，可以通过增加普通帧来使关键帧之间的过渡更清晰、更缓慢。

4. 关键帧

关键帧在时间轴上以实心的黑色小圆表示，用于定义动画中对象的主要变化。

5. 空白关键帧

空白关键帧上没有任何对象，在时间轴上以空心的小圆表示。空白关键帧所对应的舞台为空，如果在空白关键帧上随便添加一笔，空白关键帧就转变为关键帧。

6. 新建图层

单击“时间轴”左下角的“新建图层”按钮，可以新建一个图层，或者选择“插入”→“时间轴”→“图层”命令添加新图层，如图 2-4 所示。双击“图层 1”，可以对该图层进行重命名。

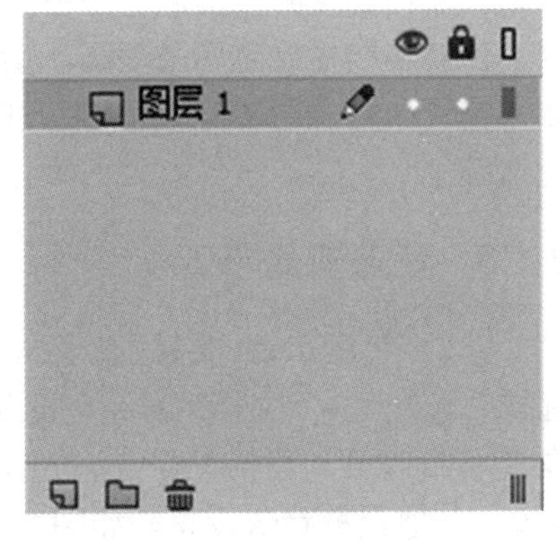

图 2-4

7. 橡皮擦工具

选择“工具”面板中的“橡皮擦工具”，或者按“E”键，可选中橡皮擦工具，用于擦去不需要的图形。双击“橡皮擦工具”，可以删除舞台上的所有内容。

选择“橡皮擦工具”，在想要擦除的图形上单击并拖动鼠标，图形即可被擦除。在“工具”面板上单击“橡皮擦形状”按钮，可以设置橡皮擦的形状和大小。

此外，系统设置了 5 种擦除模式，如图 2-5 和图 2-6 所示。

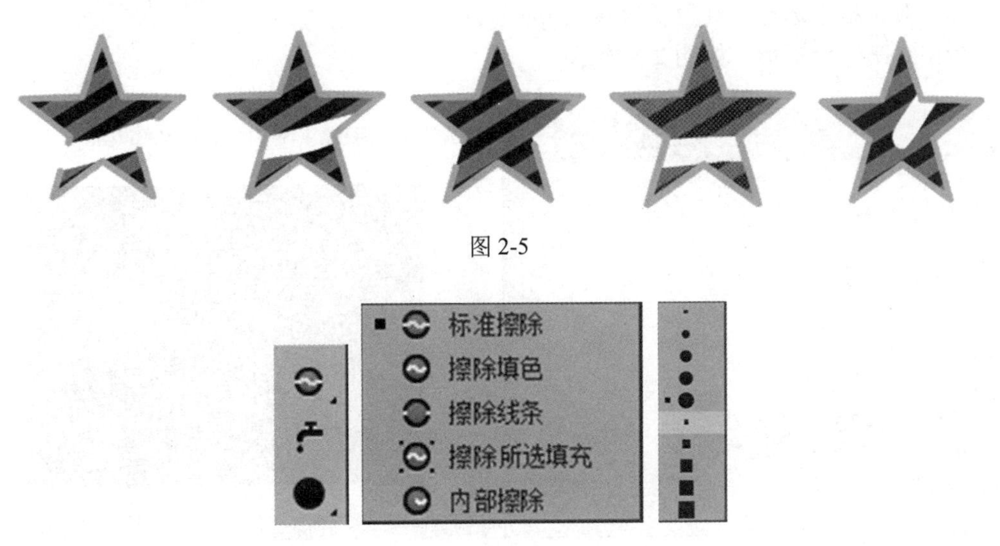

图 2-5

图 2-6

标准擦除：擦除同一图层的笔触和填充色。

擦除填色：只擦除填充色，不擦除笔触颜色。

擦除线条：只擦除笔触颜色，不擦除填充色。

擦除所选填充：只擦除当前选定的填充颜色，不影响笔触。无论此时笔触是否被选中，在选中该模式前，需要先选择要擦除的填充。

内部擦除：只擦除笔触开始处的填充。如果从空白点开始擦除，则不会擦除任何内容。这种模式下使用橡皮擦不影响笔触。

8. **逐帧动画**

将动画中的每一帧都设置为关键帧，在每一个关键帧中创建不同的内容，就成为逐帧动画。在“连续的关键帧”中分解动画动作，也就是在时间轴的每帧上逐帧绘制不同的内容，使其连续播放而形成动画。逐帧动画具有非常大的灵活性，适用于表演细腻的动画，如人物或动物急剧转身、头发及衣服的飘动、走路、说话等。

2.1.3 任务实施步骤

（1）新建 Flash 文档(基于 AcitonScript 3.0)，选择“修改”→“文档”命令，设置舞台大小为 800 像素×600 像素，将帧频修改为 6fps，即每秒钟播放 6 帧，其他保持默认设置，如图 2-7 所示。

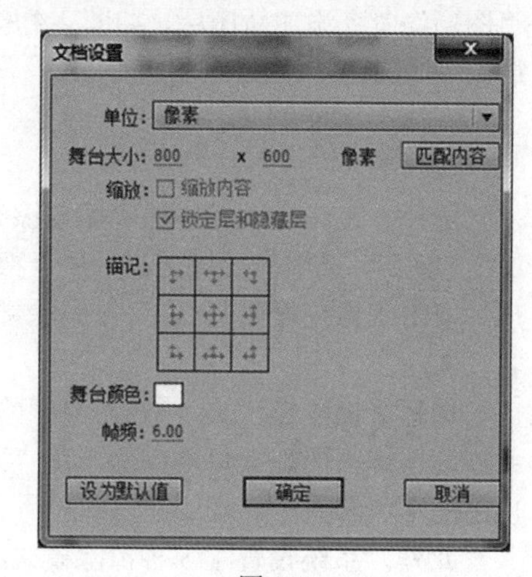

图 2-7

（2） 双击“时间轴”面板中的“图层 1”，修改其名称为“背景”。

（3） 选择“工具”面板中的“矩形工具”，设置笔触颜色为无、填充类型为“位图填充”，在“导入到库”对话框中选择“红色烫金背景.jpg”图片，在舞台中绘制一个矩形，如图 2-8 所示。

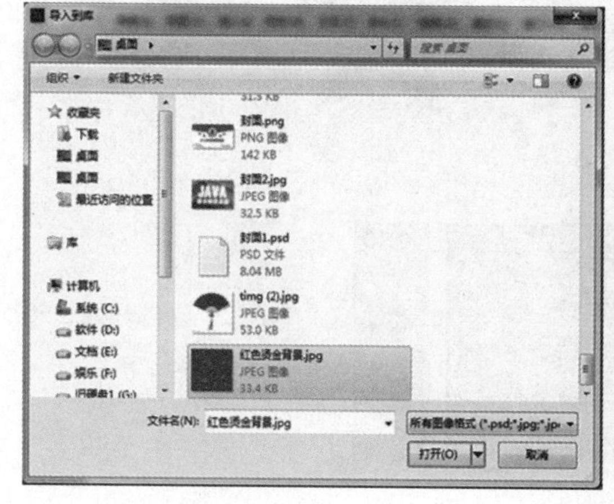

图 2-8

（4） 选择“工具”面板中的“选择工具”，选中这个矩形，调整其在“属性”面板中的位置和大小，使此矩形与舞台大小一致，并和舞台完全对齐，如图 2-9 所示。

▼ 位置和大小
X: 0.00　Y: 0.00
宽: 800.00　高: 600.00

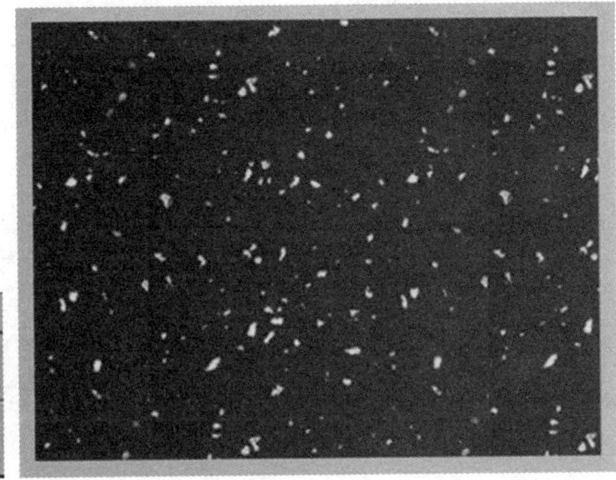

图 2-9

（5） 选择“工具”面板中的“文本工具”，默认为“静态文本”，将字体系列设置为“华文行楷”，字体大小设置为“180.0 磅”，颜色设置为黑色（#000000），如图 2-10 所示。

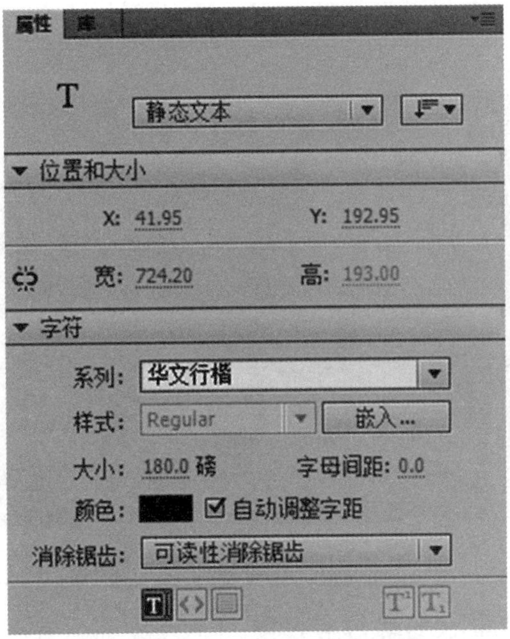

属性　库
T　静态文本
▼ 位置和大小
X: 41.95　Y: 192.95
宽: 724.20　高: 193.00
▼ 字符
系列: 华文行楷
样式: Regular　嵌入...
大小: 180.0 磅　字母间距: 0.0
颜色:　☑ 自动调整字距
消除锯齿: 可读性消除锯齿

图 2-10

（6） 新建一个图层，命名为“文字”，在舞台中央输入“元旦快乐”，如图 2-11 所示。

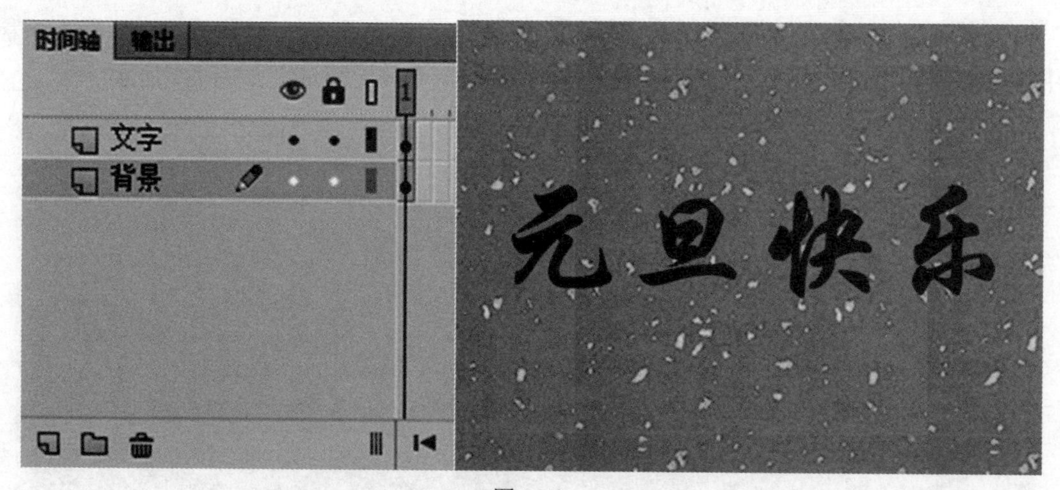

图 2-11

（7） 选择“工具”面板中的“选择工具”，选择“文字”图层的第 1 帧，选中文字，按“Ctrl+B”组合键两次，将文字分离，如图 2-12 所示。

第一次分离，将每一个文字分离开来；第二次分离，彻底将文字分离。

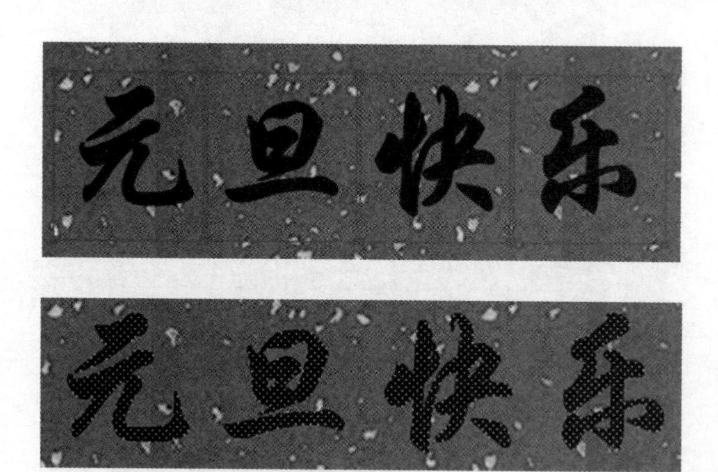

图 2-12

（8） 选择“背景”图层的第 17 帧，按“F5”键，插入普通帧，如图 2-13 所示。

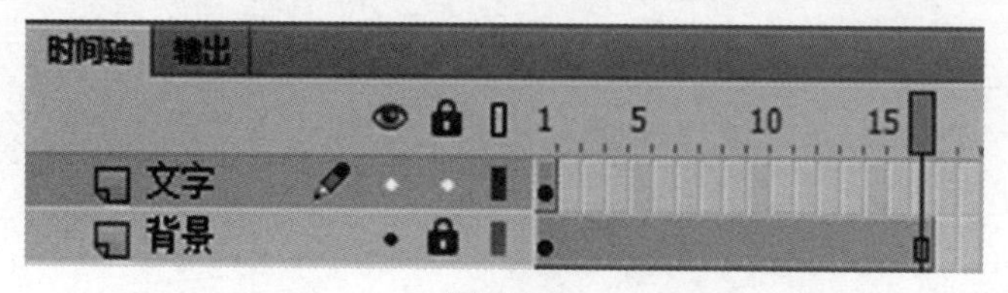

图 2-13

（9）选择“文字”图层的第1～17帧，按住“F6”键，则第1～17帧都会被插入关键帧，且关键帧的内容全部与第一帧相同，如图2-14所示。

图2-14

注意

按住“F5”键可以插入普通帧。按住“F6”键可以插入关键帧。如果在第1～17帧中的每一帧中都插入关键帧，可以选择第1～17帧，然后按下“F6”键。选择第1～17帧的方法是：选择第1帧，按住鼠标左键不放，将其拖动到第17帧后再松开鼠标。如果选择第1帧后，松开鼠标再拖动，则会移动第1帧的内容到第17帧上。

（10）单击“背景”图层“锁”按钮所对应的圆点，该图层就会被锁定，无法修改，如图2-15所示。

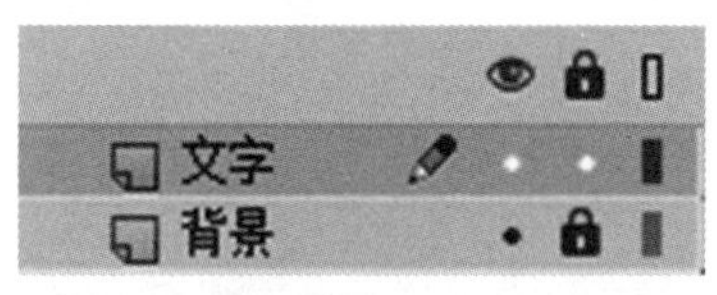

图2-15

（11）选择“工具”面板中的“选择工具”，单击“文字”图层的第16帧，选择“工具”面板中的“橡皮檫工具”，将“乐”的点擦去，如图2-16所示。

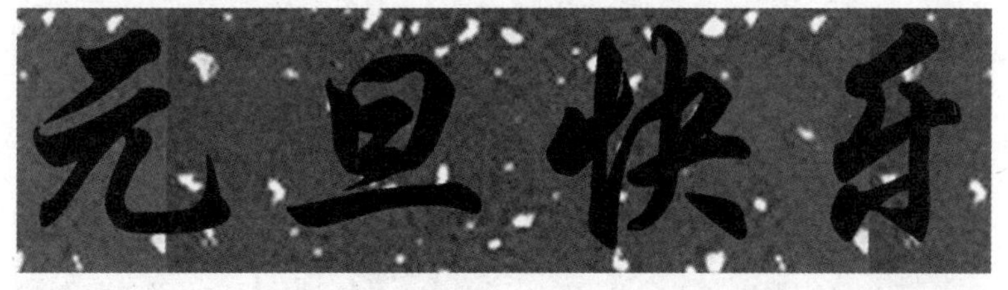
图2-16

（12）选中“文字”图层的第16帧并右击，从弹出的快捷菜单中选择“复制帧”命令，接着选中该图层的第15帧并右击，从弹出的快捷菜单中选择“粘贴帧”到当前位置，第15帧的内容和第16帧的内容相同。选择第15帧，利用“橡皮檫工具”擦除“乐”字的另一个点，效果如图2-17所示。

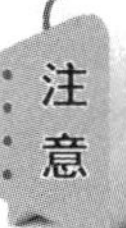

为避免擦除时擦到其他笔画，可以将显示比例调整到200%或400%，擦除后，再调整为100%。

图 2-17

（13） 选择第 15 帧，按“Ctrl+Alt+C”组合键，然后选择第 14 帧，按“Ctrl+Alt+V”组合键，将第 15 帧的内容复制到第 14 帧上，选择第 14 帧，再次使用“橡皮擦工具”擦除“乐”的竖钩，如图 2-18 所示。

图 2-18

（14） 按照同样的方法，第 13 帧、第 12 帧对应的舞台分别如图 2-19 和图 2-20 所示。

图 2-19（第 13 帧画面）

图 2-20（第 12 帧画面）

（15） 按照同样的方法依次擦除“快”字的笔画，“快”字占据第 11～8 帧，其各帧对应画面如图 2-21～图 2-24 所示。

图 2-21（第 11 帧画面）

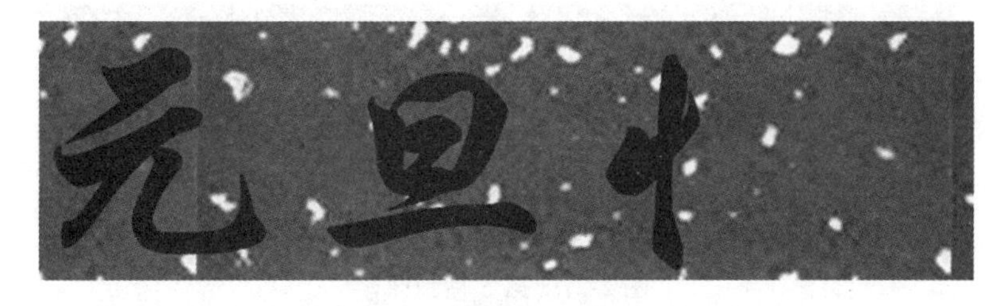

图 2-22（第 10 帧画面）

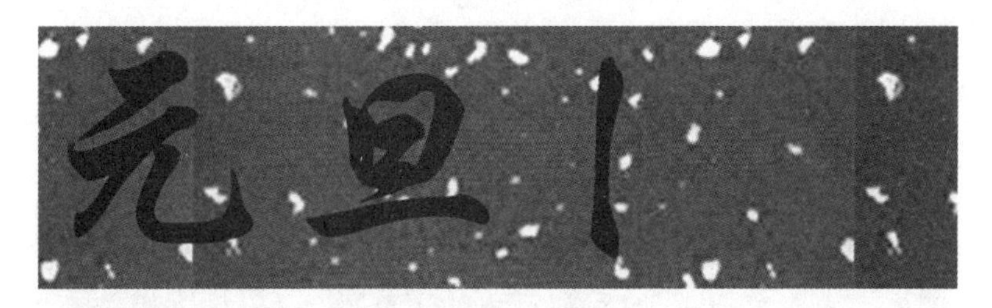

图 2-23（第 9 帧画面）

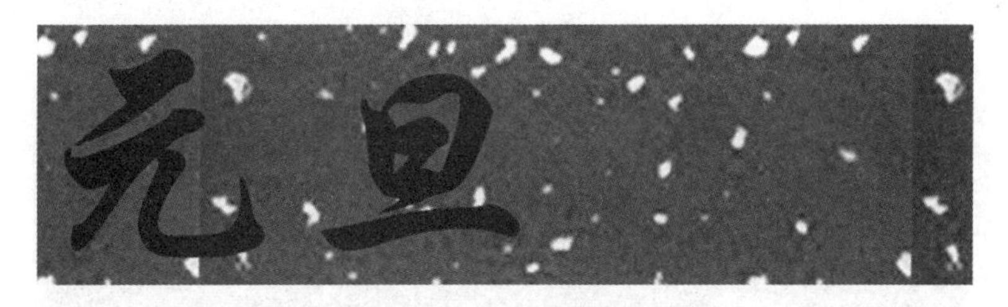

图 2-24（第 8 帧画面）

（16） 按照同样的方法依次擦除“旦”字的笔画，“旦”字占据第 7 帧～第 5 帧，其各帧对应画面如图 2-25～图 2-27 所示。

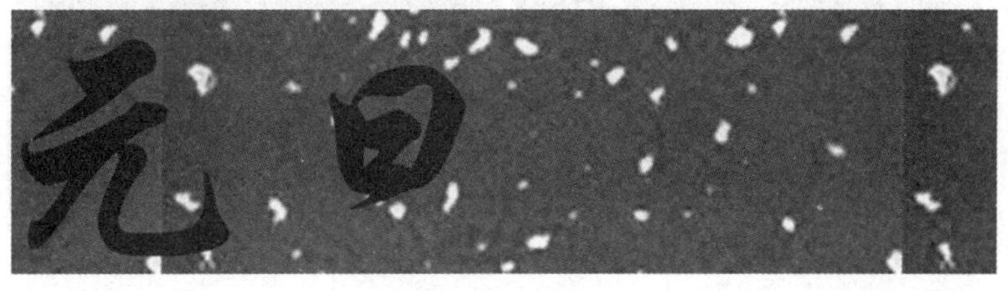

图 2-25（第 7 帧画面）

图 2-26（第 6 帧画面）

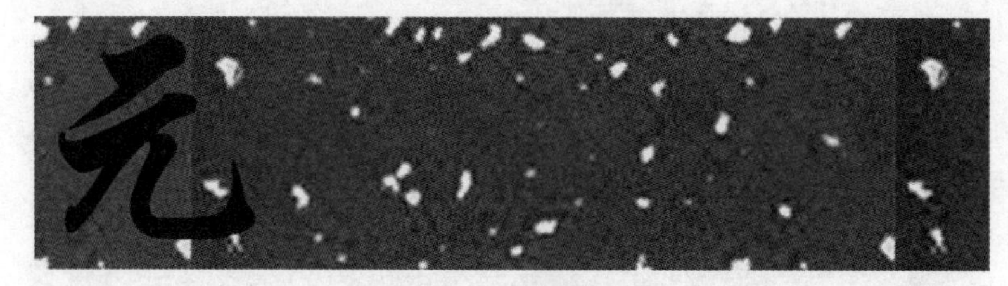

图 2-27（第 5 帧画面）

（17） 按照同样的方法依次擦除“元”的笔画，“元”占据第 4～1 帧，其各帧对应画面如图 2-28～图 2-31 所示。

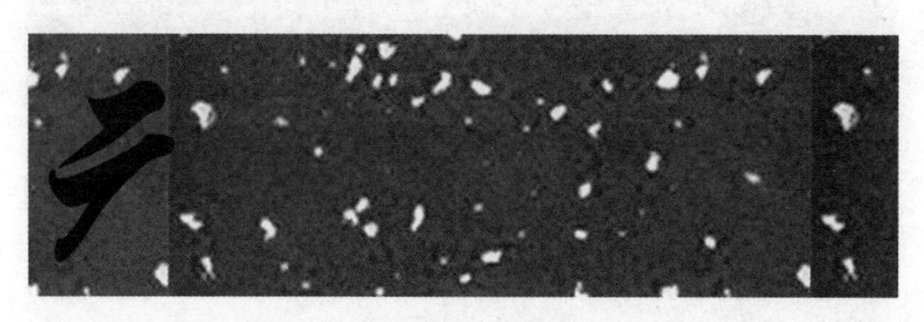

图 2-28（第 4 帧画面）

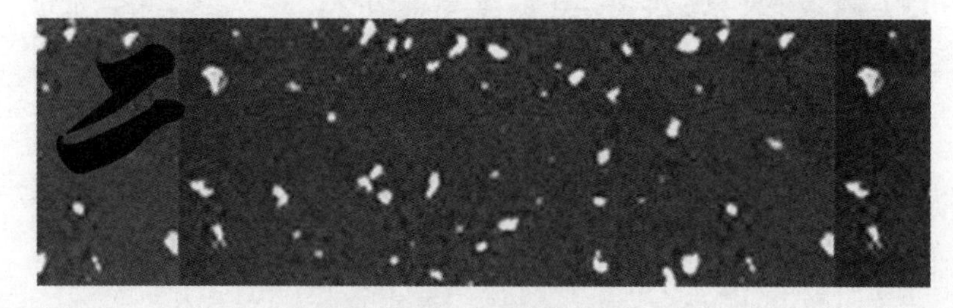

图 2-29（第 3 帧画面）

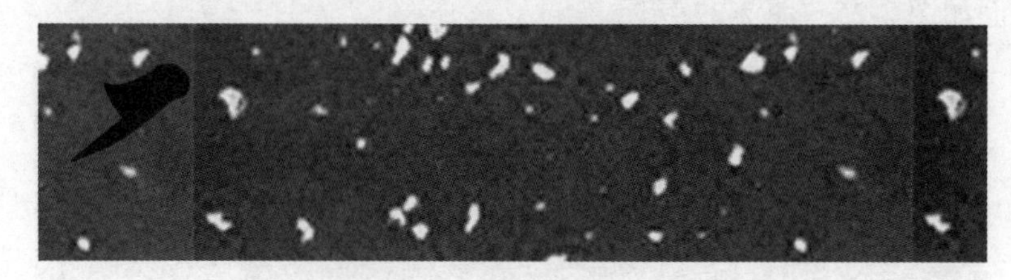

图 2-30（第 2 帧画面）

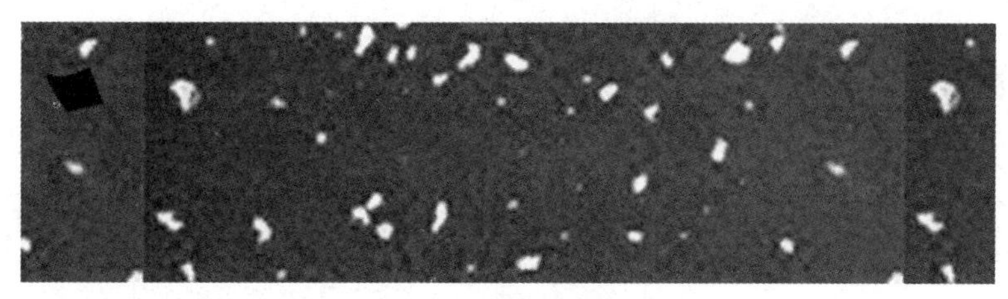

图 2-31（第 1 帧画面）

（18） 按下“Ctrl+Enter”组合键，测试影片，保存文档。

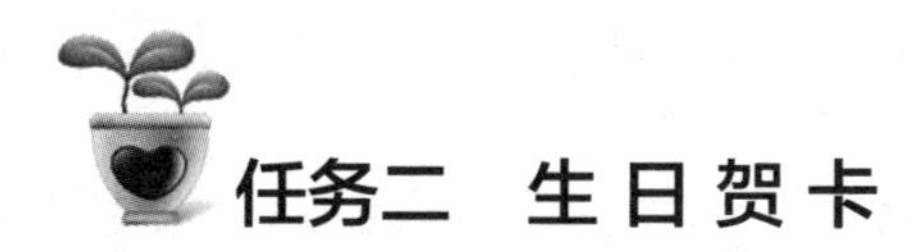

任务二　生日贺卡

2.2.1　任务效果及思路分析

本任务需要绘制生日贺卡，通过使用“椭圆工具”“矩形工具”“线条工具”“选择工具”“文本工具”来完成，效果如图 2-32 所示。

图 2-32

（1） 使用“椭圆工具”“线条工具”“选择工具”绘制上层蛋糕。
（2） 使用鼠标结合“Alt”键，复制得到下层蛋糕。
（3） 使用“任意变形工具”放大下层蛋糕，形成双层蛋糕。
（4） 使用“矩形工具”绘制蜡烛。
（5） 使用“铅笔工具”绘制蜡烛烛芯。
（6） 使用“线条工具”和“选择工具”绘制火焰。
（7） 使用“文本工具”输入“生日快乐”。
（8） 通过插入关键帧，调整火焰形状，形成“逐帧动画”。

2.2.2 任务知识和技能

1. 手形工具

如果图形很大或被放大很多倍时，则需要用“手形工具”（快捷键为“H”）调整观察区域。当鼠标指针变为“手形工具”后，可以通过拖动鼠标实现对舞台的移动。按下“Space”键，鼠标指针可以随时变为“手形工具”；松开“Space”键，则可以恢复到之前的工具。

2. 缩放工具

利用“缩放工具”可以放大、缩小图形，在想要局部放大的区域上拖出一个矩形选区，则可以实现局部放大。

此外，按住“Ctrl”键的同时按“+”键，可以实现放大；按住“Ctrl”键的同时按“-”键，可以实现缩小，如图 2-33 所示。

图 2-33

2.2.3 任务实施步骤

（1） 新建 Flash 文档（基于 AcitonScript 3.0），选择“修改”→“文档”命令，设置舞台大小为 800 像素×600 像素，将帧频更改为 6.00，即每秒钟播放 6 帧，其他保持默认设置，如图 2-34 所示。

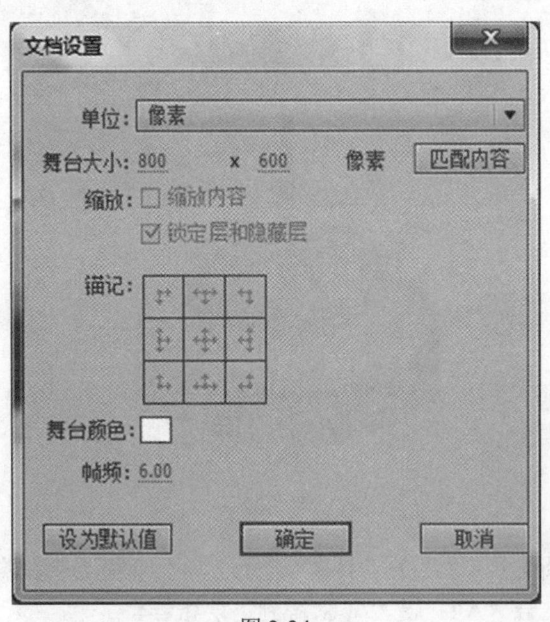

图 2-34

（2） 选择“工具”面板中的“椭圆工具”，设置笔触颜色为“无”、填充类型为纯色、颜色代码为“#F4A1B8”，如图 2-35 所示，绘制椭圆形，如图 2-36 所示。

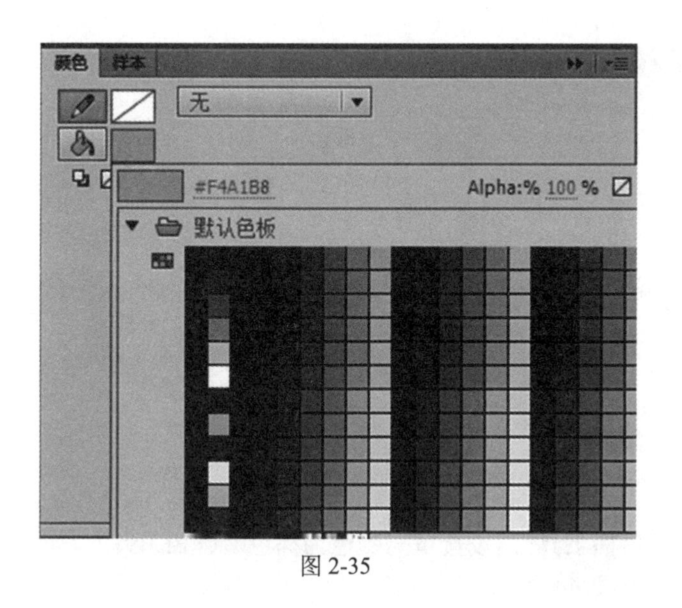

图 2-35

图 2-36

（3） 选择“工具”面板中的“线条工具”，绘制 3 条直线，如图 2-37 所示。将鼠标指针移动到水平直线上，当指针变成画线形状时，拖动线段使其变成弧形，如图 2-38 所示。

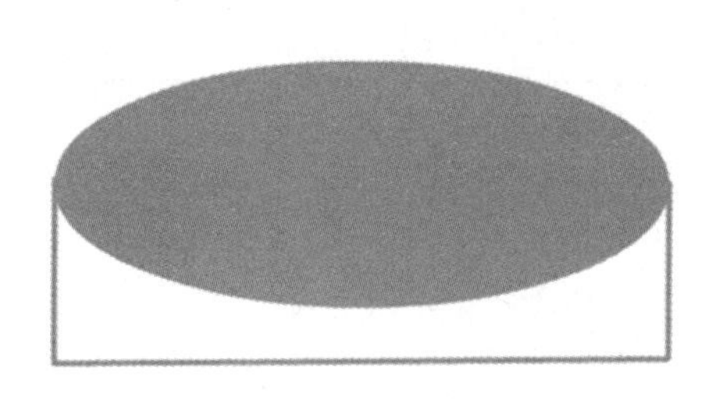

图 2-37

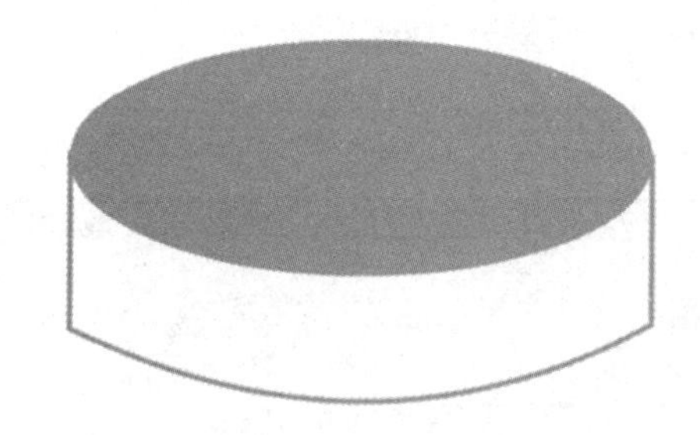

图 2-38

（4） 选择“线条工具”，绘制一条直线，如图 2-39 所示。移动鼠标指针到直线上，拖动线段以形成弧线，如图 2-40 所示。

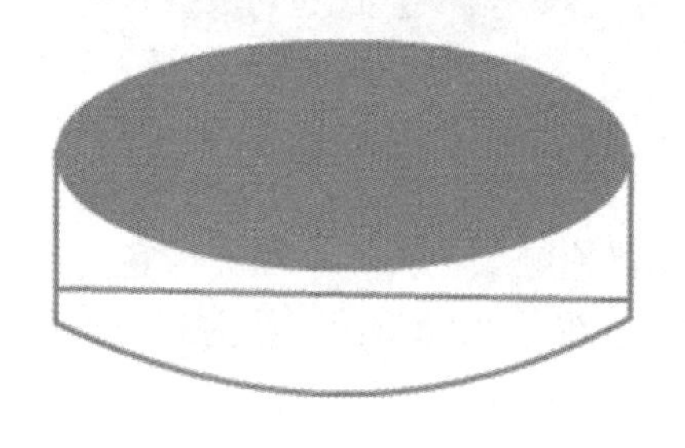

图 2-39

图 2-40

（5） 选择“工具”面板中的“颜料桶工具”，设置填充颜色为棕色（#9F6248），如图 2-41 所示，填充上层蛋糕，如图 2-42 所示。

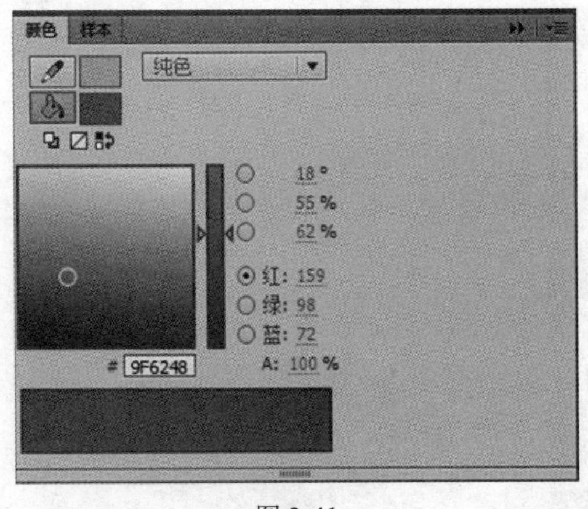

图 2-41

图 2-42

（6） 选择“工具”面板中的“颜料桶工具”，设置填充颜色为棕色（#FEEB98），如图 2-43 所示，填充上层蛋糕的条状，如图 2-44 所示。

注意

如果条状太窄，则可调整显示比例为 400%，填充完颜色后，再将显示比例调整为 100%。

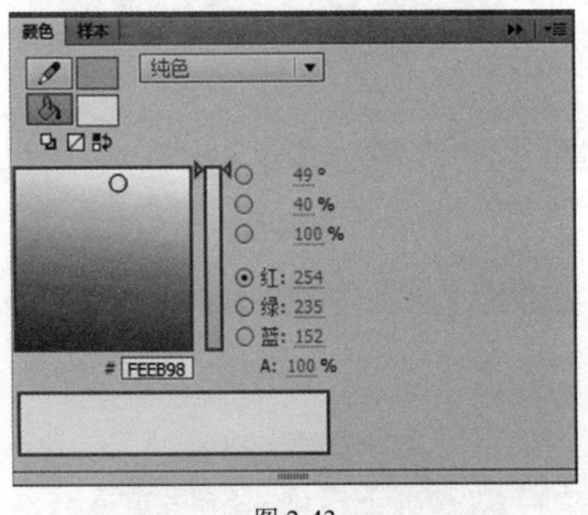

图 2-43

图 2-44

（7） 选择“工具”面板中的“椭圆工具”，设置笔触颜色为无、填充颜色为淡粉色（#FECAD4），如图 2-45 所示。在粉色椭圆形的中心，按下“Alt”键，从内到外扩展绘制一个淡粉色的椭圆形，如图 2-46 所示。

按住“Alt”键，可以从中心绘制一个椭圆形。

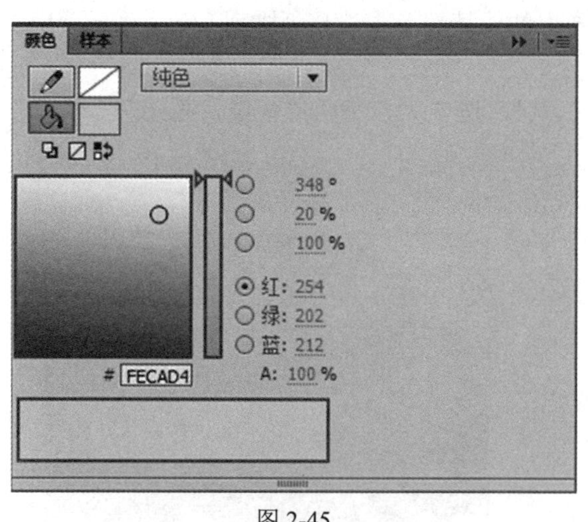

图 2-45

图 2-46

（8） 选择“工具”面板中的“选择工具”，绘制一个矩形，选择整个上层蛋糕，按下“Ctrl+ G”组合键，使其组合，其外侧出现蓝色矩形框，如图 2-47 所示。

图 2-47

（9） 按下“Alt”键，拖动上层蛋糕，复制得到另一个上层蛋糕。选择“工具”面板中的“任意变形工具”，选择第 2 个蛋糕，使其变大，并调整其位置，如图 2-48 所示。

图 2-48

（10） 选中上层的小蛋糕并右击，从弹出的快捷菜单中选择“排列”→“移至顶层”命令，如图 2-49 所示。

（11） 选择“工具”面板中的“选择工具”，选中大、小两层蛋糕，按下“Ctrl+G”组合键，使其成组，如图 2-50 所示。

图 2-49

图 2-50

（12） 选择“工具”面板中的“矩形工具”，设置笔触颜色为“无”，填充类型为位图填充，如图 2-51 所示，选择“蜡烛条纹.jpg”图片，绘制矩形，如图 2-52 所示。

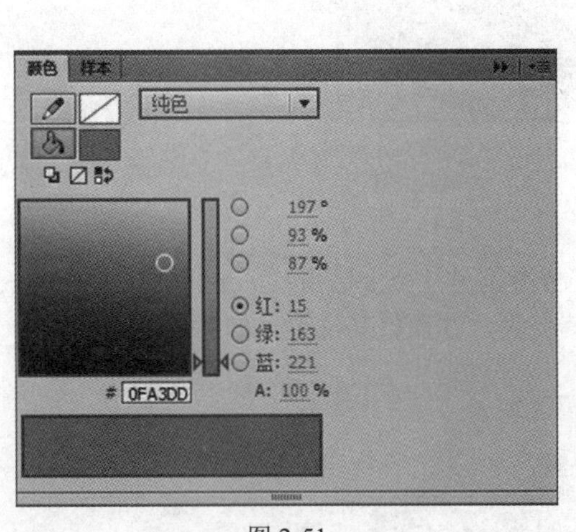

图 2-51

图 2-52

（13） 选择“工具”面板中的“铅笔工具”，在“属性”面板中设置笔触颜色为黑色（#000000）、笔触高度为“4.00”，如图 2-53 所示，将显示比例设置为“400%”，绘制“灯芯”，绘制后，再将显示比例调整为 100%，如图 2-54 所示。

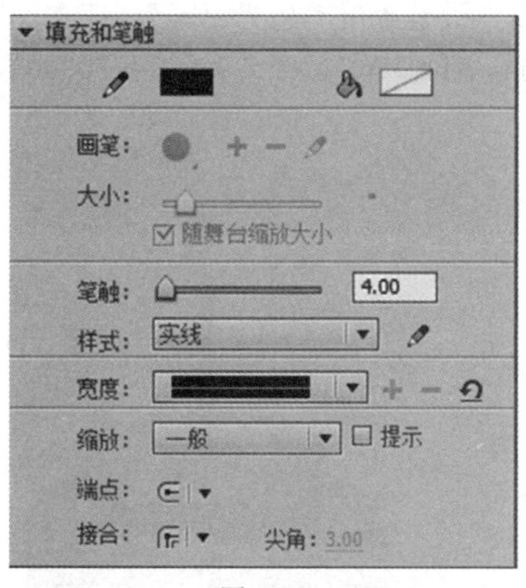

图 2-53

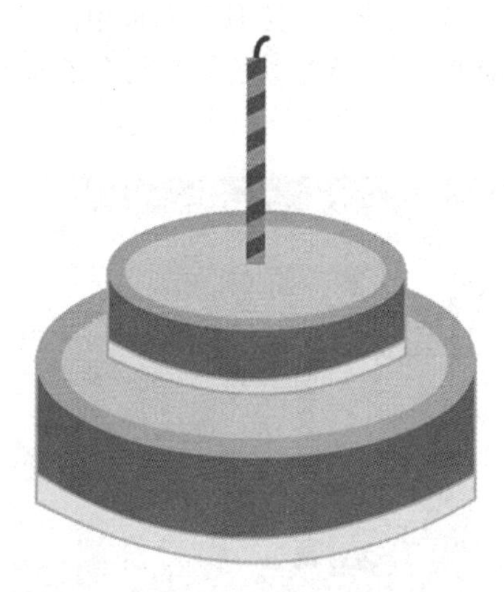

图 2-54

（14）　双击“图层 1”，更改其名称为“蛋糕和蜡烛”，新建“图层 2”，更改其名称为“火焰”，如图 2-55 所示。

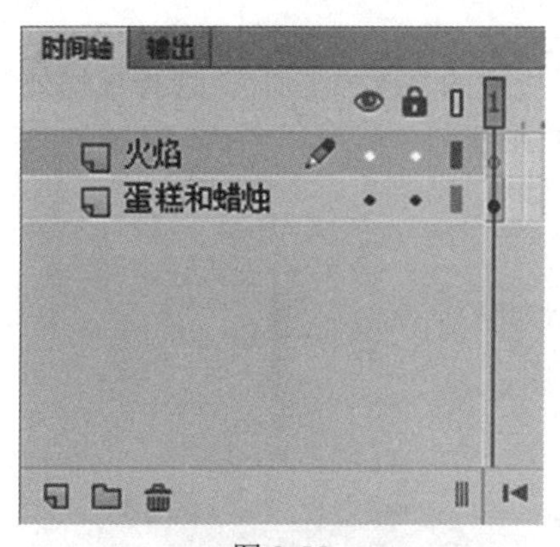

图 2-55

（15）　选中“火焰”图层的第 1 帧，选择“工具”面板中的“线条工具”，将笔触颜色设置为黑色（#000000），笔触高度设置为“4.00”，绘制两根直线，并利用“选择工具”，将其拖出弧线，如图 2-56 所示。

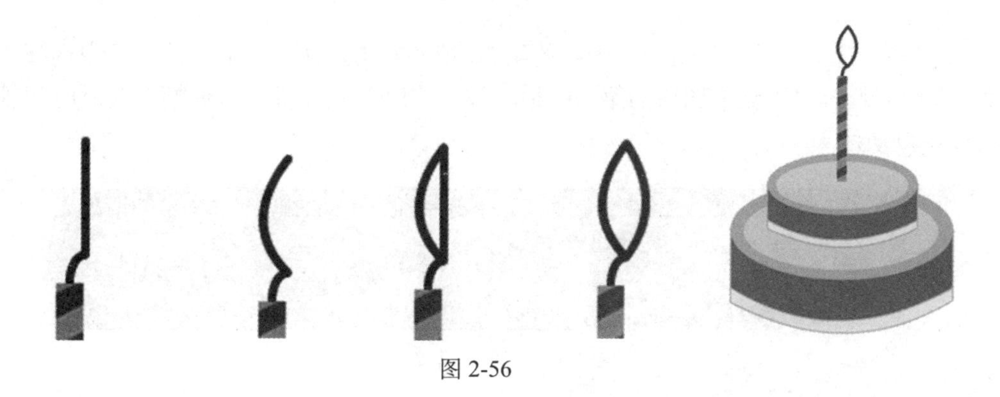

图 2-56

（16） 选择“工具”面板中的“颜料桶工具”，设置笔触颜色为“无”、填充类型为“径向渐变”，填充颜色从左到右依次为“#F3CC54、#F0D36D、#F5744F、#FF0000”，如图 2-57 所示，为火焰填充渐变，如图 2-58 所示。

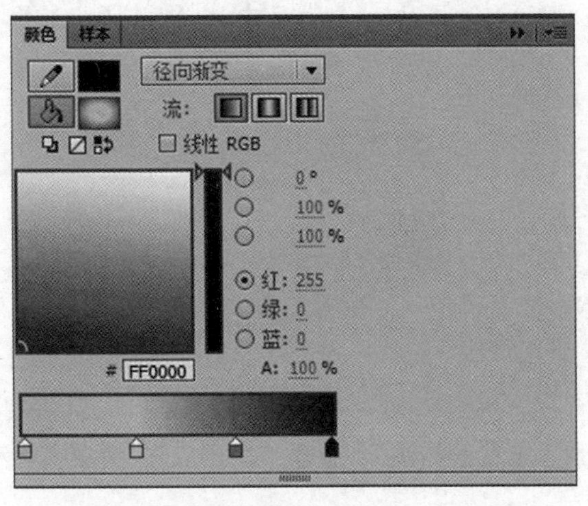

图 2-57

图 2-58

（17） 选择“工具”面板中的“选择工具”，选择火焰外侧的黑色边框，按“Delete”键将其删除，效果如图 2-59 所示。

图 2-59

（18） 选中“蛋糕和蜡烛”图层的第 36 帧并右击，从弹出的快捷菜单中选择“插入帧”命令；选择“火焰”图层的第 36 帧，按下“F5”键，插入普通帧，此时时间轴面板如图 2-60 所示。

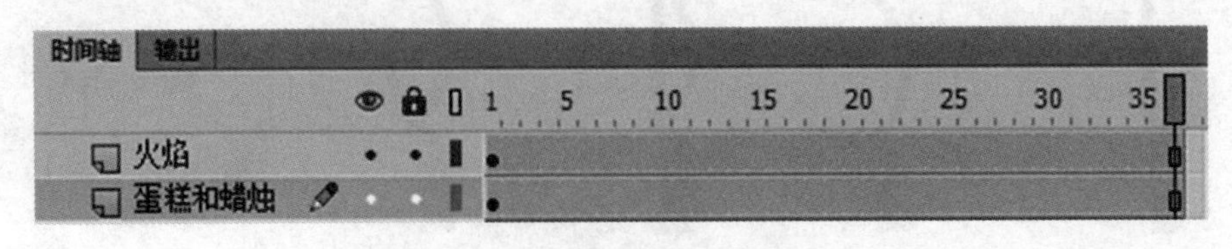

图 2-60

（19）选择“火焰”图层的第 5 帧，选择“工具”面板中的“选择工具”，将鼠标指针移动到火焰轮廓上，并进行拖动，效果如图 2-61 所示。

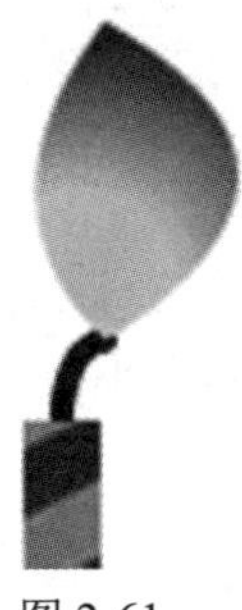

图 2-61

（20）用同样的方式对“火焰”图层的第 9 帧、第 13 帧、第 17 帧、第 21 帧、第 25 帧、第 29 帧、第 33 帧、第 37 帧进行操作，如图 2-62 所示，利用“选择工具”调整火焰形状，如图 2-63 所示。

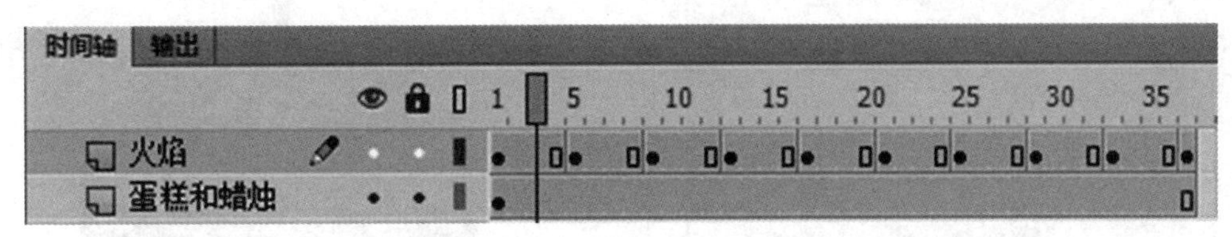

图 2-62

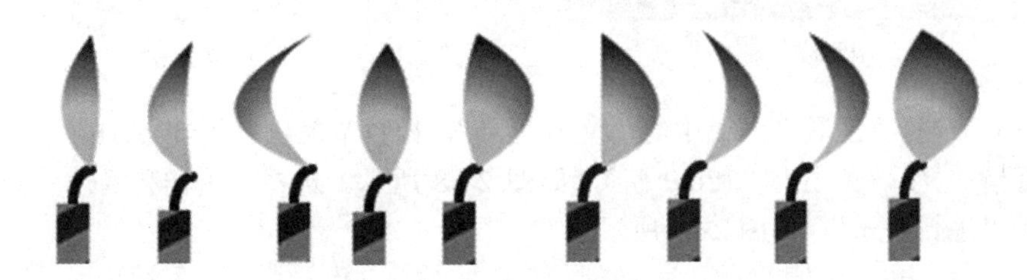

图 2-63

（21）选中第 1～5 帧上的任意一帧并右击，从弹出的快捷菜单中选择“创建补间形状”命令，如图 2-64 所示。依次在第 5～9 帧、第 9～13 帧、第 13～17 帧、第 17～21 帧、第 21～25 帧、第 25～29 帧、第 29～33 帧、第 33～37 帧上分别创建补间形状动画。创建成功后，各区间显示为绿色，如图 2-65 所示。

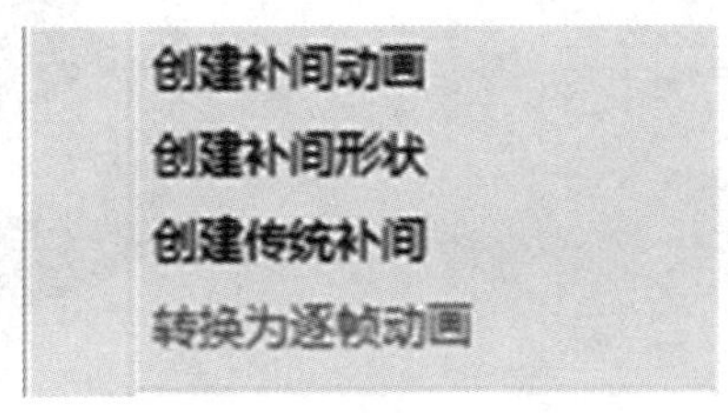

图 2-64

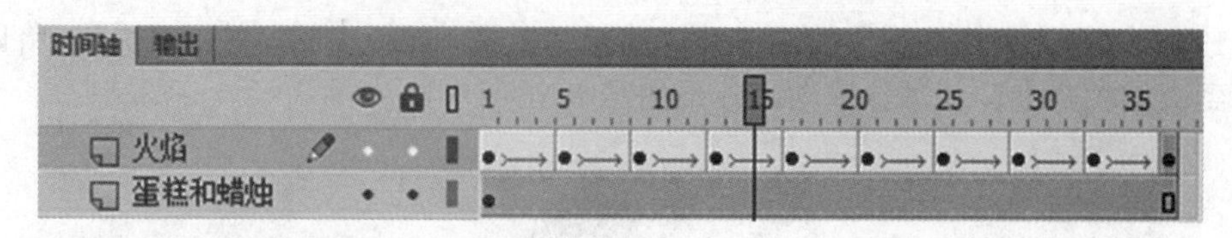

图 2-65

（22） 选择“蛋糕和蜡烛”图层的第 1 帧，双击上层蛋糕，进入该组的编辑环境，选择“画笔工具”，设置笔触颜色和画笔大小，如图 2-66 所示，接着使用“画笔工具”在上层蛋糕上绘制圆点装饰，如图 2-67 所示。

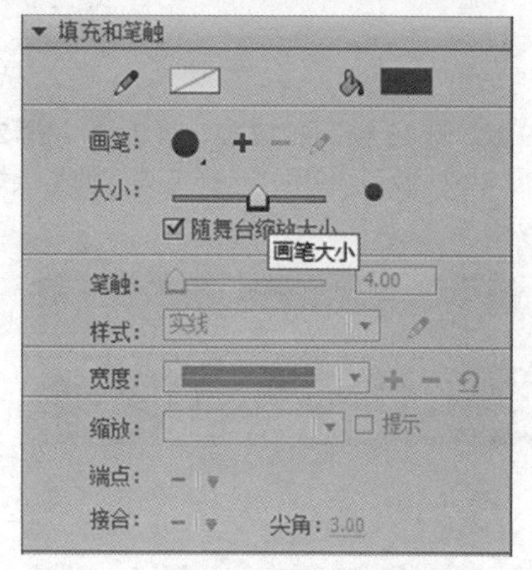

图 2-66

图 2-67

（23） 选择“工具”面板中的“文本工具”，设置笔触颜色为#F4A1B8、字体系列为“华文行楷”，字体大小为“120.0 磅”，如图 2-68 所示。选择“蛋糕和蜡烛”图层的第 1 帧，输入“生日快乐”，如图 2-69 所示。

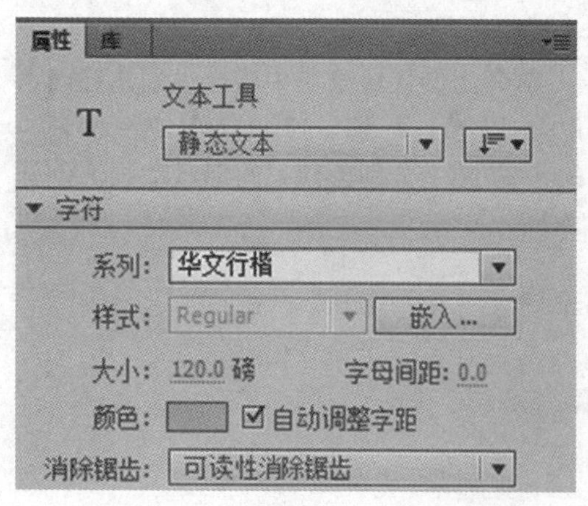

图 2-68

图 2-69

（25）按“Ctrl+Enter”组合键，测试影片，保存文档。

任务三　万圣节贺卡

2.3.1　任务效果及思路分析

本任务需要制作万圣节贺卡，主要使用“椭圆工具”“矩形工具”“颜料桶工具”“渐变变形工具”“多角星形工具”“画笔工具”“文本工具”等来完成，效果如图 2-70 所示。

（1）利用“矩形工具”“渐变变形工具”绘制渐变矩形作为背景。

（2）利用“椭圆工具”绘制月亮。

（3）利用“文本工具”制作“Happy Halloween”，即万圣节快乐英文字样。

（4）利用“矩形工具”“线条工具”构建南瓜的轮廓。

（5）利用“颜料桶工具”“颜色面板”为南瓜填充颜色。

（6）利用“多角星形工具”绘制南瓜左、右眼睛。

（7）利用“画笔工具”绘制南瓜瓜蒂。

（8）利用“传统补间动画”为文本设置移动效果。

（9）利用“传统补间动画”为左、右眼睛设置顺时针、逆时针旋转效果。

图 2-70

2.3.2 任务知识和技能

1. 传统补间动画

在一个关键帧上放置一个元件，在另一个关键帧上改变这个图形的位置、大小、角度、颜色等，Flash 会根据两者之间的帧数及属性的差值自动创建动画，即为传统补间动画。

2. 创建传统补间动画的方法

在时间轴上选择一个关键帧，或者创建一个关键帧，作为传统补间动画开始的帧，然后选择另一个关键帧作为结束的帧（两个关键帧之间都为普通帧），在其中的任意一个普通帧上右击，从弹出的快捷菜单中选择“创建传统补间”命令，若“时间轴”面板的背景色变成蓝紫色，并出现一个实线的箭头，则传统补间动画创建成功，如图 2-71 所示。

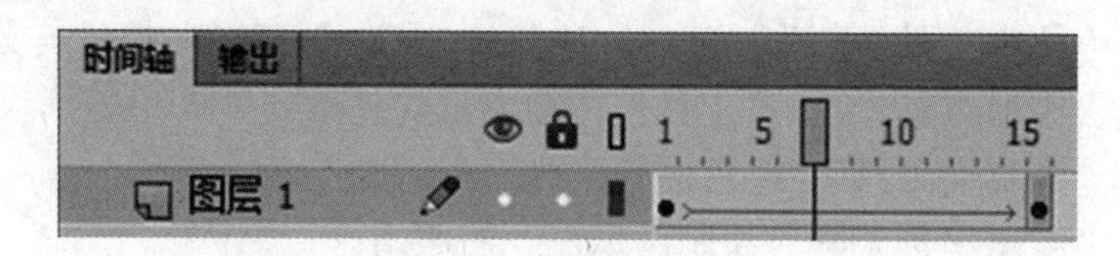

图 2-71

3. 刷子工具

“刷子工具”既可以绘制任意形状、大小及颜色的填充区域，也可以给已经绘制好的对象填充颜色，操作时只需单击“刷子工具”或按“B”键。从“工具”面板中选择刷子工具后，可以对刷子工具进行设置，刷子的颜色由“填充颜色”决定，如图 2-72 所示。

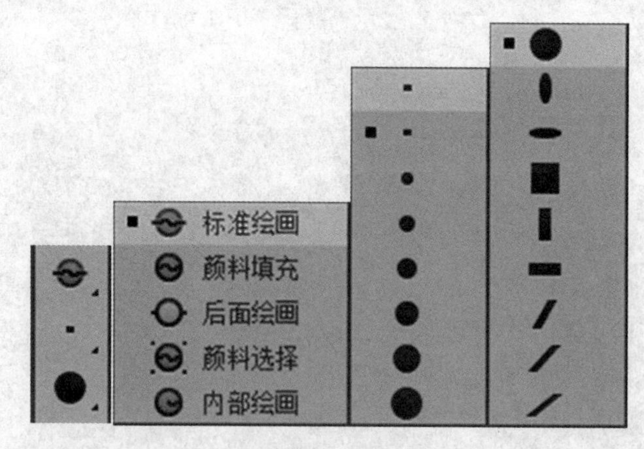

图 2-72

标准绘画：会覆盖原有图形，包括线条和颜色填充，但不影响导入的图形和文本对象。

颜料填充：会覆盖原有图形，但不会遮盖线条。

后面绘画：绘制内容在图像后方，不影响前景图像。

颜料选择：使用“选择工具”或“套索工具”对颜色色块进行选择后，在选择区域内绘画，此时只有选择区域被涂上颜色。

内部绘画：笔刷只能在完全封闭的区域内进行绘画，如果起点在空白区域，那么只能在空白区域内进行绘画。

刷子大小：通过“刷子大小”下拉菜单，可以对刷子大小进行选择。

刷子形状：通过“刷子形状”下拉菜单，可以对刷子形状进行选择，其形状有圆、椭圆、方形、长方形、斜线形等。

2.3.3 任务实施步骤

（1） 新建 Flash 文档（基于 AcitonScript 3.0），选择“修改”→“文档”命令，设置舞台大小为 800 像素×600 像素，其他设置保持默认，如图 2-73 所示。

图 2-73

（2） 选择“工具”面板中的“矩形工具”，设置笔触颜色为“无”、填充样式为“线性渐变”（颜色为从#190645 到#6C2FB5），如图 2-74 所示。选择“工具”面板中的“选择工具”，单击矩形，调整矩形的位置和大小，效果如图 2-75 所示。

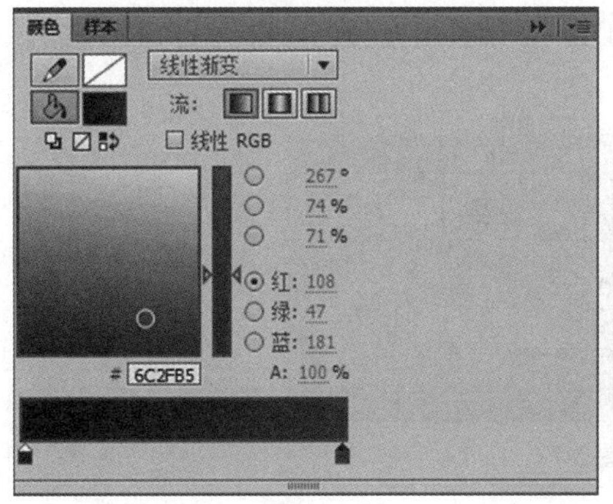

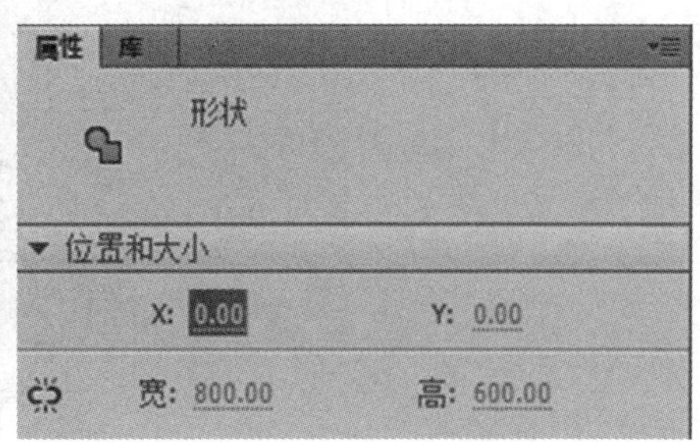

图 2-74

图 2-75

（3） 选择“工具”面板中的“渐变变形工具”，单击矩形，调整渐变的方向，如图 2-76 所示。

图 2-76

（4） 选择“工具”面板中的“画笔工具”，设置填充颜色为白色（#FFFFFF），对画笔大小进行，调整如图 2-77 所示。

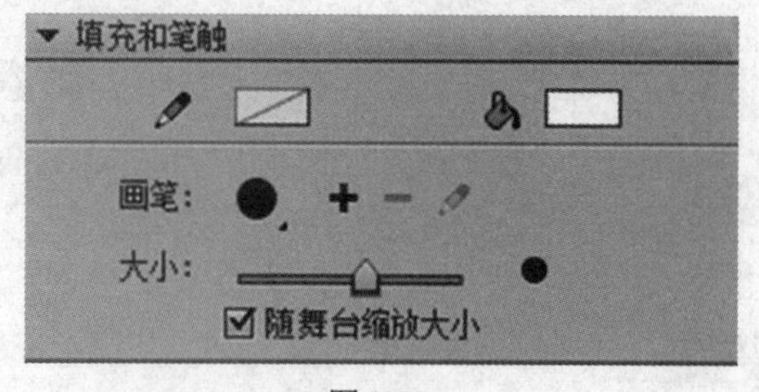

图 2-77

（5） 使用“画笔工具”在蓝色背景上多次单击，形成多个点，如图 2-78 所示。

图 2-78

（6） 设置画笔填充颜色为蓝紫色（#9B77E2），对画笔大小进行调整，如图 2-79 所示，在背景上多次单击，形成多个点，如图 2-80 所示。

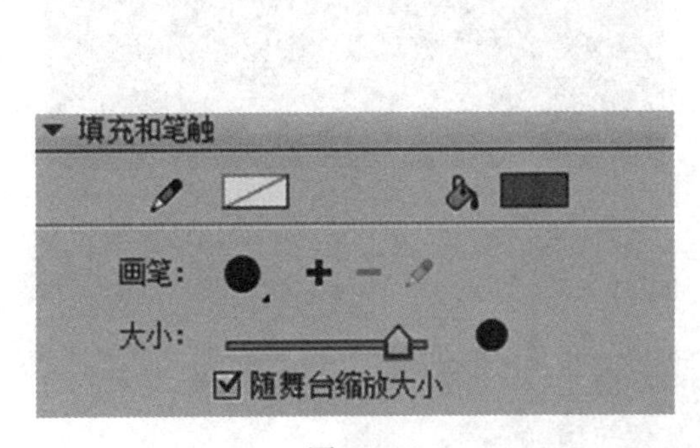

图 2-79

图 2-80

（7） 选择“工具”面板中的“椭圆工具”，设置笔触颜色为“无”、填充颜色为“#F4F2F8”，如图 2-81 所示。按下“Shift”键的同时拖动鼠标，绘制一个正圆形，如图 2-82 所示。

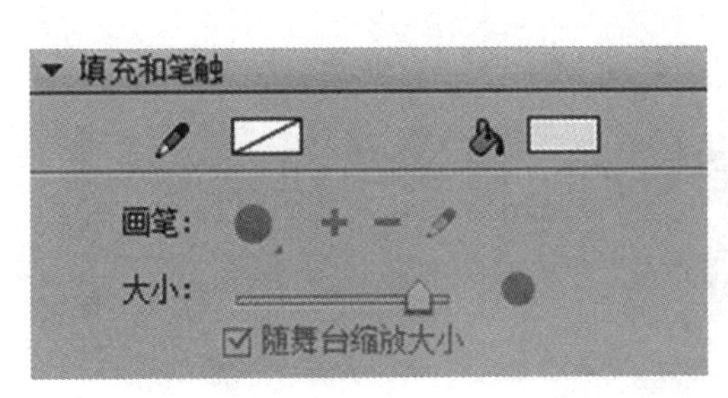

图 2-81

图 2-82

（8） 修改“图层 1”的名称为“背景”，新建“图层 2”，修改其名称为“文字”，选择“文字”图层的第 1 帧，如图 2-83 所示。选择“工具”面板中的“文本工具”，设置字体系列为“华文行楷”、字体大小为“120.0”、笔触颜色为“#E1833B”，如图 2-84 所示，在舞台中输入“Happy Halloween”，如图 2-85 所示。

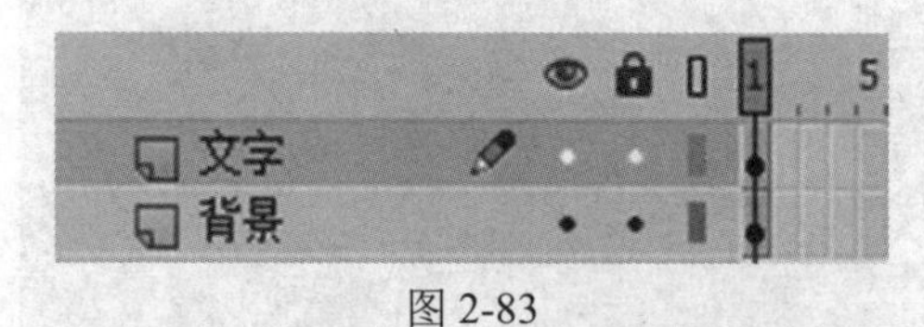

图 2-83

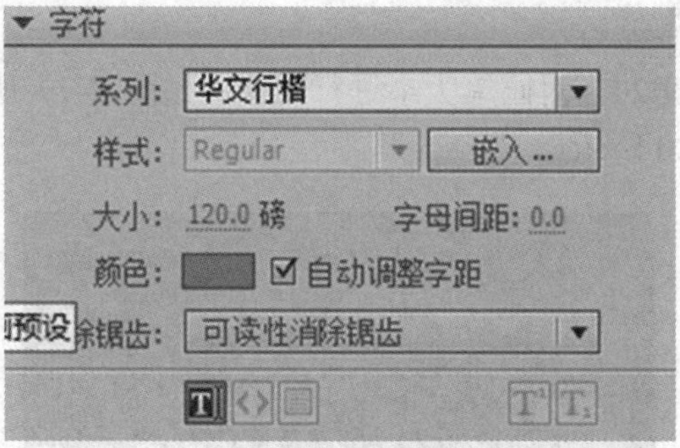

图 2-84

图 2-85

（9） 新建图层，修改其名称为“南瓜”，如图 2-86 所示。

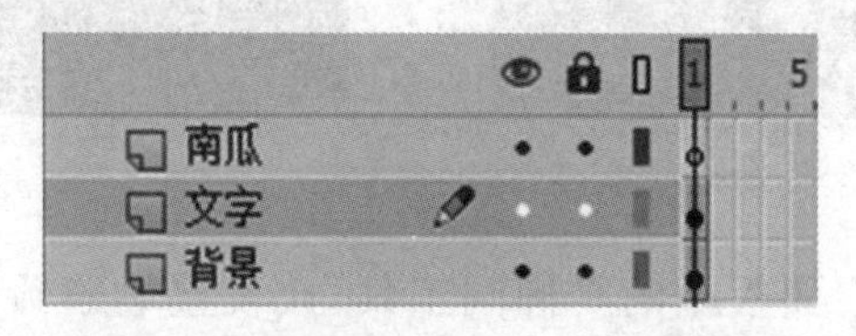

图 2-86

（10） 选择“工具”面板中的“矩形工具”，设置笔触颜色为黑色、填充颜色为无、笔触高度为“4.00”，在“矩形选项”中设置半径为“500.00”，如图 2-87 所示。

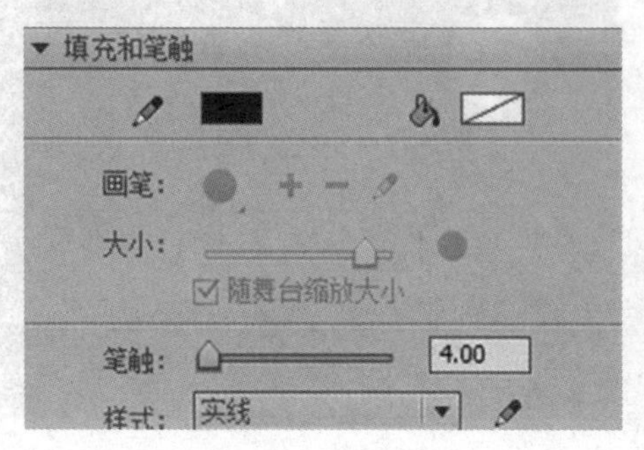

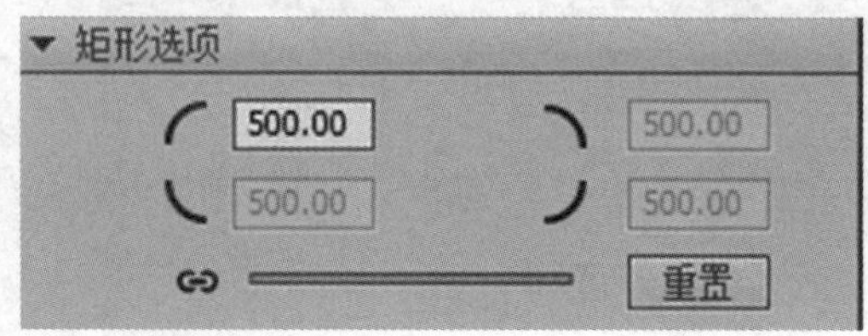

图 2-87

（11）　选择“南瓜”图层的第 1 帧，拖动以形成圆角矩形，如图 2-88 所示。

图 2-88

（12）　选择“工具”面板中的“线条工具”，在圆角矩形上绘制若干条直线，并调整其弧度，效果如图 2-89 所示。

图 2-89

（13）　选择“工具”面板中的“颜料桶工具”，设置填充样式为“线性渐变”，这里设置为三色渐变，从左到右颜色代码为“#FA922D、#F9A545、#EB891A”，如图 2-90 所示。在南瓜轮廓内各个部分单击并填充颜色，如图 2-91 所示。

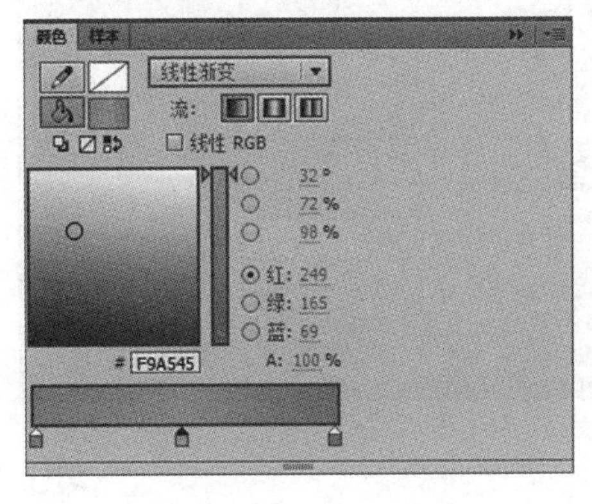

图 2-90　　图 2-91

（14） 选择“工具”面板中的“选择工具”，选择南瓜轮廓，按“Delete”键将其删除，如图 2-92 所示。

图 2-92

（15） 新建图层，并命名为“南瓜左眼睛”，如图 2-93 所示。

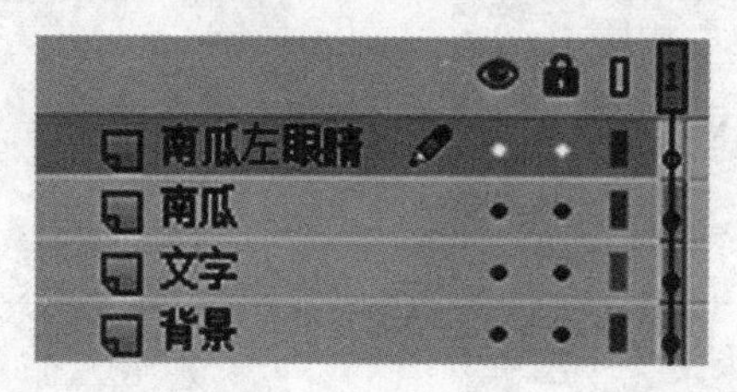

图 2-93

（16） 选中“南瓜左眼睛”图层的第 1 帧，选择“工具”面板中的“多角星形工具”，在“属性”面板中设置笔触颜色为“#F8A14B”，填充颜色为“#B75F16”，单击“工具设置”面板中的“选项”按钮，打开“工具设置”对话框，设置样式为“星形”、边数为“5”，如图 2-94 所示，绘制两个星形，如图 2-95 所示。

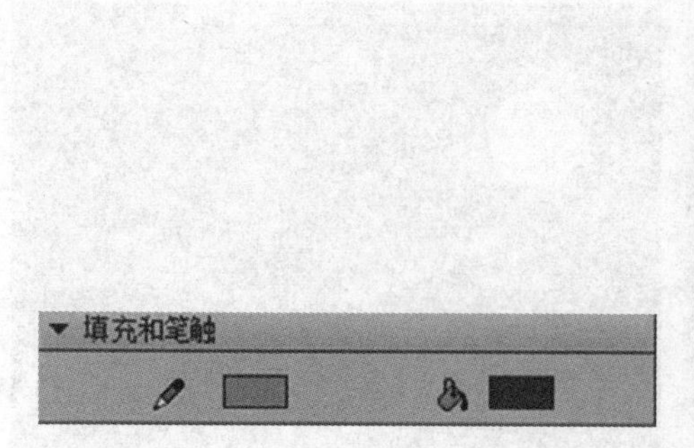

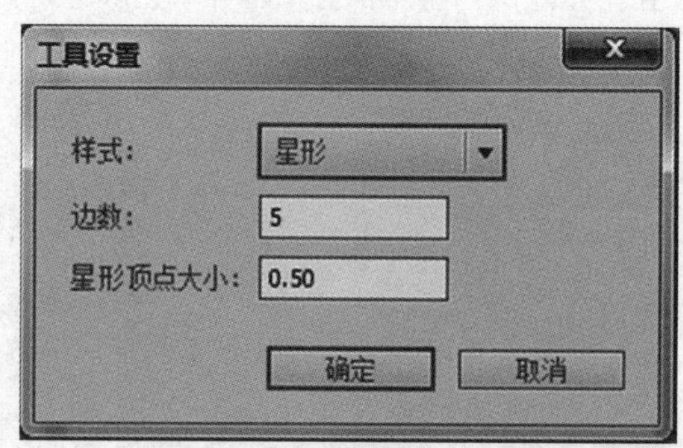

图 2-94

图 2-95

（17） 新建图层，并命名为“南瓜右眼睛”，选择该图层的第 1 帧，选择“多角星形工具”，设置笔触颜色为“#FDA557”、填充颜色为“#3C1801”，如图 2-96 所示，绘制两个星形，如图 2-97 所示。

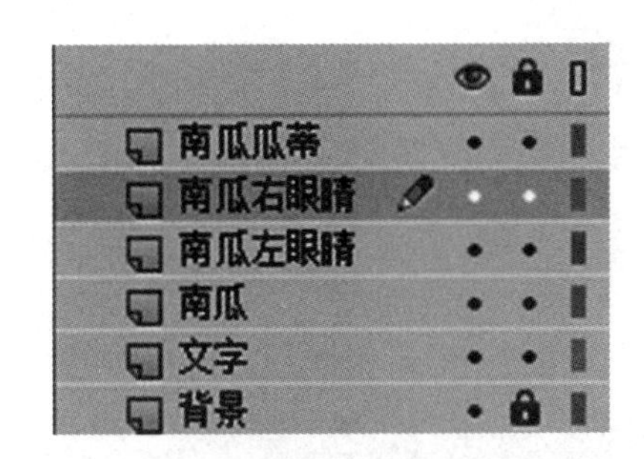

图 2-96

图 2-97

（18） 新建图层，修改名称为“瓜蒂”，选择“工具”面板中的“画笔工具”，设置笔触高度为 4.00，如图 2-98 所示，绘制瓜蒂，如图 2-99 所示。

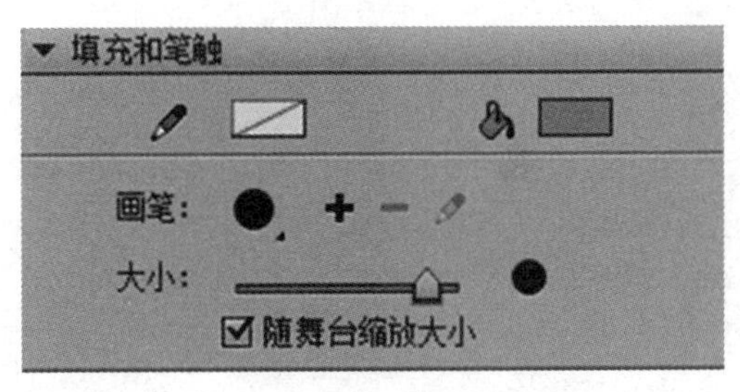

图 2-98

图 2-99

（19） 选择“背景”图层，在第 80 帧处按“F5”键，插入普通帧。在“南瓜”图层、

“南瓜瓜蒂”图层的第 80 帧处按“F5”键。选择“文字”图层，选择第 80 帧，按“F6”键插入关键帧。同样在“南瓜左眼睛”和“南瓜右眼睛”的第 80 帧处插入关键帧，如图 2-100 所示。

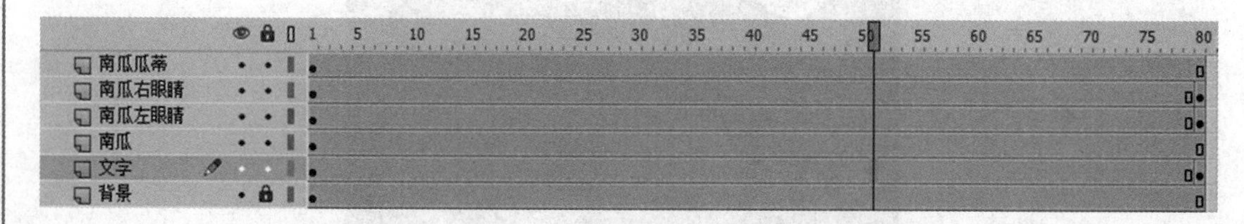

图 2-100

（20） 选择“文字”图层的第 1～80 帧中的某一帧，并在其上右击，选择“创建传统补间”选项，如图 2-101 所示，则发现第 1～80 帧处出现箭头，并变成蓝紫色，表示传统补间已创建成功，如图 2-102 所示。

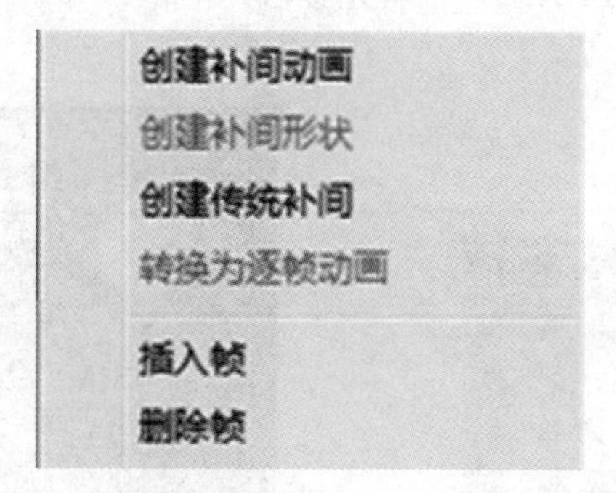

图 2-101

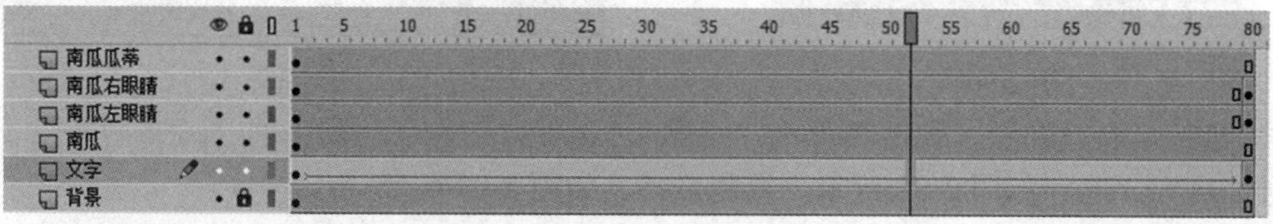

图 2-102

（21） 同样，在“南瓜左眼睛”和“南瓜右眼睛”的第 1～80 帧上建立“传统补间动画”，如图 2-103 所示。

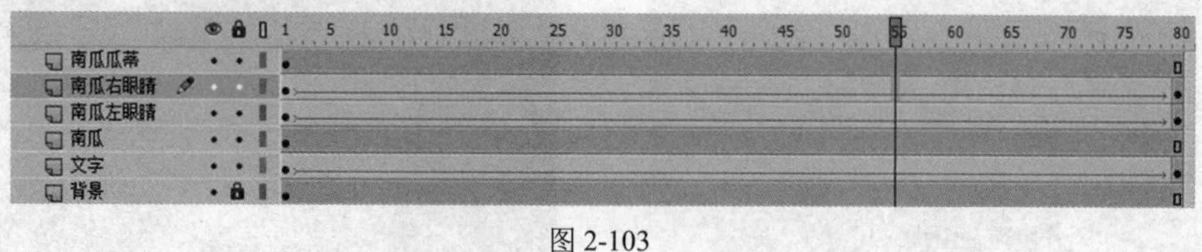

图 2-103

（22） 选择“文字”图层的第 80 帧，将文本由右侧移至舞台的左侧，如图 2-104 所示。

图 2-104

（23） 选择“南瓜左眼睛”图层上第 1～80 帧的任何一帧，在“属性”面板上设置“旋转”为“顺时针”，如图 2-105 所示。选择“南瓜右眼睛”图层上第 1～80 帧的任何一帧，在“属性”面板上设置“旋转”为“逆时针”，如图 2-106 所示。

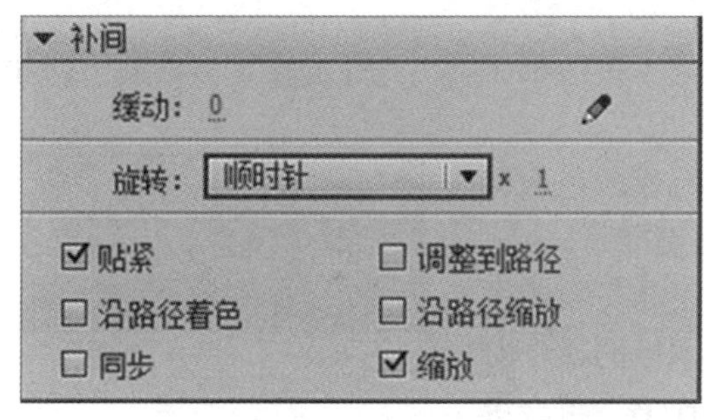

图 2-105

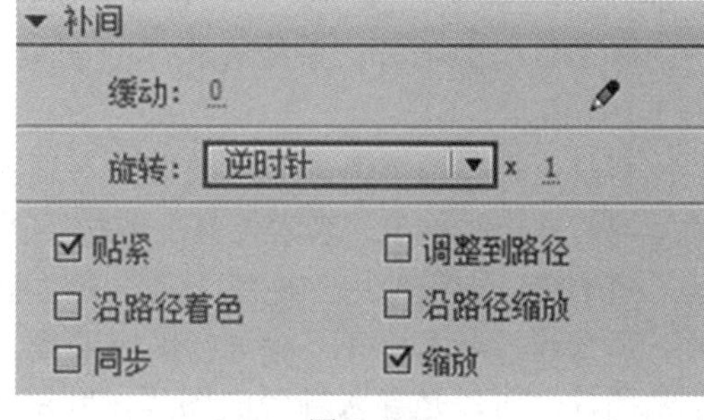

图 2-106

（24） 按下“Ctrl+Enter”组合键，测试影片，保存文档。

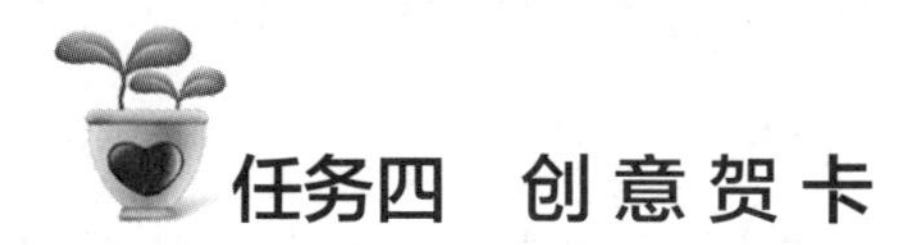

任务四　创意贺卡

2.4.1　任务效果及思路分析

本任务需要绘制创意贺卡，首先通过“椭圆工具”“颜料桶工具”“线条工具”“颜色面板”“多角星形工具”“文本工具”完成豌豆射手的绘制和文本的输入，接着通过设置传统补间形状来完成贺卡的动画效果，如图 2-107 所示。

（1） 使用“椭圆工具”绘制豌豆射手头部。

（2） 使用“线条工具”和“选择工具”绘制叶子与茎。

（3） 使用“文本工具”输入文字“圣诞快乐”。

（4） 使用创建“传统补间形状”来设置动画效果。

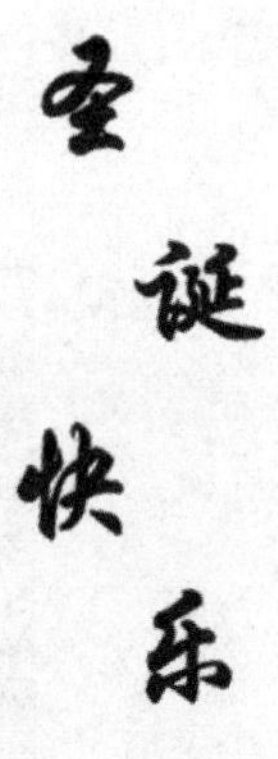

图 2-107

2.4.2 任务知识和技能

1. 套索工具

在工具箱的下方，系统提供了“套索工具”“多边形工具”“魔术棒”3 个按钮，如图 2-108 所示。

套索工具：用于选择形状图形的不规则区域或颜色相同的区域，操作时单击“套索工具”或按下“L”键即可。

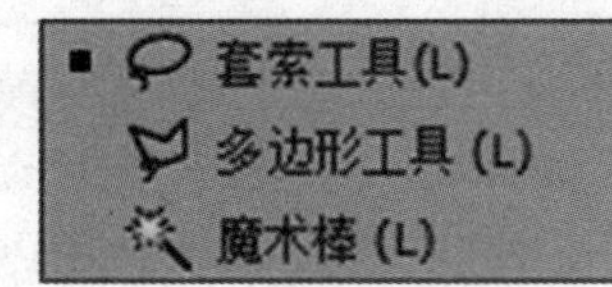

图 2-108

魔术棒：如果使用“矩形工具”和“椭圆工具”绘制图形，那么选择魔术棒并不能进行区域选择。魔术棒的操作对象是图片，可以是导入舞台的图片，利用“Ctrl+B”组合键将颜色分离后，可以对相同颜色的区域进行选择。

多边形工具：选择该工具后，在图像上单击确定第一个定位点，然后将鼠标指针移动到第二个定位点并单击，绘制出多边形的第一条边。用此方法继续绘制多边形的其他边，直到多边形封闭。在图像上双击，选区中的图像即可被选中。

2. 帧的相关操作

（1） 选择帧。在“时间轴”面板中单击 1 个帧，当它变成黑色时，表示该帧已经被选中。当在某个帧上按住鼠标左键不放，直接拖动到选中多个帧时，松开鼠标左键，可以选择多个帧。

（2） 拖动帧。在某个帧上按住鼠标左键不放，进行拖动，则可以把该帧的内容移动到另一个帧上。

（3） 操作帧。在某个帧上右击，在弹出的快捷菜单中可以进行帧的相关操作。

（4） 插入帧。按下“F5”键，可以插入普通帧；按下“F6”键，可以插入关键帧。选择一个关键帧和其后跟随的多个普通帧，按下“F6”键，可以将每一个普通帧转换为关键帧，并且其内容与第一个关键帧相同。选择“插入”→“时间轴”→“帧”（“关键帧”或“空白帧关键帧”）命令，可以完成插入帧的操作。

（5） 粘贴帧。按“Ctrl+Alt+V”组合键，可以粘贴帧。

（6） 复制帧。按“Ctrl+Alt+C”组合键，可以复制帧。

2.4.3 任务实施步骤

（1） 新建 Flash 文档（基于 AcitonScript 3.0），选择“修改”→“文档”命令，将舞台大小更改为 800 像素×600 像素，其他设置保持默认，如图 2-109 所示。

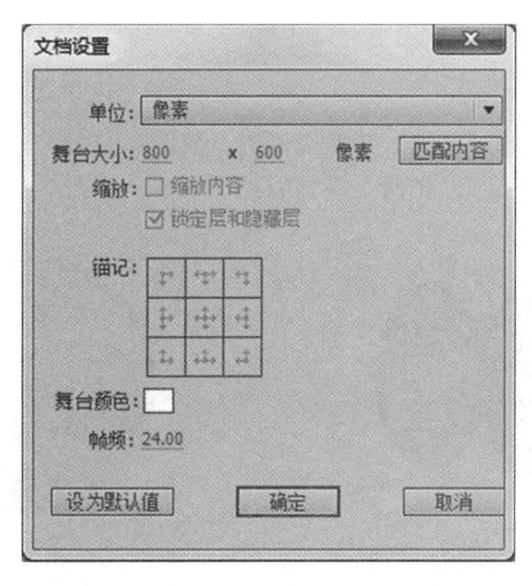

图 2-109

（2） 选择“椭圆工具”，单击“颜色”面板，将笔触颜色设置为黑色（#000000），设置填充样式为“径向渐变”，颜色渐变从左到右依次为“#E7F5CE、#ADD13C、#58AD43”，如图 2-110 所示，设置笔触高度为“5.00”，其他设置保持默认，如图 2-111 所示。

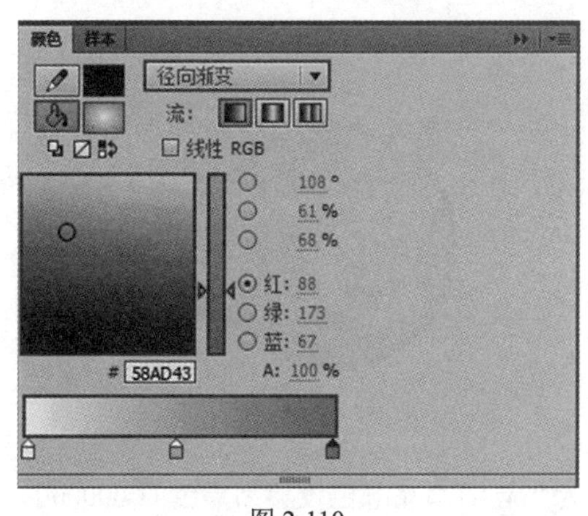

图 2-110

图 2-111

（3） 选择“椭圆工具”，按住“Shift”键绘制正圆，将其作为“豌豆射手”的头部，如图 2-112 所示。

（4） 选择“渐变变形工具”，将中心点调整到圆形的左上部，如图 2-113 所示。

图 2-112

图 2-113

（5） 选择“椭圆工具”，绘制第 2 个椭圆，如图 2-114 所示。

（6） 选择“线条工具”，在两个椭圆间绘制直线，如图 2-115 所示。

图 2-114

图 2-115

（7） 选择“选择工具”，选择多余的线条及填充色，按“Delete”键将其删除，如图 2-116 所示。

（8） 选择“颜料桶工具”，在豌豆射手头部单击（渐变设置同第（2）步），为其填色，效果如图 2-117 所示。

图 2-116

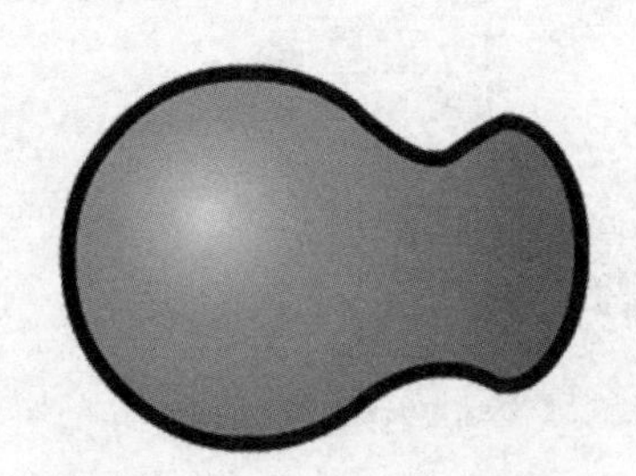

图 2-117

（9） 选择“椭圆工具”，将笔触颜色设置为“无”，填充颜色设置为黑色（#000000），绘制椭圆，如图 2-118 所示。

（10） 选择“椭圆工具”，将笔触颜色设置为“无”，填充颜色设置为“#1A3925”，为豌豆射手绘制两个眼睛，如图 2-119 所示。

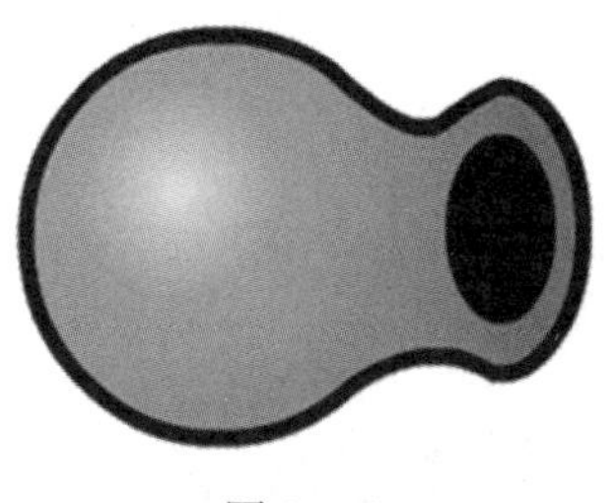

图 2-118

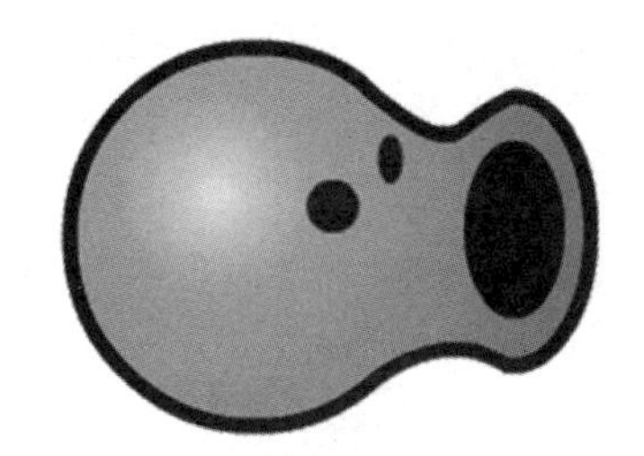

图 2-119

（11） 将显示比例调整为“400%”，填充颜色设置为白色（#FFFFFF），如图 2-120 所示。在眼睛上绘制白色圆形，绘制完成后，再将显示比例调整为 100%，如图 2-121 所示。

图 2-120

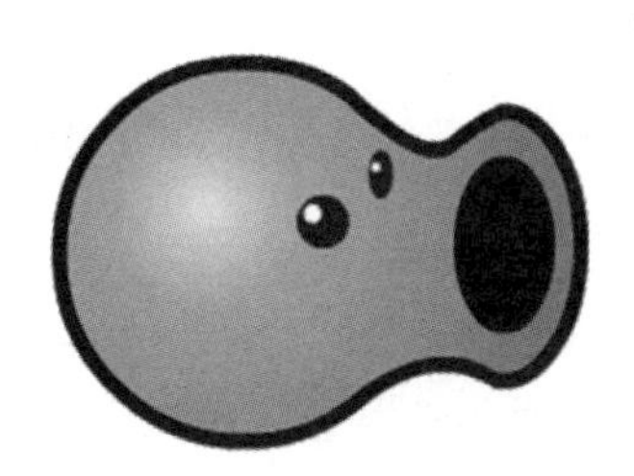

图 2-121

（12） 选择“线条工具”，为豌豆射手绘制叶子，操作步骤如图 2-122 所示。

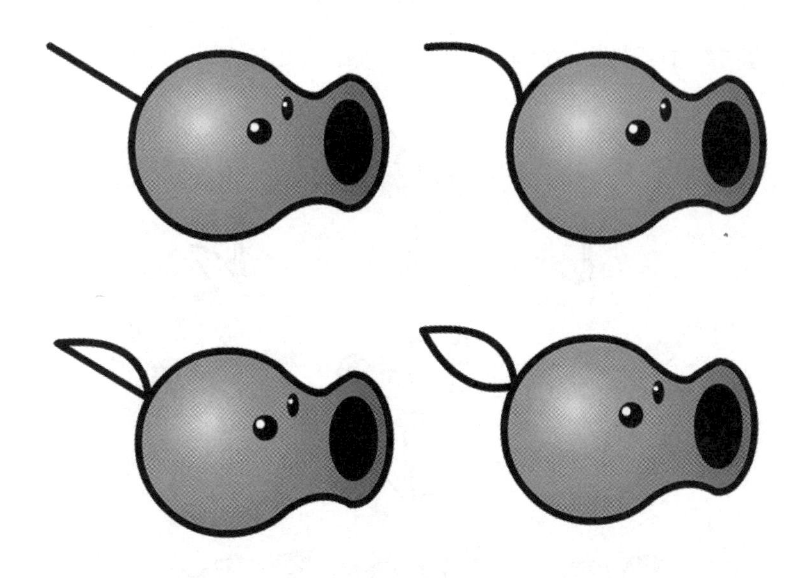

图 2-122

（13） 选择“颜料桶工具”，单击“颜色”面板，设置笔触颜色为“无”、填充样式为“线性渐变”，颜色代码从左至右为“#4B940C、#95C644”，如图 2-123 所示，效果如图 2-124 所示。

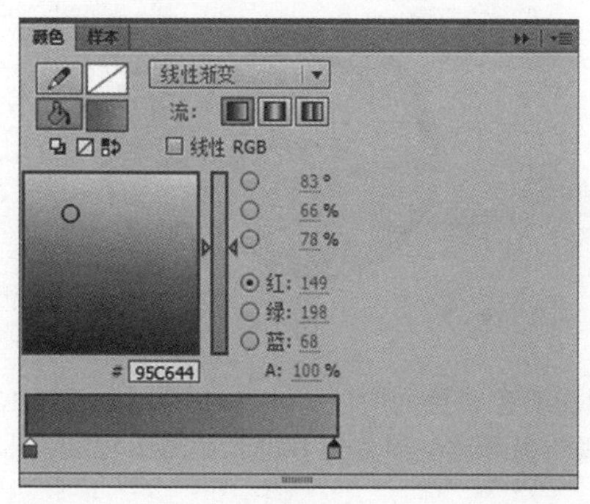

图 2-123

图 2-124

（14） 选择“线条工具”，绘制豌豆射手的茎，如图 2-125 所示。

图 2-125

（15） 选择“线条工具”，绘制叶子轮廓，如图 2-126 所示。

图 2-126

（16） 选择“颜料桶工具”，单击“颜色”面板，设置填充样式为“线性渐变”，颜色代码从左至右为“#4B940C、#95C644”（与步骤（13）渐变设置相同）。在茎和叶子处右击，为其填充颜色，如图 2-127 所示。

图 2-127

（17） 将“图层 2”更名为“豌豆射手”。再新建图层“子弹 1”。选中“子弹 1”图层的第 1 帧，选择“椭圆工具”，设置笔触颜色为“无”、填充颜色为“#33CC33”，如图 2-128 所示，绘制第 1 颗子弹，如图 2-129 所示。

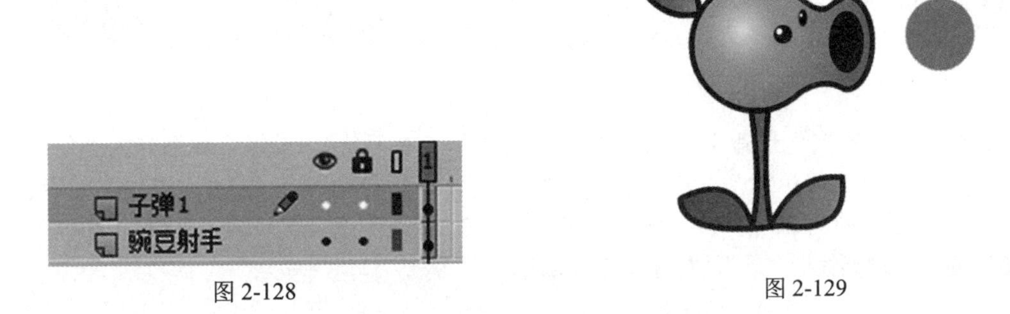

图 2-128　　　　图 2-129

（18） 选择“豌豆射手”图层的第 80 帧，按“F5”键插入普通帧，如图 2-130 所示。

豌豆射手

图 2-130

（19） 新建图层“子弹 2”，选择第 10 帧，按“F6”键插入关键帧。选择“椭圆工具”，设置笔触颜色为“无”、填充颜色为“#33CC33”，绘制第 2 颗子弹，如图 2-131 所示。

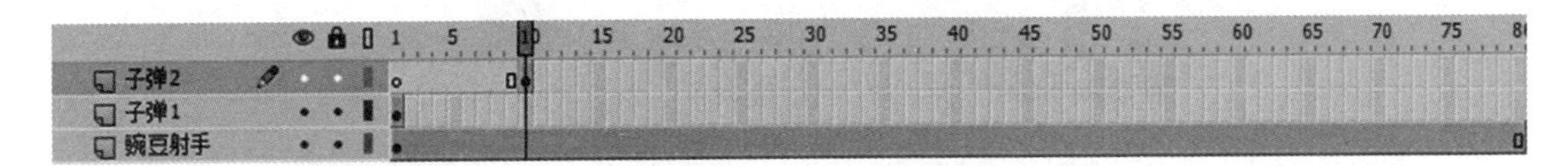

图 2-131

（20） 选择第 2 颗子弹，按“Ctrl+C”组合键复制形状。

（21） 新建图层“子弹 3”和“子弹 4”，在“子弹 3”图层的第 20 帧按“F6”键，插入关键帧，按“Ctrl+Shift+V”组合键，将子弹粘贴到当前位置。同样，在“子弹 4”图层的第 30 帧按“F6”键，插入关键帧，按“Ctrl+Shift+V”组合键，将子弹粘贴到当前位置，效果如图 2-132 所示。

图 2-132

（22） 分别选择“子弹 1”“子弹 2”“子弹 3”“子弹 4”图层的第 80 帧，在其上右击，选择“插入空白关键帧”选项，如图 2-133 所示。

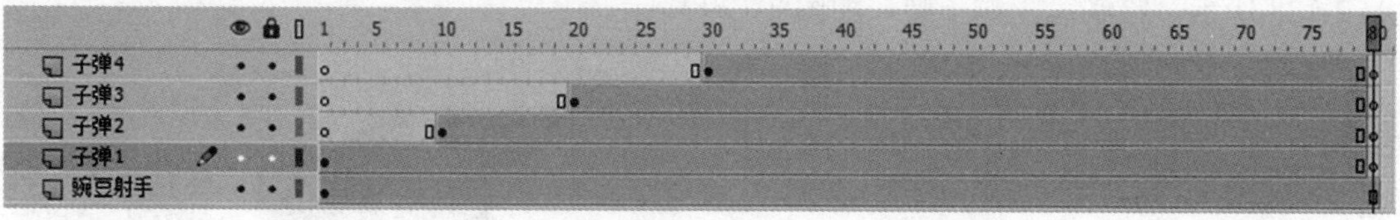

图 2-133

（23） 选择图层“子弹 1”的第 80 帧，选择“文本工具”，设置字体系列为“华文行楷”、字体大小为“80.0 磅”、字体颜色为“红色”，在舞台中输入“圣”。以同样的设置，在“子弹 2”图层的第 80 帧输入“诞”，在“子弹 3”图层的第 80 帧输入“快”，在“子弹 4”图层的第 80 帧输入“乐”，如图 2-134 所示。

图 2-134

（24）分别选择“子弹 1”“子弹 2”“子弹 3”“子弹 4”图层的第 80 帧，按下“Ctrl+B”组合键，将文字分离，如图 2-135 所示。

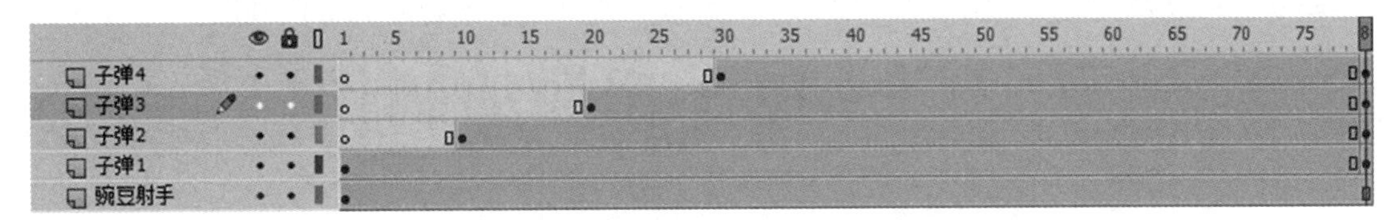

图 2-135

（25）在图层“子弹 1”的第 1～80 帧的任一帧上右击，从弹出的快捷菜单中选择“创建补间形状”选项。用同样的方式在“子弹 2”的第 10～80 帧、“子弹 3”的第 20～80 帧及“子弹 4”的第 30～80 帧上操作，如图 2-136 所示。

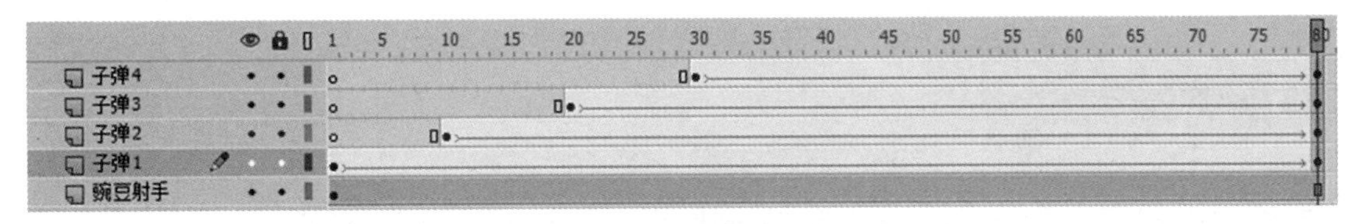

图 2-136

（26）按下“Ctrl+Enter”组合键，测试影片，保存文档。

项目三　电子相册的制作

Flash 动画广泛应用于电子相册制作，如婚礼相册、儿童相册、纪念日相册等。本项目主要介绍电子相册的制作方法。

学习目标:

- ❖ 动画预设。
- ❖ 分散到图层。
- ❖ 遮罩动画制作。
- ❖ 笔触宽度设置。
- ❖ 3D 工具。
- ❖ 骨骼动画制作。

任务一　唯美相册

3.1.1　任务效果及思路分析

本任务需要实现梦幻婚礼片头效果及完成8幅图片的切换，如图3-1所示。

（1）　使用“文本工具”和“分散到图层”命令完成梦幻婚礼动画效果。

（2）　使用传统补间动画结合动画预设完成8幅图片的切换。

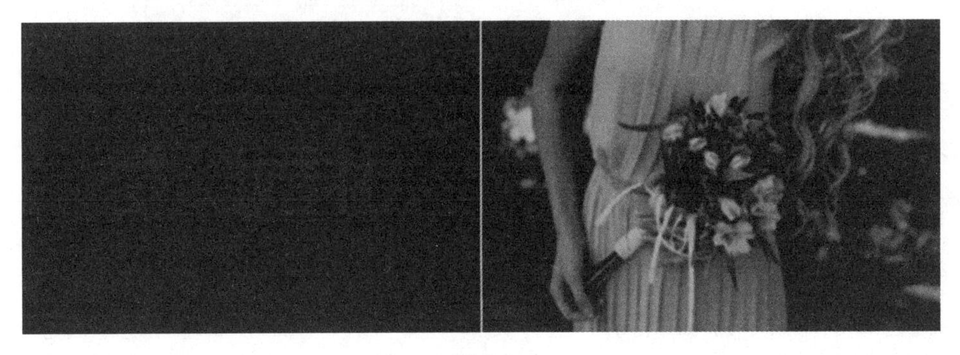

图3-1

3.1.2　任务知识和技能

1.　动画预设

选择“窗口”→“动画预设”命令，打开“动画预设”面板，如图3-2所示。“动画预设”面板中提供了32种默认预设，既可以从中进行选择，也可以自定义预设。

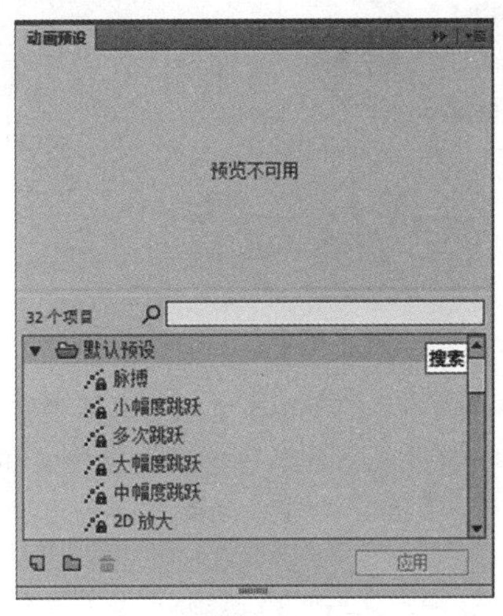

图3-2

在舞台上绘制一个笔触颜色为“#000000”、填充颜色为“#FF0000”的正圆形，选择“椭圆工具”，按住“Shift”键绘制正圆形。选择正圆形，选择“窗口”→“动画预设”命令，打开“动画预设”面板，从默认预设中选择“脉搏”选项，单击“应用”按钮，弹出“将所选的内容转换为元件以进行补间”对话框，如图 3-3 所示，单击“确定”按钮，然后按“Ctrl+Enter”组合键进行测试。

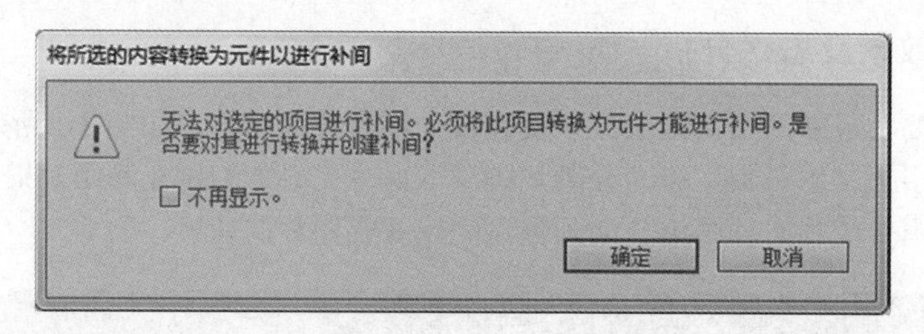

图 3-3

2. 分散到图层

选择“修改”→“时间轴”→“分散到图层”命令可以完成分散到图层的操作，使用该命令可以将分离后的文字分别放置到各个图层的第 1 帧。

选择“文本工具”，在舞台上单击，在出现的文本框中输入“孔孟之乡”，设置字体颜色为红色、字体大小为 100.0 磅。选择文本，按一次“Ctrl+B”组合键即执行一次分散命令，如图 3-4 所示。接着选择“修改”→“时间轴”→“分散到图层”命令（或按“Ctrl+Shift+D”组合键），执行分散到图层操作，则 4 个文字分别放置在 4 个图层中，如图 3-5 所示，按“Ctrl+Enter”组合键进行测试。

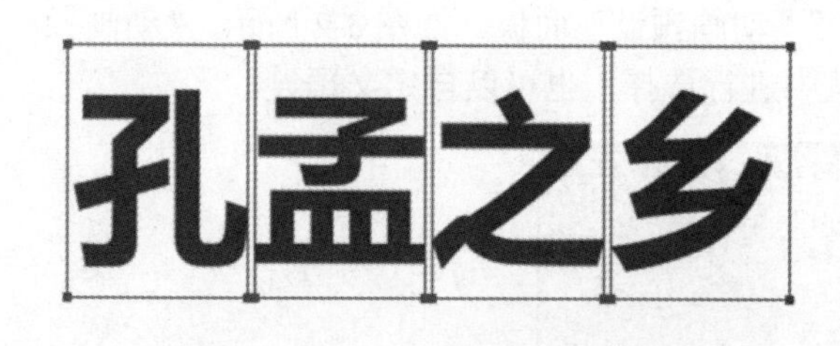

图 3-4

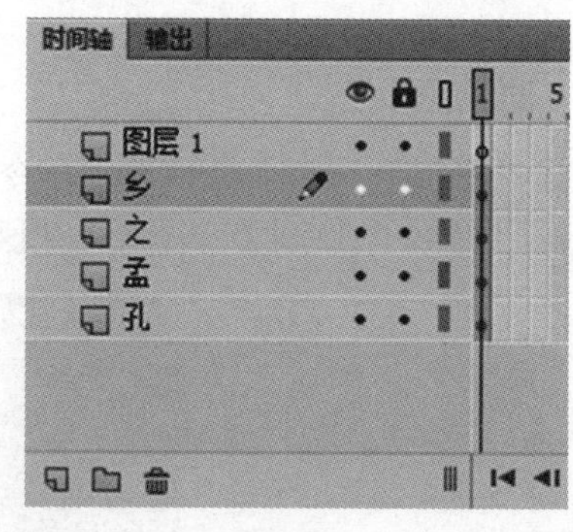

图 3-5

3.1.3 任务实施步骤

（1） 新建基于 ActionScript 3.0 的 Flash 文档，选择“修改”→“文档”命令，将舞台大小修改为 1920 像素×1290 像素，背景颜色修改为黑色（#000000）。

（2） 选择“文件”→“导入”→“导入到库”命令，打开“导入到库”对话框，如图 3-6 所示。

（3） 选择全部图片（或按“Ctrl+A”组合键），单击“打开”按钮，此时所有图片均导入库中。按“Ctrl+L”组合键，打开“库”面板，如图 3-7 所示。

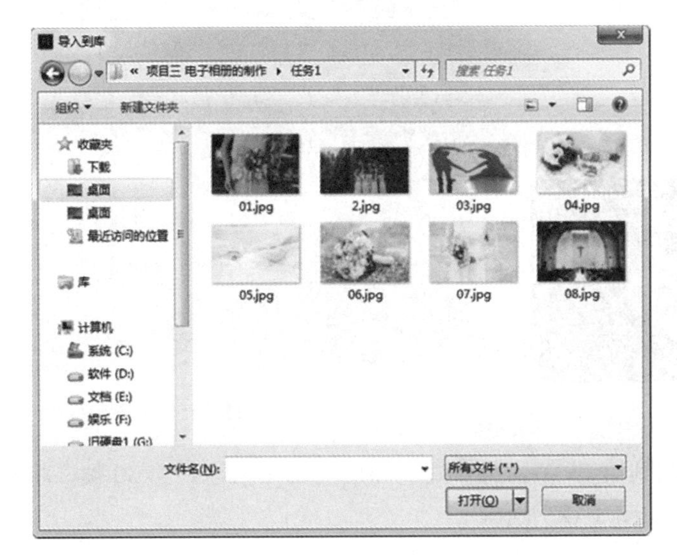

图 3-6

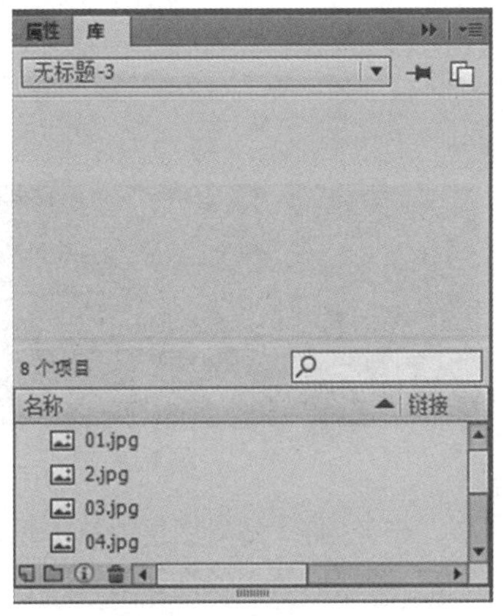

图 3-7

（4） 选择“文本工具”，单击“属性”面板，设置字体系列为“微软雅黑”、样式为“Bold”，颜色为粉红色（#FF0066），设置字体大小为“200.0 磅”，如图 3-8 所示。然后在舞台中输入“梦幻婚礼”，如图 3-9 所示。

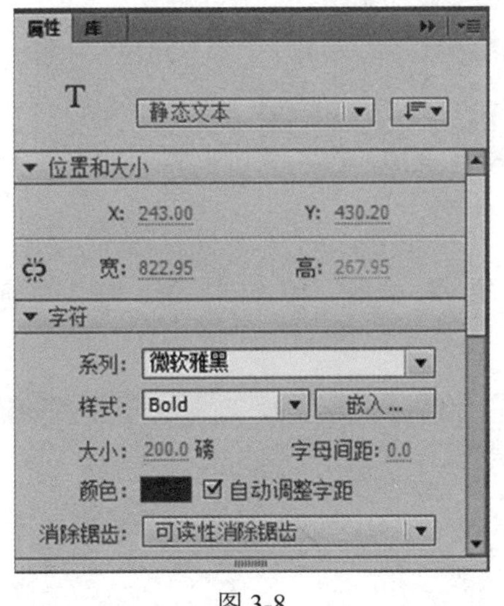

图 3-8

图 3-9

（5） 选择“梦幻婚礼”文字，按“Ctrl+K”组合键，打开“对齐”面板，选择“水平中齐”和“垂直中齐”命令，使文字位于舞台中央。

（6） 保持文字被选中，按“Ctrl+B”组合键，分离各个文字，如图 3-10 所示。按“Ctrl+Shift +D”组合键，将文本分散到各个图层，时间轴面板如图 3-11 所示。

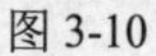
图 3-10

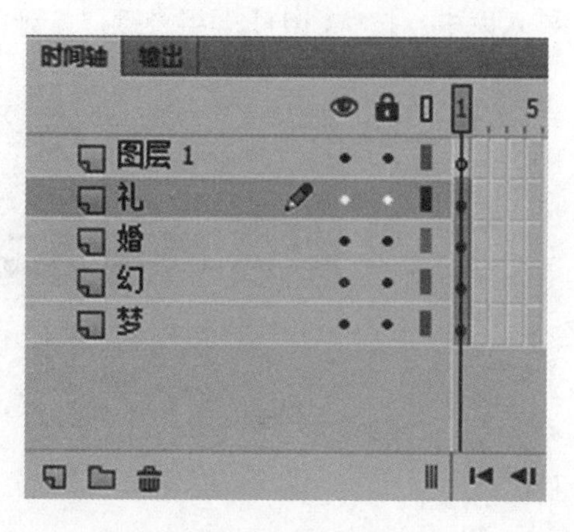

图 3-11

（7） 将“幻”图层的第 1 帧拖到第 15 帧，将“婚”图层的第 1 帧拖到第 30 帧，将“礼”图层的第 1 帧拖到第 45 帧，如图 3-12 所示。

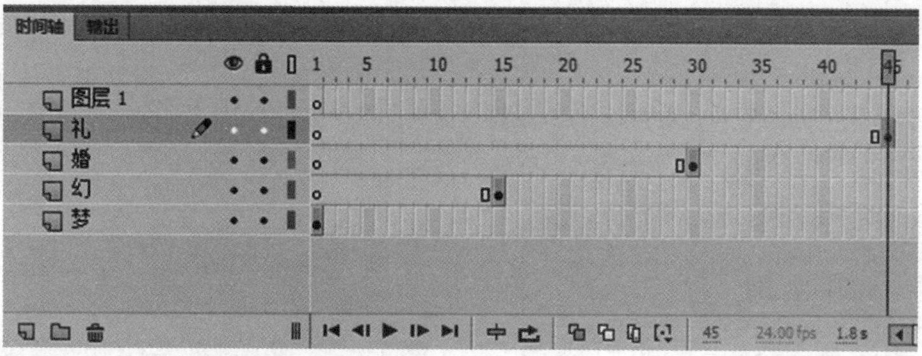

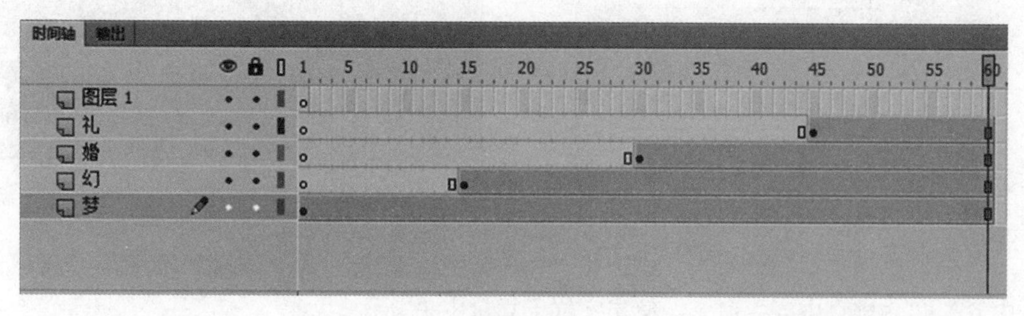

图 3-12

（8） 分别在“梦”“幻”“婚”“礼”图层的第 60 帧处，按“F5”键，插入普通帧，如图 3-13 所示。

图 3-13

（9） 在“图层 1”名称上（即图层 1 三个字上）双击，修改图层名称为“照片”。

（10） 选择“照片”图层的第 61 帧，按“F6”键，插入关键帧，按“Ctrl+L”组合键，打开“库”面板。从“库”面板中选择“01”图片，并将其拖动至舞台中间位置，按

“Ctrl+K”组合键，打开“对齐”面板，选择“水平中齐”和“垂直中齐”命令，效果如图 3-14 所示。

图 3-14

（11） 在“照片”图层的第 120 帧处按“F6”键，插入关键帧，在第 61～120 帧中的任意一帧处右击，从弹出的快捷菜单中选择“创建传统补间”选项，选择第 120 帧，选择舞台上的“01”照片，将其拖动至舞台右侧，按“Ctrl+K”组合键，打开“对齐”面板。选择“垂直中齐”命令，第 120 帧图片位置如图 3-15 所示，时间轴面板设置如图 3-16 所示。

图 3-15

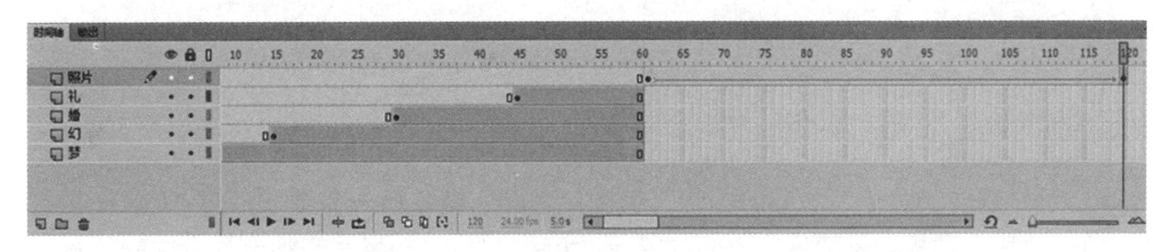

图 3-16

（12） 在“照片”图层的第 121 帧处右击，从弹出的快捷菜单中选择“插入空白关键帧”选项，按“Ctrl+L”组合键，打开“库”面板。从“库”面板中选择“02”图片，并将其拖动至舞台中间位置，按“Ctrl+K”组合键，打开“对齐”面板，选择“水平中齐”

和“垂直中齐”命令，效果如图 3-17 所示。

图 3-17

（13） 在“照片”图层的第 181 帧处按“F6”键，插入关键帧，在第 121～180 帧中的任意一帧处右击，从弹出的快捷菜单中选择“创建传统补间”选项，选择第 180 帧，选择舞台上的“02”照片，将其拖动至舞台右侧，按“Ctrl+K”组合键，打开“对齐”面板。选择“垂直中齐”命令，第 180 帧图片位置如图 3-18 所示，时间轴面板设置如图 3-19 所示。

图 3-18

时间轴 输出

		105	110	115	120	125	130	135	140	145	150	155	160	165	170	175	180
照片																	
礼																	
婚																	
幻																	
梦																	

图 3-19

（14） 选择“照片”图层的第 181 帧，按“F6”键，插入关键帧，按“Ctrl+L”组合键，打开“库”面板，从“库”面板中选择“03”图片，并将其拖动至舞台中间位置，按“Ctrl+K”组合键，打开“对齐”面板，选择“水平中齐”和“垂直中齐”命令。在第 240 帧处按“F6”键，插入关键帧，在第 181～240 帧上创建“传统补间动画”，选择第 240 帧，选择“03”照片，打开“属性”面板，如图 3-20 所示。

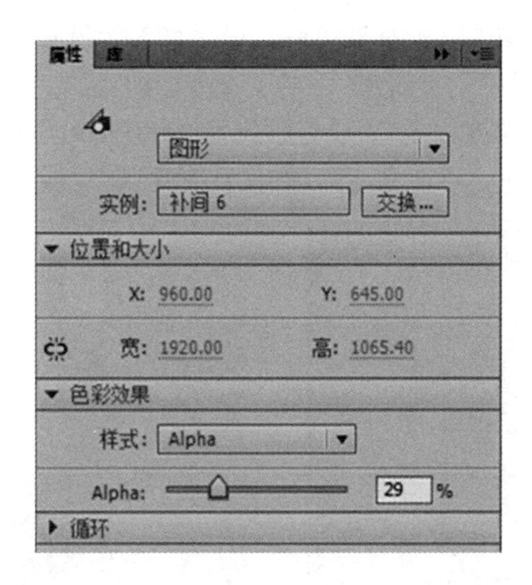

图 3-20

（15） 选择“照片”图层的第 241 帧，按“F6”键，插入关键帧，按“Ctrl+L”组合键，打开“库”面板，从“库”面板中选择“04”图片，并将其拖动至舞台中间位置，按“Ctrl+K”组合键，打开“对齐”面板，选择“水平中齐”和“垂直中齐”命令。在第 300 帧处按“F6”键，插入关键帧，在第 241～300 帧处创建“传统补间动画”，选择第 300 帧，选择“04”照片，并将其拖动至舞台右侧，按“Ctrl+K”组合键，打开“对齐”面板，选择“垂直中齐”命令。

（16） 选中“照片”图层的第 301 帧并右击，在弹出的快捷菜单中选择“创建空白关键帧”命令，按“Ctrl+L”组合键，打开“库”面板，从“库”面板中选择“05”图片，并将其拖动至舞台中间位置，按“Ctrl+K”组合键，打开“对齐”面板，选择“水平中齐”和“垂直中齐”命令。在第 360 帧处按“F6”键，插入关键帧，在第 301～360 帧处创建“传统补间动画”，选择第 360 帧，选择“05”照片，并将其拖动至舞台右侧，按“Ctrl+K”组合键，打开“对齐”面板，选择“垂直中齐”命令。

（17） 选中“照片”图层的第 361 帧并右击，在弹出的快捷菜单中选择“创建空白关键帧”命令，按“Ctrl+L”组合键，打开“库”面板，从“库”面板中选择“06”图片，并将其拖动至舞台中间位置，按“Ctrl+K”组合键，打开“对齐”面板，选择“水平中齐”和“垂直中齐”命令。在第 420 帧处按“F6”键，插入关键帧，在第 361～420 帧处创建“传统补间动画”，选择第 420 帧，选择“06”照片，将其拖动至舞台右侧，按“Ctrl+K”组合键，打开“对齐”面板，选择“垂直中齐”命令。

（18） 选中“照片”图层的第 421 帧并右击，在弹出的快捷菜单中选择“创建空白关键帧”命令，按“Ctrl+L”组合键，打开“库”面板，从“库”面板中选择“07”图片，并将其拖动至舞台中间位置，按“Ctrl+K”组合键，打开“对齐”面板，选择“水平中齐”和“垂直中齐”命令，在第 480 帧处按“F6”键，插入关键帧。

（19） 选中“照片”图层的第 481 帧并右击，在弹出的快捷菜单中选择“创建空白关键帧”命令，按“Ctrl+L”组合键，打开“库”面板，从“库”面板中选择“08”图片，并将其拖动至舞台中间位置，按“Ctrl+K”组合键，打开“对齐”面板，选择“水平中齐”

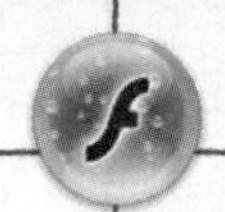

和“垂直中齐”命令，在第 540 帧处按“F6”键，插入关键帧。

（20） 在“照片”图层上方新建一图层，命名为“文字”，选择该图层的第 421 帧插入“空白关键帧”，选择“文本工具”，设置颜色为“#5B9B91”，其他设置如图 3-21 所示。在舞台下方输入“执子之手，与子偕老”，如图 3-22 所示。

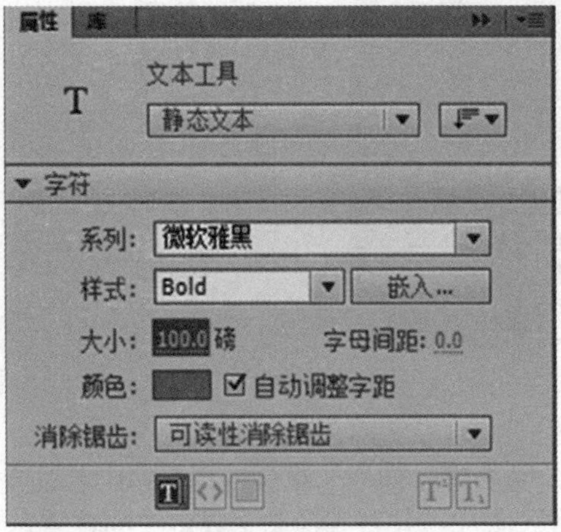

图 3-21

图 3-22

（21） 选择文字“执子之手，与子偕老”，选择“窗口”→“动画预设”命令，打开“动画预设”面板，选择“默认预设”中的“脉搏”选项，如图 3-23 所示，时间轴面板如图 3-24 所示。

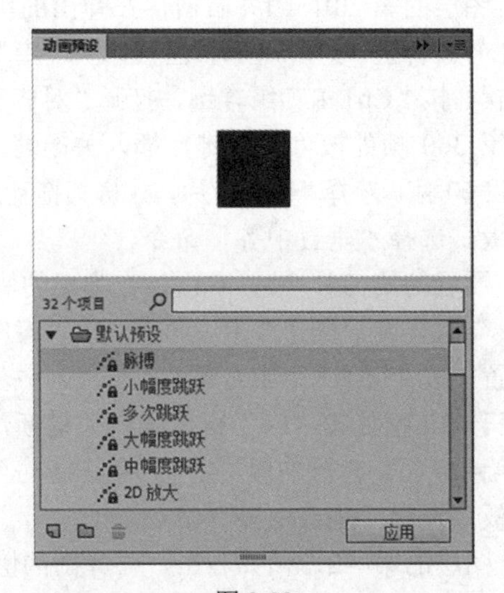

图 3-23

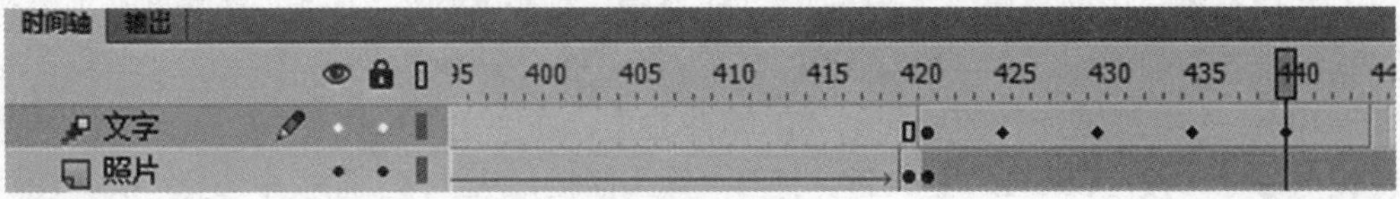

图 3-24

（22）选择该图层的第 481 帧插入“空白关键帧”，选择“文本工具”，设置颜色为“#5B9B91”、字体系列为“微软雅黑”、字体大小为 100.0 磅，在舞台下方输入“婚礼殿堂”，如图 3-25 所示。

（23）选择文字“婚礼殿堂”，选择“窗口”→“动画预设”命令，打开“动画预设”面板，选择“默认预设”中的“小幅度跳跃”选项，拖动鼠标移动跳跃轨迹，如图 3-26 所示，时间轴面板如图 3-27 所示。

图 3-25

图 3-26

图 3-27

任务二　童年时光

3.2.1　任务效果及思路分析

本任务需要制作童年时光相册，通过遮罩动画、宽度工具、3D 旋转工具，以及补间动画来实现相册效果，如图 3-28 所示。

（1）使用“矩形工具”“线条工具”配合“颜色”面板绘制卷轴。

（2）按“F8”键将卷轴转化为图形元件。

（3）将图片导入库。

（4）利用传统补间动画、形状补间动画完成卷轴运动效果、照片切换效果。

（5）创建遮罩层。

（6）创建遮罩关系。

图 3-28

3.2.2　任务知识和技能

1.　遮罩动画原理

遮罩动画是由两个图层通过建立遮罩关系形成的，在上面的图层称为遮罩层，在下面的图层称为被遮罩层。建立遮罩关系后，被遮罩图层与遮罩层上面图形元件重叠的部分可以看到，其余部分则看不到，且显示的颜色为该 Flash 文档的背景颜色。

遮罩后的图层会被锁定，如果取消锁定，则看不到遮罩效果。

2.　遮罩动画构成

遮罩动画是由遮罩层和被遮罩层及它们之间的遮罩关系构成的。

新建一个 Flash 文档，选择“图层 1”的第 1 帧，选择“文本工具”，在舞台上输入“金色童年”，如图 3-29 所示。新建“图层 2”，选择“图层 2”的第 1 帧，设置笔触颜色为“无”、填充颜色为红色（#FF0000），选择“椭圆工具”，按住“Shift”键绘制正圆，如图 3-30 所示。

金色童年

图 3-29

图 3-30

在“图层 2”上右击，从弹出的快捷菜单中选择“遮罩层”命令，则在“图层 1”与“图层 2”之间建立遮罩关系。其中，“图层 1”为被遮罩层，“图层 2”为遮罩层，时间轴面板如图 3-31 和图 3-32 所示，遮罩效果如图 3-33 所示，此时按“Ctrl+J”组合键，弹出“修改文档”对话框。设置舞台颜色为黑色，观察此时除圆形外的背景颜色为黑色，如图 3-34 所示。

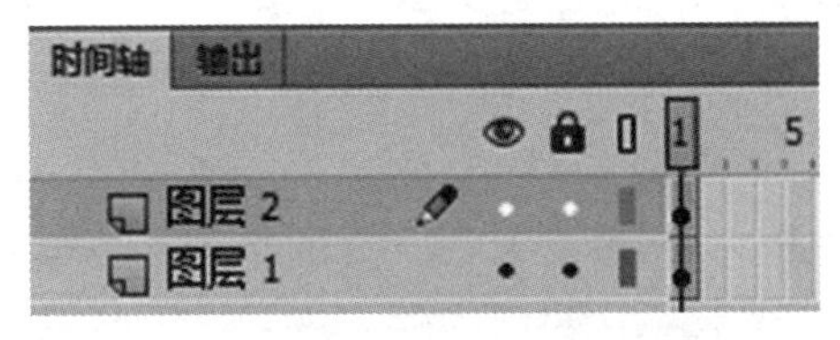

图 3-31

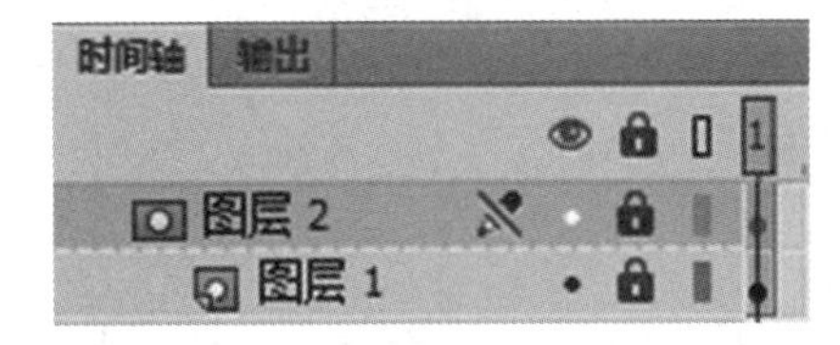

图 3-32

图 3-33

图 3-34

3.　宽度工具

在“工具”面板中选择“宽度工具”，或者按“U”键选择“宽度工具”。当鼠标指针悬停在一个笔触上时，将显示带有手柄（宽度手柄）的点数（宽度点数），可以调整笔触粗细、移动宽度点数、复制宽度点数及删除宽度点数。

新建基于 ActionScript 3.0 的 Flash 文档，选择“线条工具”，在舞台上绘制直线，选择“宽度工具”，将鼠标指针移动到直线上单击一次，拖动鼠标向左或向右，在直线上单击，再次向右或向左直到合适的位置停下，如图 3-35 所示。

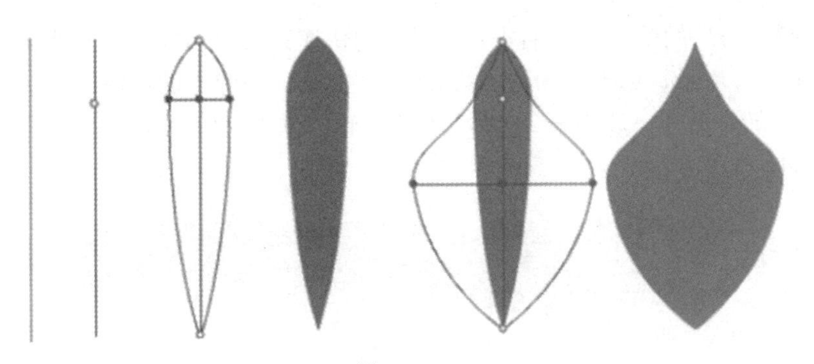
图 3-35

4. 3D 旋转工具

在“工具”面板选择 3D 旋转工具 ，或者按“W”键选择 3D 旋转工具。

新建一个基于 ActionScript 3.0 的 Flash 文档，选择“图层 1”的第 1 帧，选择“文件”→“导入”→“导入到舞台”命令（或按“Ctrl+R”组合键），选择“扇子.jpg”图片，选择“任意变形工具”调整其大小和位置，如图 3-36 所示。选择扇子图片，按“F8”键将其转换为影片剪辑元件，修改名称为“扇子”，单击“确定”按钮，将其转换为影片剪辑元件，如图 3-37 所示。

图 3-36

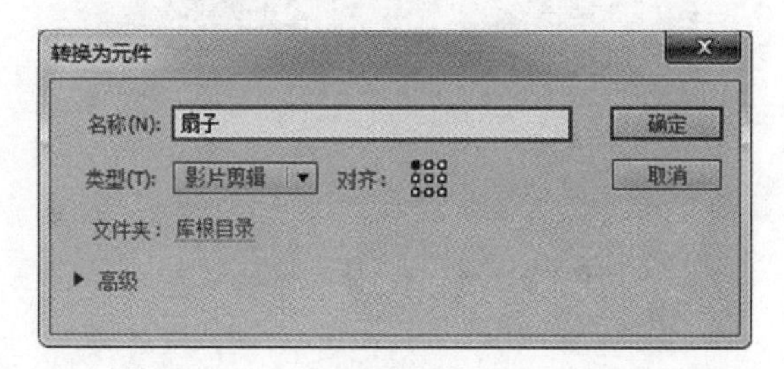

图 3-37

选择“3D 旋转工具”，单击扇子影片剪辑，此时图像中央出现一个类似瞄准镜的图形，十字的外围是两个圈，并且它们呈现不同的颜色，当鼠标指针移动到红色的中心垂直线时，鼠标指针右下角会出现一个“X”，当鼠标指针移动到绿色水平线时，鼠标指针右下角会出现一个“Y”，当鼠标指针移动到蓝色圆圈时，鼠标指针右下角会出现一个“Z”，如图 3-38 所示。

图 3-38

选中“图层 1”的第 1 帧并右击，在弹出的快捷菜单中选择“创建补间动画”命令，时间轴如图 3-39 所示，选中该图层的第 25 帧并右击，在弹出的快捷菜单中选择“插入关键帧”→“旋转”命令，选择第 25 帧，调整 X 轴的位置，效果如图 3-40 所示，其时间轴面板如图 3-41 所示。

图 3-39

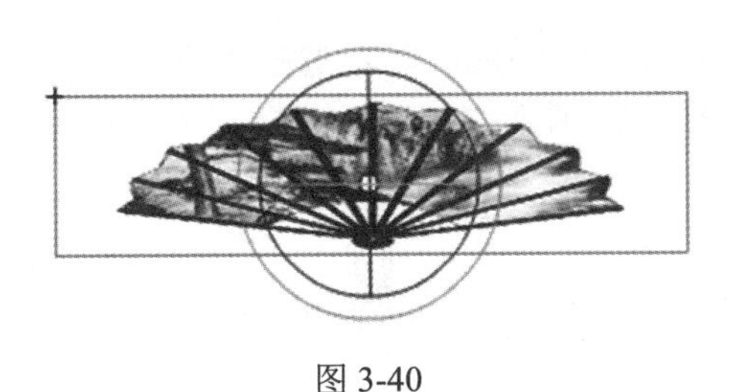

图 3-40

图 3-41

“3D 旋转工具”只对影片剪辑起作用。将鼠标指针移动到红色的中心垂直线，拖动鼠标，可沿 X 轴转动影片剪辑；将鼠标指针移动到绿色水平线时，拖动鼠标，可沿 Y 轴转动影片剪辑；将鼠标指针移动到蓝色圆圈时，拖动鼠标，可沿 Z 轴转动影片剪辑；将鼠标指针移动到橙色的圆圈时，可对影片剪辑进行 X 轴、Y 轴、Z 轴综合调整。

3.2.3　任务实施步骤

（1） 新建基于 ActionScript 3.0 的 Flash 文档，选择“修改”→“文档”命令，将舞台大小修改为 800 像素×600 像素。

（2） 按“Ctrl+Shift+F9”组合键，打开“颜色”面板，设置笔触颜色为“无”、填充颜色为“线性渐变”，色标从左到右依次为#996600、#FFFFFF、#996600，如图 3-42 所示。

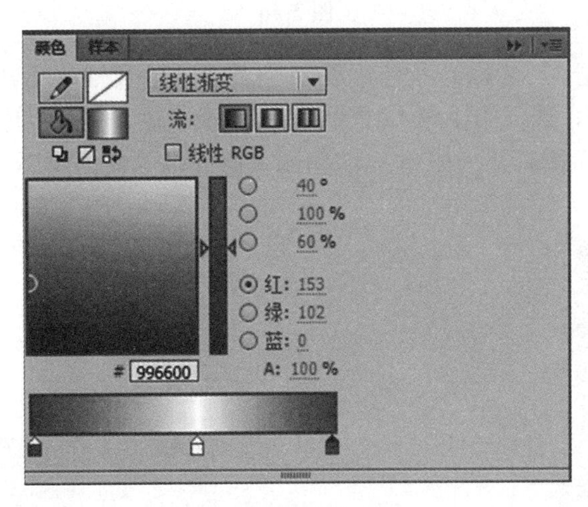

图 3-42

（3） 选择“图层 1”的第 1 帧，选择“矩形工具”，在舞台上绘制矩形，如图 3-43 所示。在该矩形的上方和下方绘制两个小矩形，如图 3-44 所示。

（4） 设置笔触颜色为红色（#FF0000），选择“线条工具”，在上、下两个矩形上分别绘制两条水平直线，如图 3-45 所示。

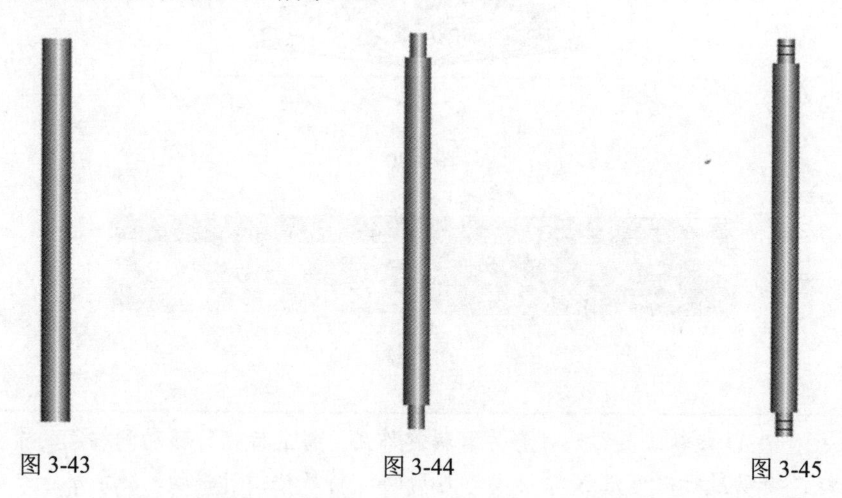

图 3-43　　图 3-44　　图 3-45

（5） 选择“选择工具”，选中整个卷轴，按“F8”键，弹出“转换为元件”对话框，如图 3-46 所示。设置其名称为“卷轴”、类型为“图形”，单击“确定”按钮，将其转换为图形元件。

图 3-46

（6） 修改“图层 1”名称为“左卷轴”，将舞台上的卷轴移动到舞台的中间偏左，接着新建图层“右卷轴”，选择第 1 帧，按“Ctrl+L”组合键，打开“库”面板，将卷轴图形元件拖动到舞台的中间偏右处，如图 3-47 所示，时间轴面板如图 3-48 所示。

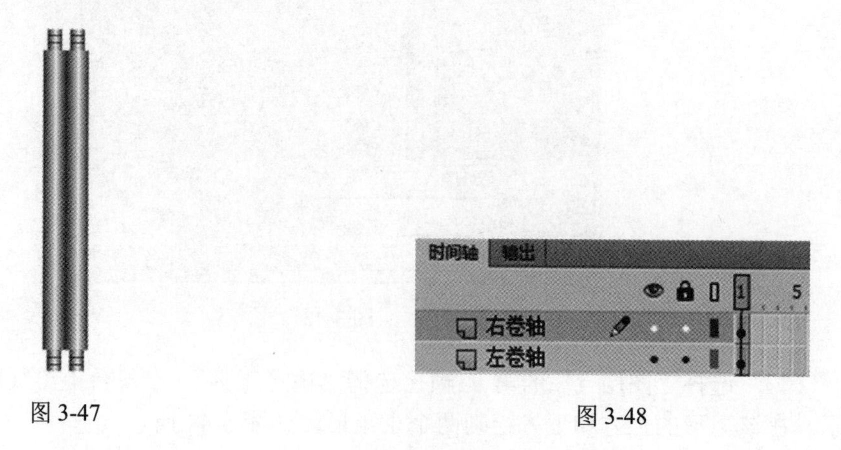

图 3-47　　图 3-48

（7） 新建图层“照片”，将其拖动到“左卷轴”图层的下方，如图 3-49 所示。

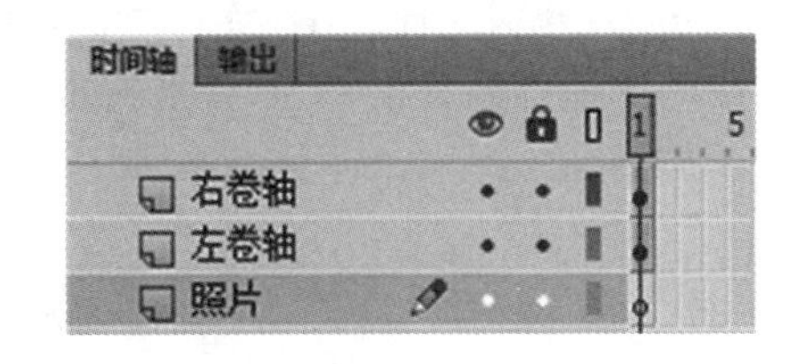

图 3-49

（8） 选择“文件”→“导入”→“导入到库”命令，选择“任务三”文件夹中的“01.jpg”“02.jpg”“03.jpg” 3 张图片，将它们导入库中，如图 3-50 和图 3-51 所示。

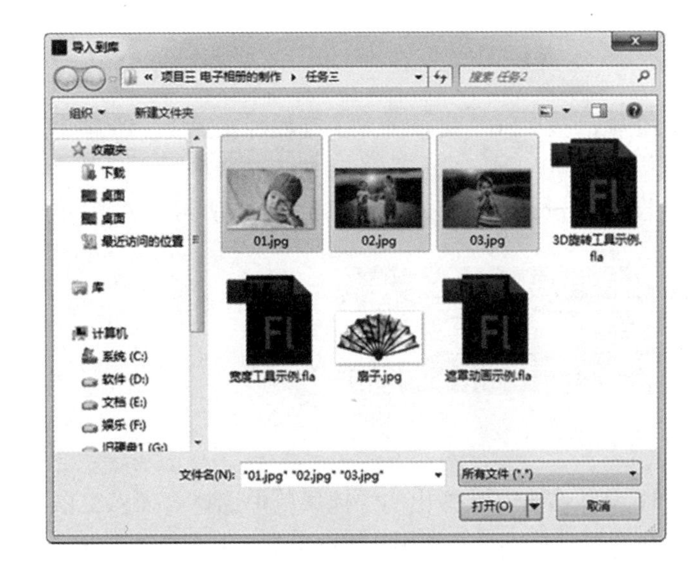

图 3-50

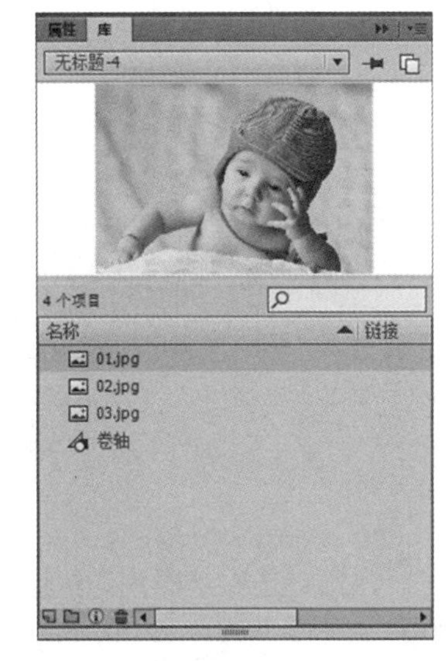

图 3-51

（9） 选择“照片”图层的第 1 帧，按“Ctrl+L”组合键，打开“库”面板，从库中选择“01.jpg”图片，将其拖动到舞台中央，并利用“任意变形工具”按住“Shift”键等比例缩放该图片，使其位置和大小如图 3-52 所示。

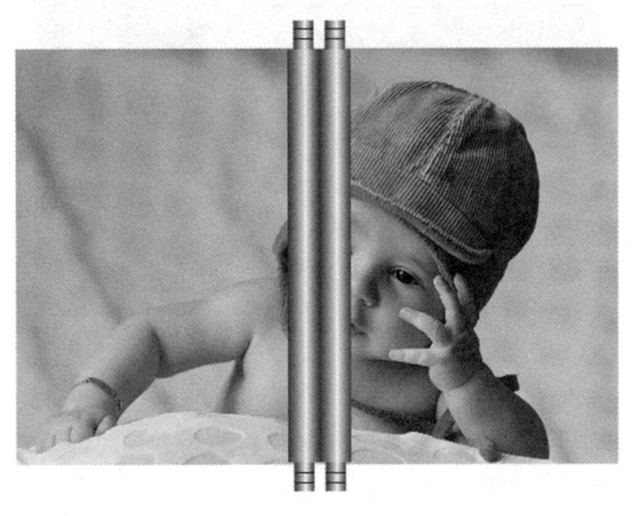

图 3-52

（10） 分别选择“左卷轴”“右卷轴”图层的第 150 帧，按“F6”键，插入关键帧，分别在两个图层的第 1～150 帧上右击，在弹出的快捷菜单中选择“创建传统补间”命令，如图 3-53 所示。

图 3-53

（11） 选择“照片”图层的第 50 帧，按“F6”键，插入关键帧，在第 1～50 帧上右击，在弹出的快捷菜单中选择“创建传统补间”命令，选择第 50 帧，选择照片，打开“属性”面板，调整其样式为“Alpha”，设置 Alpha 值为“40%”，如图 3-54 所示。

图 3-54

（12） 选中“照片”图层的第 51 帧并右击，从弹出的快捷菜单中选择“插入空白关键帧”命令，从库中将“02.jpg”图片拖到舞台中间，并利用“任意变形工具”按住“Shift”键等比例缩放该图片，使其位置和大小如图 3-55 所示。

图 3-55

（13） 选择“照片”图层的第 100 帧，按“F6”键，插入关键帧，在第 51～100 帧上右击，在弹出的快捷菜单中选择“创建传统补间”命令，选择第 100 帧，选择照片，打开“属性”面板，调整其样式为“Alpha”，设置 Alpha 值为“40%”。

（14） 选中“照片”图层的第 101 帧并右击，从弹出的快捷菜单中选择“插入空白关键帧”命令，从库中将“03.jpg”图片拖到舞台中间，并利用“任意变形工具”按住“Shift”键等比例缩放该图片，使其位置和大小如图 3-56 所示。

图 3-56

（15） 选择“照片”图层的第 150 帧，按“F6”键，插入关键帧，在第 101～150 帧上右击，在弹出的快捷菜单中选择“创建传统补间”命令，选择第 150 帧，选择照片，打开“属性”面板，调整其样式为“Alpha”，设置 Alpha 值为“40%”。

（16） 选择左卷轴的第 150 帧，将卷轴拖动到照片的左侧，如图 3-57 所示。选择右卷轴的第 150 帧，将卷轴拖动到照片的右侧，如图 3-58 所示。

图 3-57

图 3-58

（17） 新建图层，命名为“遮罩”，使其位于其他 3 个图层的上方，如图 3-59 所示。

（18） 选择“遮罩”图层的第 1 帧，选择“矩形工具”，设置笔触颜色为“无”、填充颜色任意，绘制一个矩形刚好能够遮住两个卷轴，如图 3-60 所示。

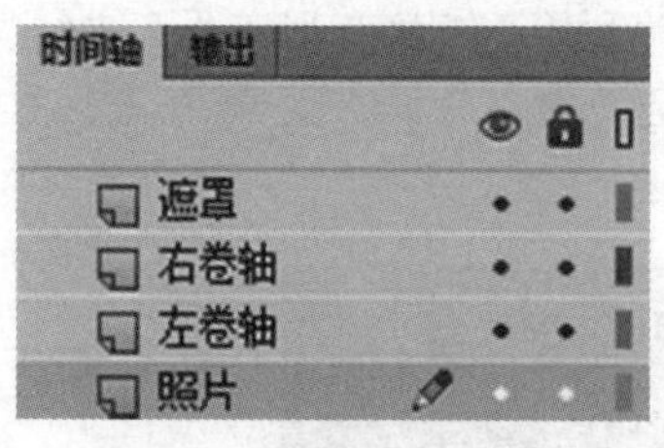

图 3-59

图 3-60

（19） 选择“遮罩”图层的第 150 帧，按“F6”键，插入关键帧，在第 1～150 帧上右击，从弹出的快捷菜单中选择“创建补间形状”命令。选择第 150 帧，选择“任意变形工具”，单击矩形，调整矩形大小使其刚好能够遮盖住两个卷轴和照片，如图 3-61 所示。

图 3-61

（20） 在“遮罩”图层上右击，从弹出的快捷菜单中选择遮罩层，如图 3-62 所示，移动鼠标指针到“左卷轴”，将其稍向上拖动，则“左卷轴”图层变为“被遮罩”图层。用同样的方式处理“照片”图层，时间轴面板如图 3-63 所示。

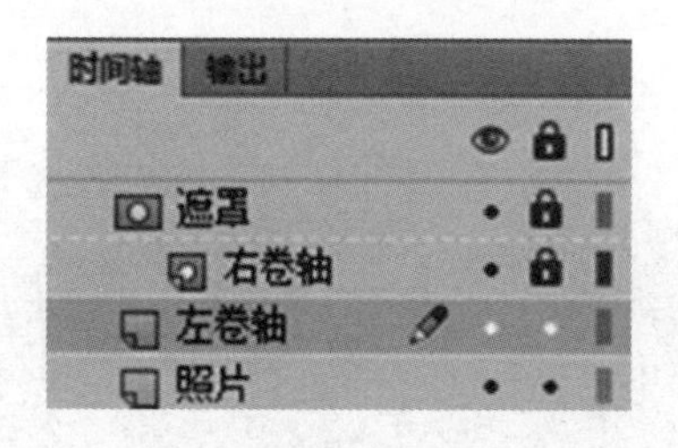

图 3-62

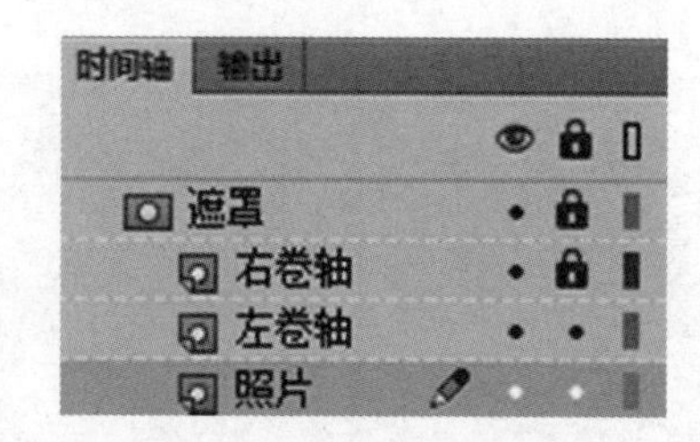

图 3-63

（21） 选择“遮罩”图层，单击“新建图层”按钮，则新建图层位于“遮罩”图层的上方，命名为“结尾”，如图 3-64 所示。

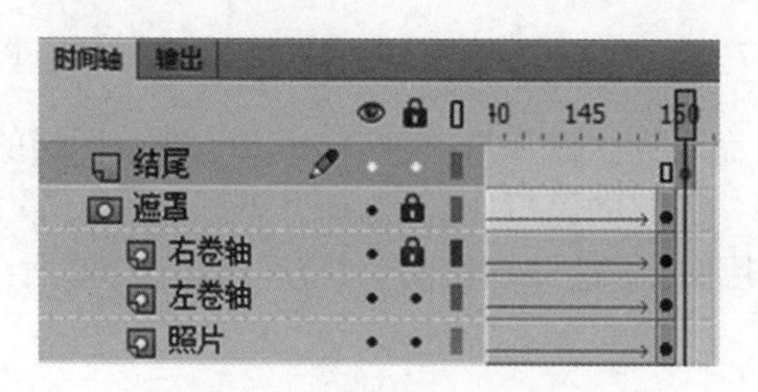

图 3-64

（22）选中第 151 帧并右击，从弹出的快捷菜单中选择“插入空白关键帧”命令，按“Ctrl+L”组合键，打开“库”面板，从库中拖动“卷轴”元件到舞台中央位置。接着按“F8”键，将其转换为“卷轴 1”影片剪辑，如图 3-65 所示。

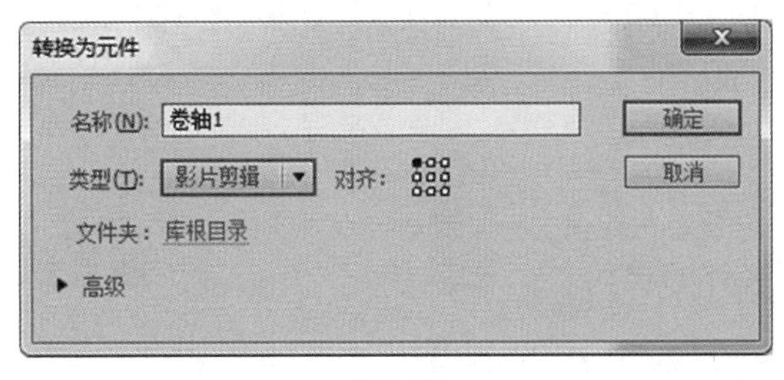

图 3-65

（23）选中“结尾”图层的第 200 帧并右击，在弹出的快捷菜单中选择“创建补间动画”命令，选中该图层的第 200 帧并右击，在弹出的快捷菜单中选择“插入关键帧”→“旋转”命令，时间轴面板如图 3-66 所示。

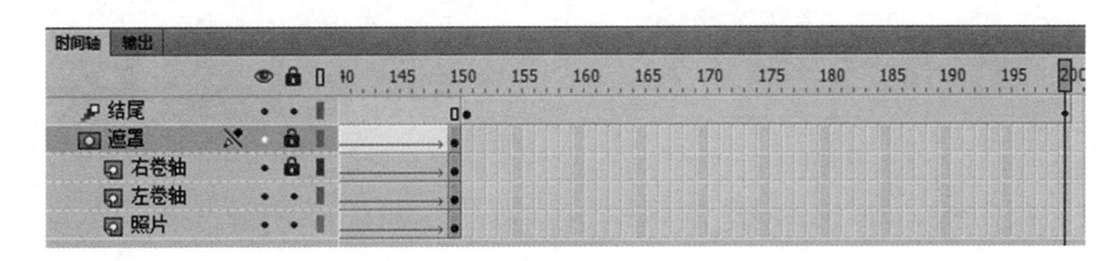

图 3-66

（24）选择“结尾”图层的第 200 帧，选择“3D 旋转工具”，单击画轴，调整 Z 轴的位置，如图 3-67 所示。

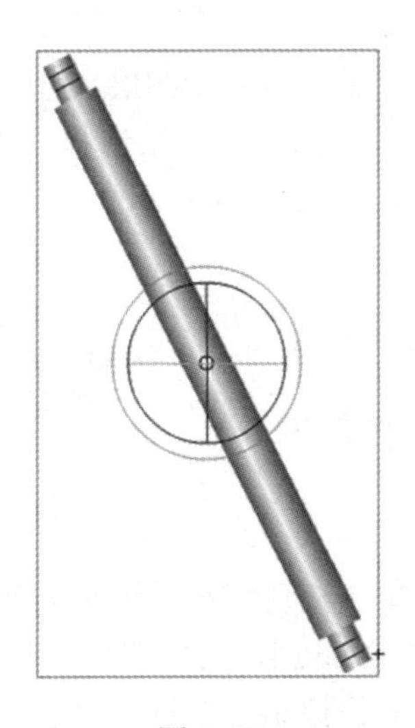

图 3-67

（25） 选择“结尾”图层的第 201 帧并右击，从弹出的快捷菜单中选择“插入空白关键帧”命令，然后选择“文本工具”，设置颜色为橙色（#FF9900），其他设置如图 3-68 所示，在舞台上输入“金色童年”，如图 3-69 所示。按“Ctr+B”组合键两次，两次分离文字，第 1 次分离效果如图 3-70 所示，第 2 次分离效果如图 3-71 所示。

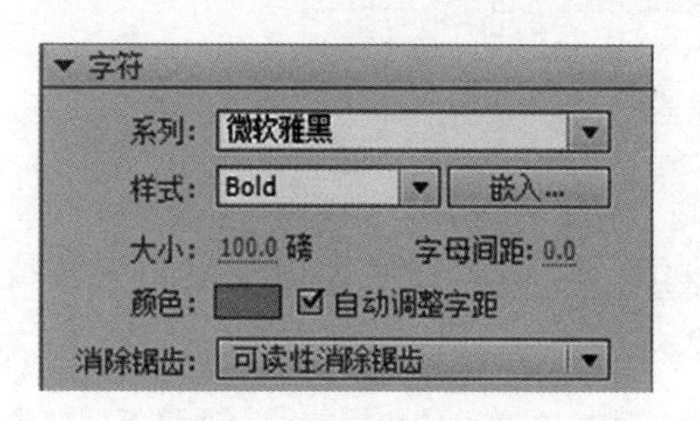

图 3-68

图 3-69

图 3-70

图 3-71

（26） 选择“橡皮擦工具”，将童年上的点擦除，效果如图 3-72 所示。

擦除点时可以将显示比例调整为 400%，擦除后再调整为 100%。

（27） 新建图层“圆圈”，位于“结尾”图层上方，选中第 200 帧并右击，在弹出的快捷菜单中选择“插入空白关键帧”命令，接着选择“线条工具”，设置笔触颜色为橙色（#FF9900），拖动鼠标绘制直线，如图 3-73 所示。

图 3-72

图 3-73

（28） 选择“宽度工具”，单击橙色直线，调整其形状，如图 3-74 所示。

（29） 选择“结尾”图层的第 250 帧，按“F5”键，插入普通帧，接着选中“圆圈”图层的第 200 帧并右击，在弹出的快捷菜单中选择“创建补间动画”命令，此时提示需要将其转换为元件，单击“确定”按钮将其转换为元件。选中“圆圈”图层的第 250 帧并右击，从弹出的快捷菜单中选择“插入关键帧”→“旋转”命令。

（30） 选择“圆圈”图层的第 250 帧，选择“3D 旋转工具”，单击点，调整点状图形的 Y 轴位置，如图 3-75 所示。

图 3-74

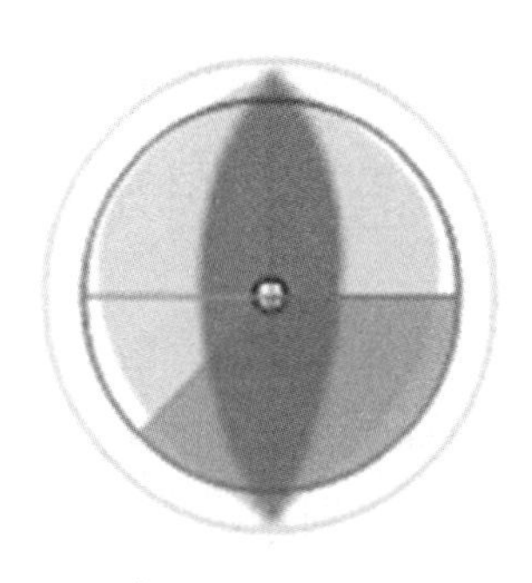

图 3-75

（31） 按“Ctrl+Enter”组合键，测试影片，保存文档。

任务三　恐怖相册

3.3.1　任务效果及思路分析

本任务需要布置场景，绘制树干，运用骨骼动画制作柳枝摆动、骨骼人跳动等影片剪辑元件，最终实现骨骼人相册效果，如图 3-76 所示。

图 3-76

（1） 布置场景。

（2） 绘制树干。

（3） 制作柳枝影片剪辑元件。

（4） 制作骨骼人影片剪辑元件。

（5） 将库中元件拖到舞台上。

3.3.2 任务知识和技能

1. 向元件添加骨骼

可以向影片剪辑、图形和按钮示例添加骨骼。若要使用文本，需要先将其转换为元件。在添加骨骼之前，元件实例可以位于不同的图层上。Flash将它们添加到姿势图层上。

注意

可以将文本通过选择“文本”→“分离”命令分离为单独的形状，并对各形状使用骨骼。当链接对象时，需要考虑其父子关系，如需要从肩膀到肘部再到手腕。

2. 向形状添加骨骼

可以将骨骼添加到同一图层的单个形状或一组形状。

注意

向形状添加骨骼，必须先选择所有形状，然后才能添加骨骼。添加骨骼之后，Flash 会将所有形状和骨骼移至一个新的骨架图层。

3. 选择骨骼

若要选择单个骨骼，可使用“选择工具”并单击该骨骼。按住“Shift”键并单击可选择多块骨骼。

4. 重新定位骨骼和关联的对象

若要重新定位线性骨架，可以拖动骨架中的任何骨骼。

若骨架包含已连接的元件实例，则还可以拖动元件实例。这样，可以相对于实例的骨骼旋转该实例。

若要调整骨架的某个分支的位置，可以拖动该分支中的任意骨骼。该分支中的所有骨骼都将移动，骨架的其他分支中的骨骼不会移动。若要将某个骨骼与其子级骨骼一起旋转而不移动父级骨骼，则在按住“Shift”键的同时拖动该骨骼。

5. 删除骨骼

若要从舞台上的某个形状或元件骨架中删除所有骨骼，可双击骨架中的某块骨骼以选中所有骨骼，然后按“Delete”键。

通过按住“Shift”键单击每个骨骼可以选择要删除的多个骨骼。

若要从时间轴的某个形状或元件骨架中删除所有骨骼，可在时间轴中右击骨架范围，并从弹出的快捷菜单中选择“删除骨架”命令。

6. 使用绑定工具

默认情况下，形状的控制点连接到距离它们最近的骨骼。可以使用“绑定工具”编辑单个骨骼和形状控制点之间的连接。这样，可以对笔触在各骨骼移动时如何扭曲进行控制，以获得更好的结果。当骨架移动时，如果形状的笔触没有按照用户希望的那样扭曲，此时可以使用“绑定工具”。

3.3.3 任务实施步骤

（1） 打开“项目三”→“任务三”→“素材.fla”文档，选择“修改”→“文档”命令，将文档的大小修改为1024像素×768像素，修改文档背景颜色为黑色（#000000）。

（2） 再新建2个图层，将3个图层从上到下分别命名为“骨骼人”“柳条”“树干”，如图3-77所示。

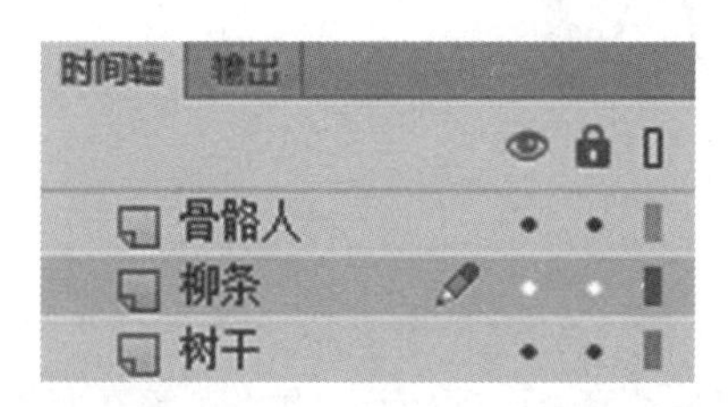

图3-77

（3） 选择“树干”图层的第1帧，选择“矩形工具”，设置笔触颜色为“无”，填充颜色为“#996600”，绘制若干个矩形作为树干和树枝，如图3-78所示，并利用“选择工具”调整直线为曲线，如图3-79所示。

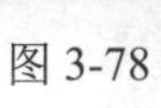

图3-78

图3-79

（4） 按“Ctrl+F8”组合键，创建名称为“柳条”、类型为“图片”的元件，选择“线条工具”，设置笔触为“6.00”、颜色为“#996600”，选择“图层1”的第1帧，在舞台上绘制一条线段，如图 3-80 所示。

（5） 选择“图层 1”的第 1 帧，设置笔触颜色为黑色（#000000）、填充颜色为绿色（#33CC00），将笔触高度设置为 1.00，选择“线条工具”绘制黑色线段，单击“选择工具”，将鼠标指针移动到线段中间，拖动鼠标将其拉弯。用同样的方法绘制柳叶右边轮廓，选择“颜料桶工具”为柳叶填充绿色（#33CC00），如图 3-81 所示。

图 3-80

（6） 单击“选择工具”，选中柳叶图形，按“F8”键，将其转换为名称为“柳叶”的图形元件。

（7） 按住“Alt”键不放拖动图 3-81 中的图形，复制得到另一个叶片，排列好它们的形状，如图 3-82 所示。

图 3-81　　　　图 3-82

（8） 按“Ctrl+F8”组合键，创建一个名称为“柳枝”、类型为“影片剪辑”的元件，按“Ctrl+L”组合键，打开“库”面板，将库中的“柳条”拖动到舞台上，接着按住“Alt”键拖动柳条完成复制。按照这样的方法，共复制 7 个“柳条”，使得每个“柳条”首尾相连，如图 3-83 所示。

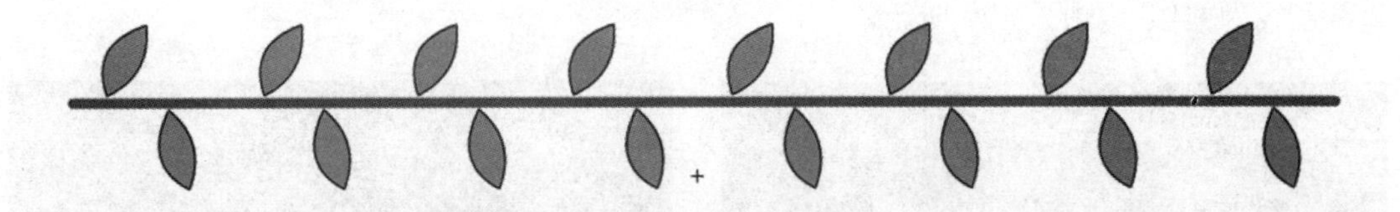

图 3-83

（9） 选择“工具”面板中的“骨骼工具”，在第 1 个柳条上右击，接着单击和其相连的右侧线段，如图 3-84 所示。

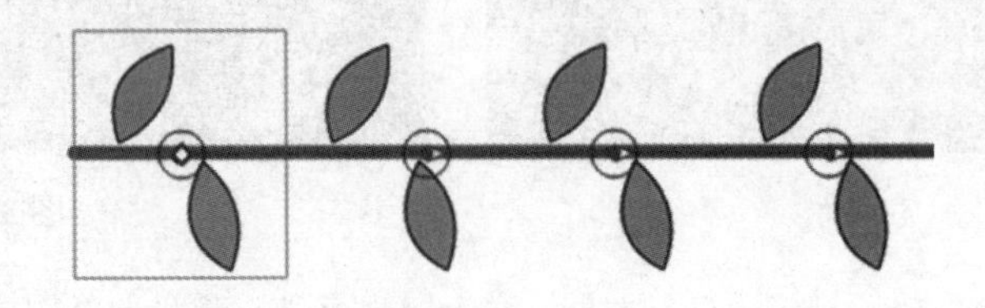

图 3-84

（10） 按照同样的方法，将从左往右第 2、第 3 个线段相连，第 3、第 4 个线段相连，第 4、第 5 个线段相连，第 5、第 6 个线段相连，第 6、第 7 个线段相连，第 7、第 8 个线段相连，如图 3-85 所示，时间轴面板如图 3-86 所示。

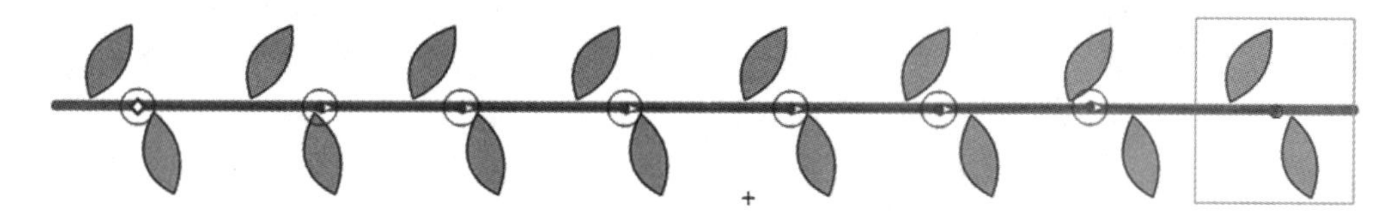

图 3-85

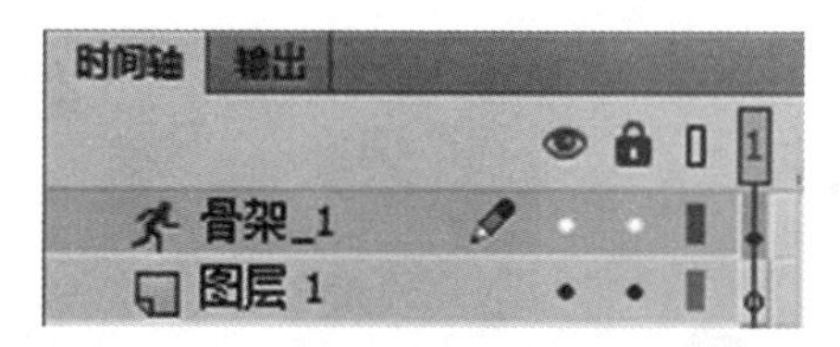

图 3-86

（11） 选择“任意变形工具”，调整各个线段的中心点。第 1 条线段中心点移动到右端，第 2～8 条线段中心点移动到线段左端，完成后，选择“骨骼工具”单击柳枝，如图 3-87 所示。在“骨骼_1”图层的第 1 帧、第 10 帧、第 20 帧、第 30 帧、第 40 帧上分别右击，在弹出的快捷菜单中选择“插入姿势”命令，时间轴面板如图 3-88 所示，利用“选择工具”调整第 1 帧、第 10 帧、第 20 帧、第 30 帧、第 40 帧上的柳条，如图 3-89～图 3-93 所示。

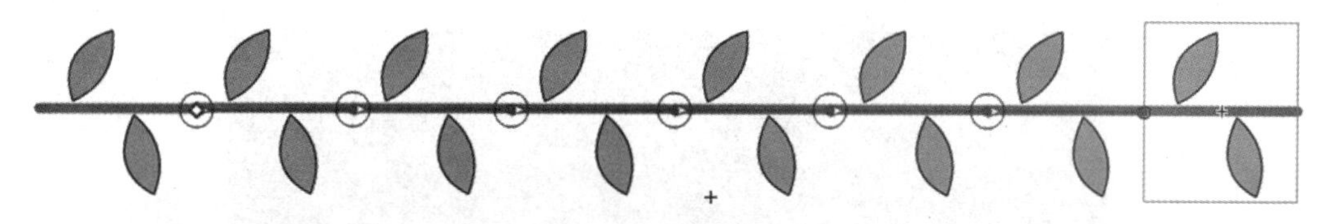

图 3-87

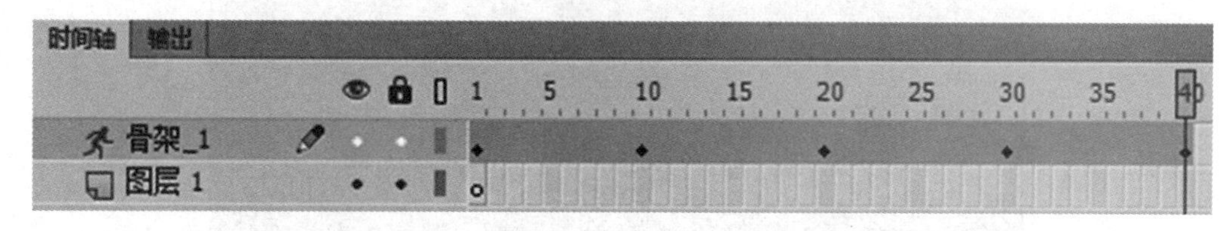

图 3-88

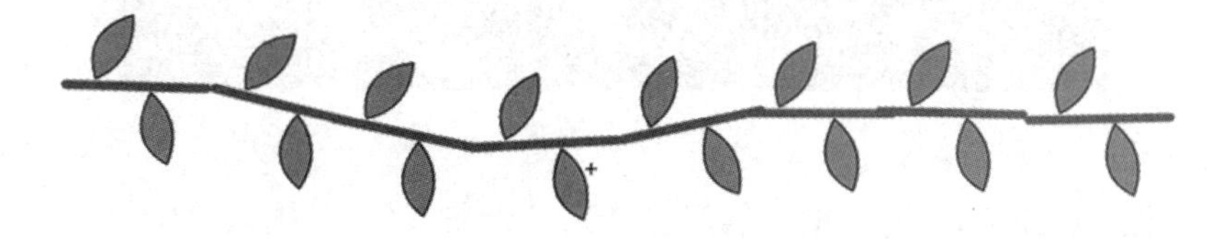

图 3-89

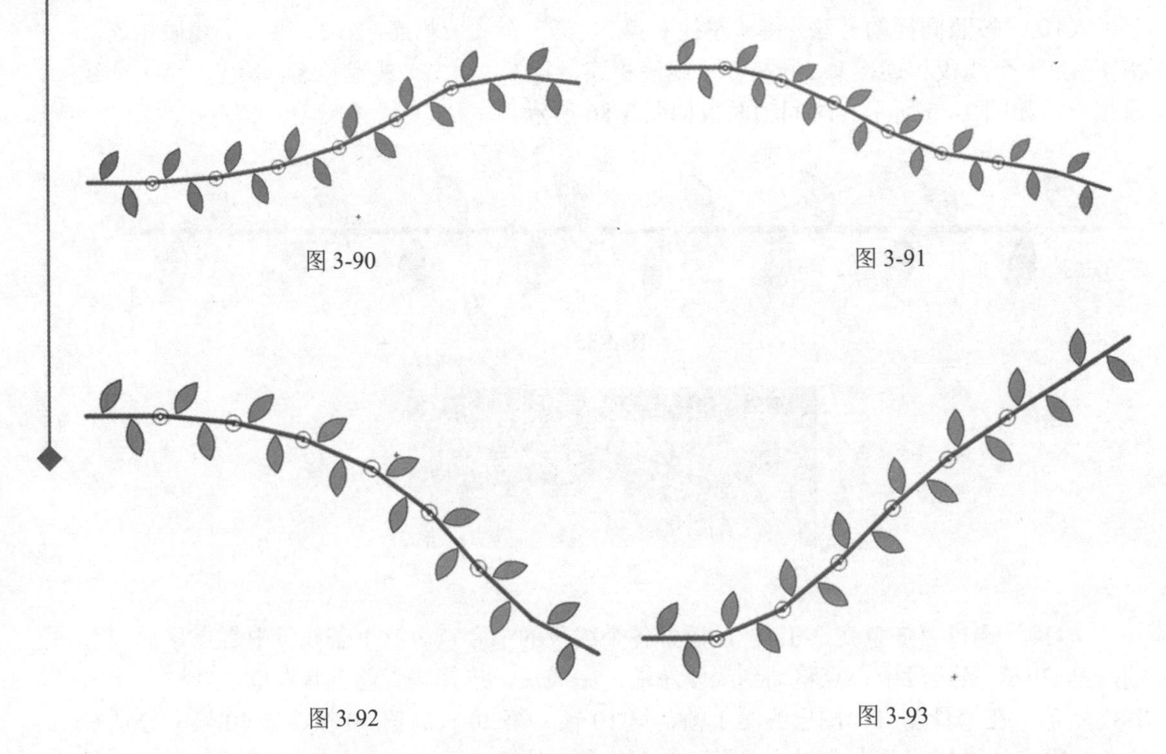

图 3-90

图 3-91

图 3-92

图 3-93

（12） 单击“场景一”，回到场景一的编辑环境，选择“柳条”图层的第 1 帧，按“Ctrl+L”组合键，打开“库”面板，将库中的“柳枝元件”拖到舞台上，按住“Alt”键，拖动鼠标，复制多个柳条，并利用“任意变形工具”调整好其位置，如图 3-94 所示。

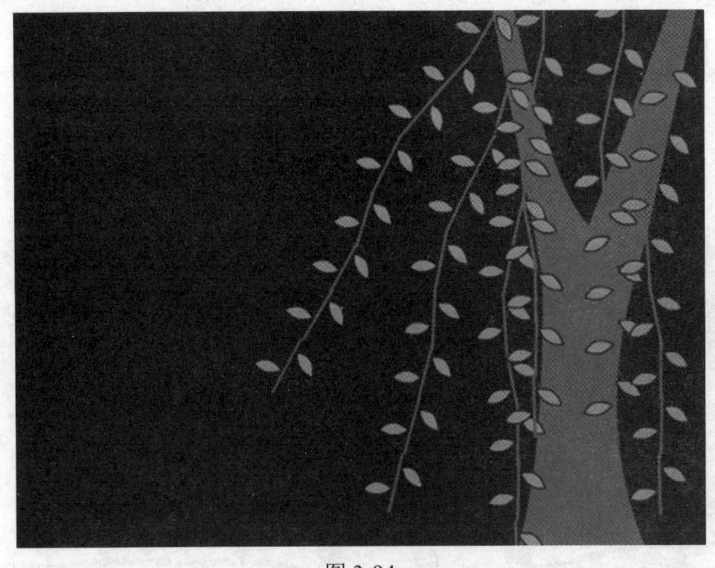

图 3-94

（13） 按“Ctrl+F8”组合键，创建名称为“骨骼人”、类型为“影片剪辑”的元件，按“Ctrl+L”组合键，打开“库”面板，将库中的“头”“上身”“骨头”拖到舞台上，利用“选择工具”和“任意变形工具”拼凑成骨骼人，如图 3-95 所示。

（14） 选择工具箱中的“骨骼工具”，单击头部，接着单击身体，选择“任意变形工具”，调整头部的中心点为头部的最下端，调整身体的中心点为身体的最上端，让它们的中心点同时集中到头部与身体连接的部分，如图 3-96 所示。

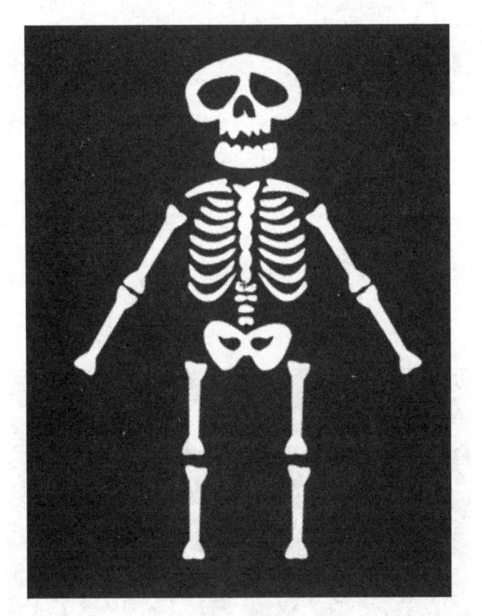
图 3-95

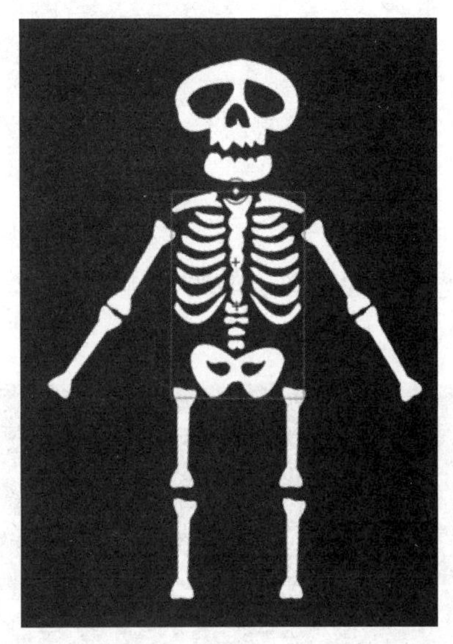
图 3-96

（15） 选择“骨骼工具”连接左手臂的两根骨头，使用“任意变形工具”，调整它们的中心点为骨头的上端，如图 3-97 所示。用同样的方式，分别将右臂、左腿、右腿的两根骨头进行连接，时间轴面板如图 3-98 所示。

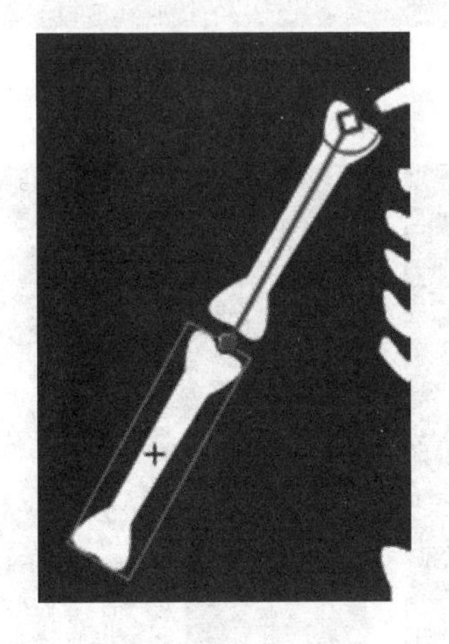
图 3-97

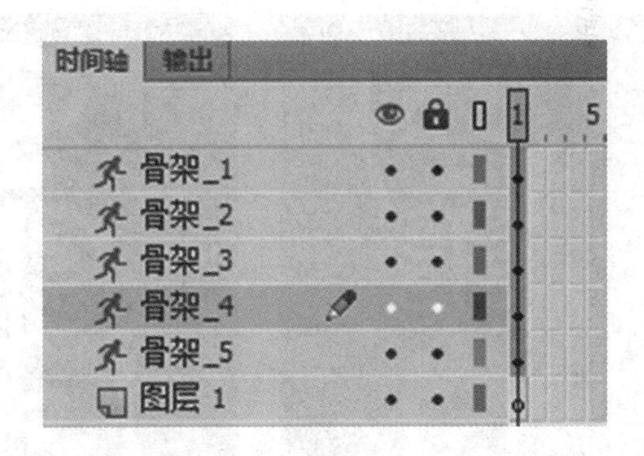

图 3-98

（16） 选择“骨架_1”的第 50 帧，按“F5”键，插入普通帧，分别在“骨架_2”“骨架_3”“骨架_4”“骨架_5”的第 10 帧、第 20 帧、第 30 帧、第 40 帧、第 50 帧上右击，在弹出的快捷菜单中选择“插入姿势”命令，如图 3-99 所示。

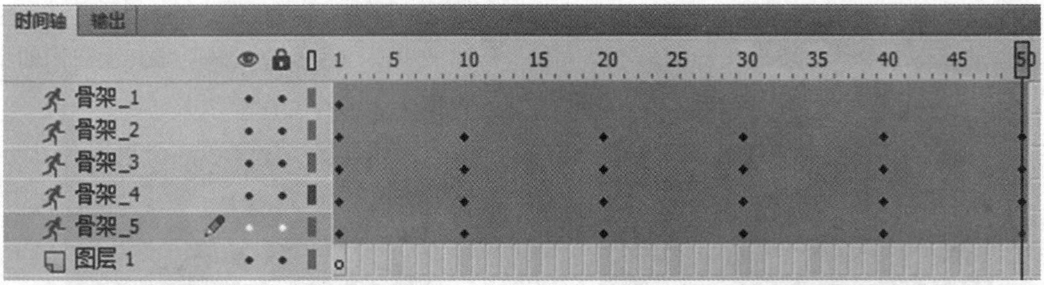

图 3-99

选择各骨架图层的第 10 帧、第 20 帧、第 30 帧、第 40 帧，调整其动作，如图 3-100～图 3-104 所示。

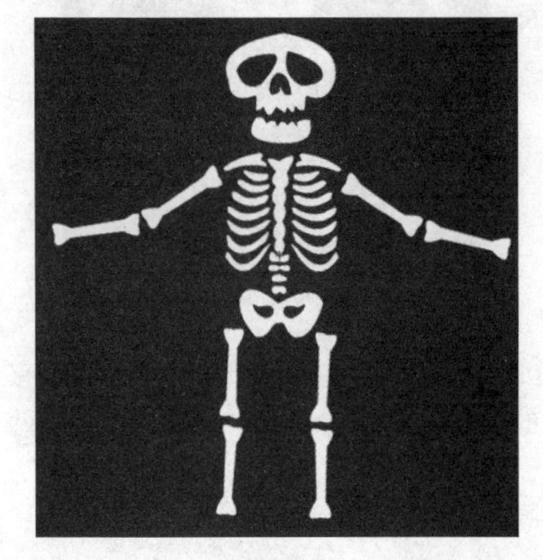

图 3-100

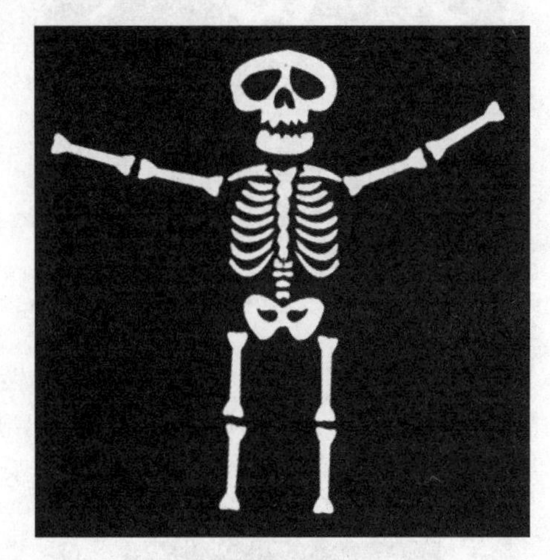

图 3-101

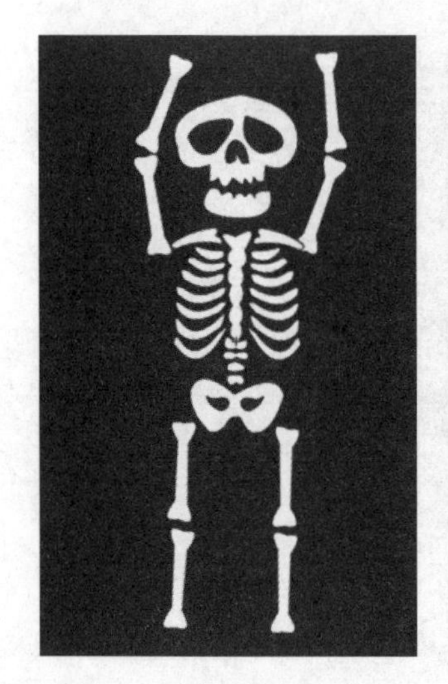

图 3-102

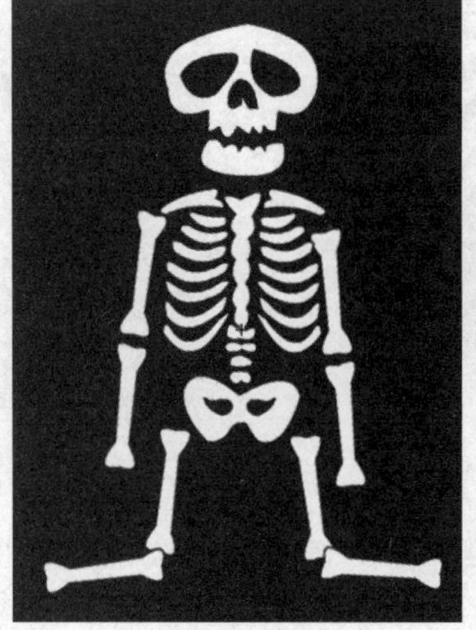

图 3-103

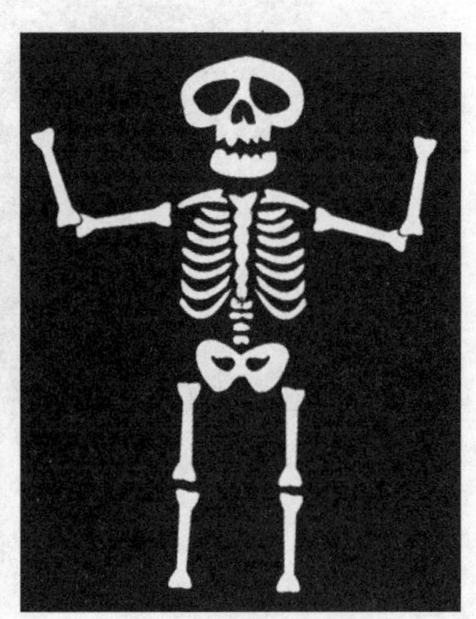

图 3-104

（17）单击“场景一”，回到场景一的编辑环境，选择“骨骼人”图层的第 1 帧，按“Ctrl+L”组合键，打开“库”面板，将库中的“骨骼人”影片剪辑元件拖到舞台左侧，如图 3-105 所示。

（18）按“Ctrl +Enter”组合键，测试影片，保存文档。

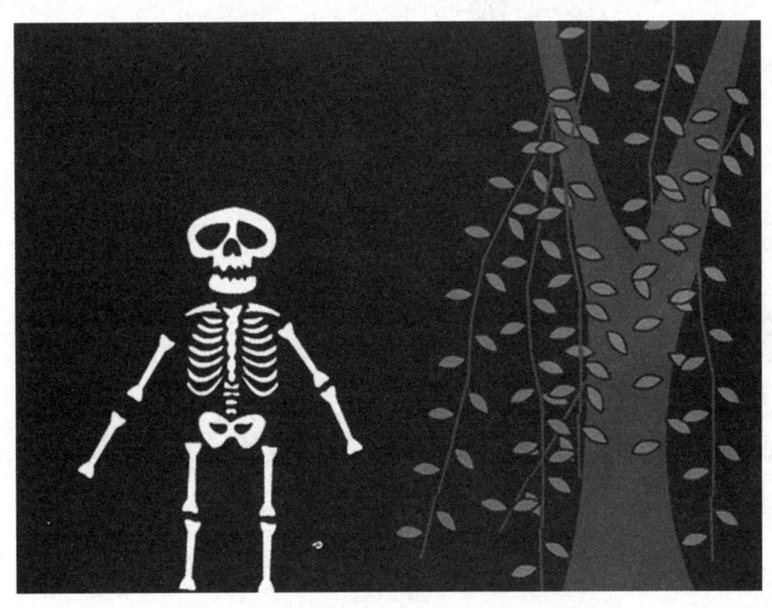

图 3-105

项目四　MV 的制作

项目简介：

Flash 动画广泛应用于 MV 的制作中，如歌曲 MV、故事 MV、公益 MV 等。本项目主要介绍 MV 的制作方法。

学习目标：

- ❖ 导入声音、视频。
- ❖ 元件、实例与库。
- ❖ 图形元件、按钮元件与影片剪辑元件。
- ❖ 使用行为按钮。
- ❖ 复制图层与删除图层。
- ❖ 调整图层、设置图层的属性。
- ❖ 显示与隐藏图层。
- ❖ 锁定与解锁图层。
- ❖ 新建与编辑图层文件夹。

任务一　歌曲 MV

4.1.1　任务效果及思路分析

本任务需要绘制红盖头、制作星星影片剪辑、月亮变为眉毛动画等，如图 4-1 所示。

（1） 用“矩形工具”配合位图填充绘制红色盖头，然后结合形状补间动画形成盖头掀起动画。

（2） 用“线条工具”配合“选择工具”绘制月牙形状，接着应用传统补间动画制作月亮变为眉毛的动画。

（3） 利用“文本工具”输入歌词。

（4） 利用“复制帧”“粘贴帧”命令完成动画片段的复制。

（5） 利用“椭圆工具”“选择工具”绘制苹果图形。

（6） 新建影片剪辑元件，通过多次从库中拖放，形成多个实例。

图 4-1

4.1.2　任务知识和技能

1. 导入声音

Flash CC 中可以直接导入 WAV、AIFF 和 MP3 共 3 种格式的声音，其中最常用的是 MP3 格式。

新建基于 ActionScript 3.0 的 Flash 文档，选择“文件”→“导入”→“导入到库”命令，选择本任务的素材“歌曲.mp3”文件，如图 4-2 和图 4-3 所示。

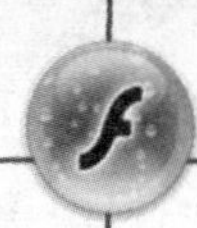

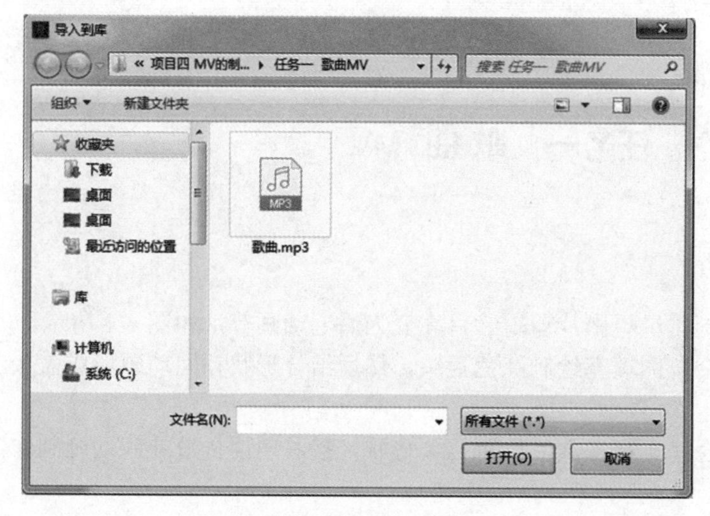

图 4-2

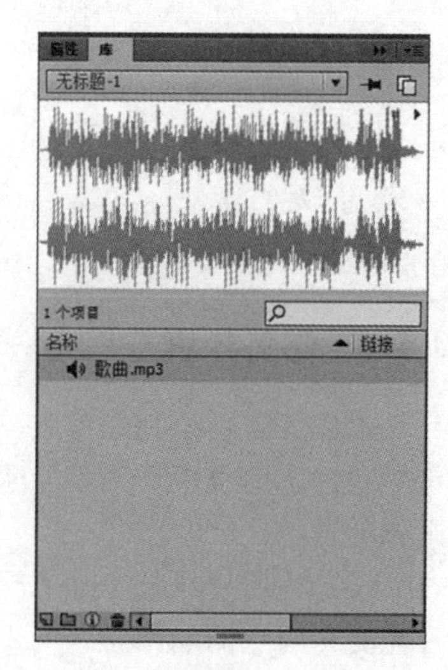

图 4-3

2. 导入视频

默认情况下，Flash CC 支持 FLV 和 F4V 格式的视频。新建一个 Flash 文档，选择“文件”→“导入”→“导入视频”命令，打开“导入视频”对话框，选中“使用播放组件加载外部视频”单选按钮，如图 4-4 所示。接着单击“文件路径”后的“浏览”按钮，选择需要加载的视频，选择本任务的素材“视频.FLV”文件，单击“下一步”按钮，如图 4-5 所示，单击外观后的颜色可设置播放组件的颜色，单击“下一步”按钮，进入“完成视频导入”界面，保存文档后，按“Ctrl+Enter”组合键，可以测试文档。

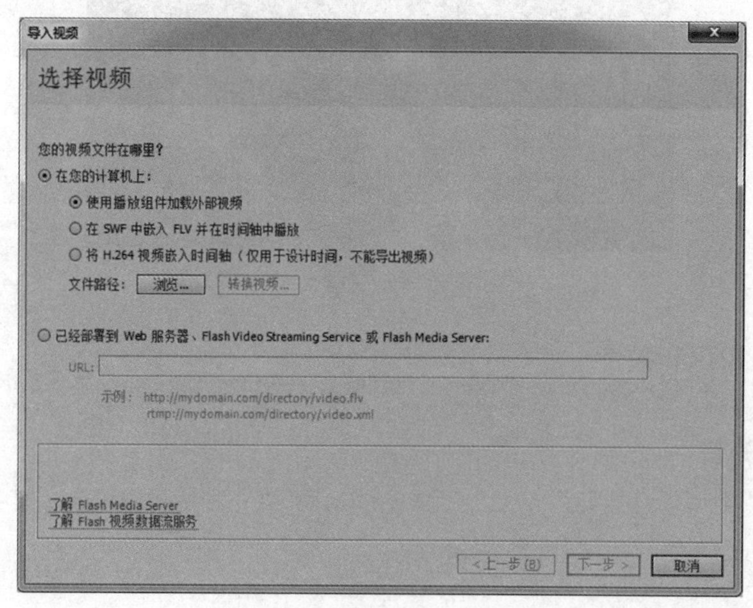

图 4-4

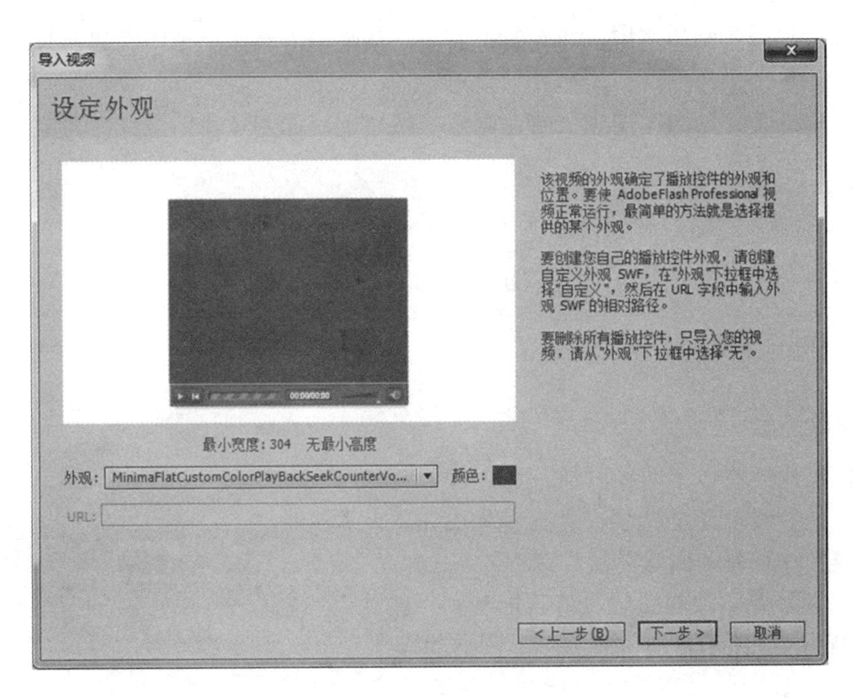

图 4-5

注意

在“导入视频”对话框中，选中“使用播放组件加载外部视频”单选按钮时，最好将 FLV 和 F4V 格式的视频文件与 Flash 文档放在同一个文件夹中，避免因路径改变而无法正常播放视频。

如果选择将视频文件直接嵌入 Flash 文档中，会明显增加发布文件的大小，目前此方式只适用于较小的视频文件。

3. 元件、实例与库

元件是指 Flash 中创建的图形、按钮或影片剪辑。当创建了某一图片或动画片段后，如需多次使用而又不想增加 Flash 文档的大小，可以将其转换为元件。元件分成三类：图形元件、按钮元件与影片剪辑元件。当转换为元件后，按住“Ctrl+L”组合键，或者选择“窗口”→“库”命令，打开“库”面板，在“库”面板中可以找到已经创建好的三类元件和导入的图片、音频与视频。

通过将“库”面板中的元件拖动到舞台上，可以根据元件创建实例，一个元件可以创建若干个实例，这样元件就可以一次创建，多次使用。

在舞台上绘制一个矩形形状，选择“修改”→“转换为元件”命令或按“F8”键，打开“转换为元件”对话框，默认名称为“元件 1”，选择“类型”为“图形”，单击“确定”按钮，可以将某个形状转换为图形元件。

4. 复制图层

复制图层主要有以下两种方法。

（1） 选择要复制的图层，并在其上右击，从弹出的快捷菜单中选择“复制图层”命令。

（2） 拖动要复制的图层到“新建图层”按钮上，如图 4-6 所示，即可完成复制图层的操作。

图 4-6

5. 删除图层

删除图层主要有以下两种方法。

（1） 选择要删除的图层，并在其上右击，从弹出的快捷菜单中选择“删除图层”命令。

（2） 选择要删除的图层，将其拖动到“删除”按钮上，如图 4-7 所示，即可完成删除图层的操作。

图 4-7

4.1.3 任务实施步骤

（1） 打开“素材.fla”文件，选择“修改”→“文档”命令，设置文档大小为 800 像素×600 像素，将背景颜色修改为紫色（#44248C）。

（2） 选择“文件”→“导入”→“导入到库”命令，打开“导入到库”对话框，按住“Ctrl”键分别选择“掀起了你的盖头来.mp3”和“红色花纹.jpg”选项，单击“确定”按钮。

（3） 选择“图层 1”，更名为“序幕”，选择其第 1 帧，选择“文本工具”，任意选择一种字体，设置笔触颜色为“#FDCD3A”、字体大小为“80.0 磅”，输入歌名“掀起了你的盖头来”，接着设置字体大小为“50.0 磅”，输入文字“作词：王洛宾”，如图 4-8 所示。

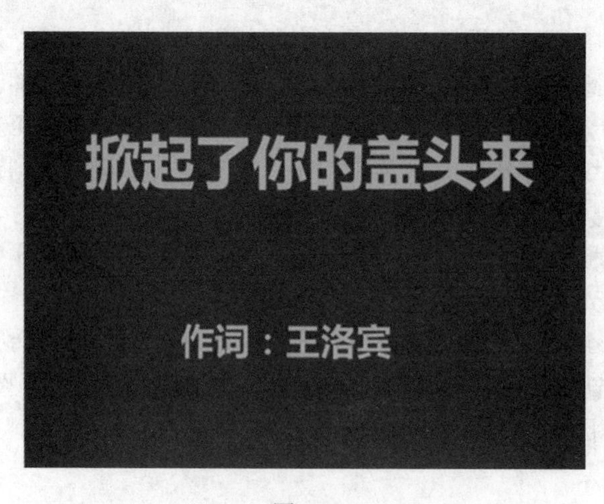

图 4-8

（4） 选择“序幕”图层的第 328 帧，插入帧，新建“图层 2”“图层 3”“图层 4”，接着重命名为“动画”“场景”“音乐”，如图 4-9 所示。

（5） 选择“音乐”图层的第 1 帧，单击“属性”面板，从“声音”组的“名称”下拉列表框中选择已导入的音频文件“掀起了你的盖头来.mp3”，设置同步为“开始”，如图 4-10 所示，然后选中该图层的第 414 帧并右击，在弹出的快捷菜单中选择“插入帧”命令。

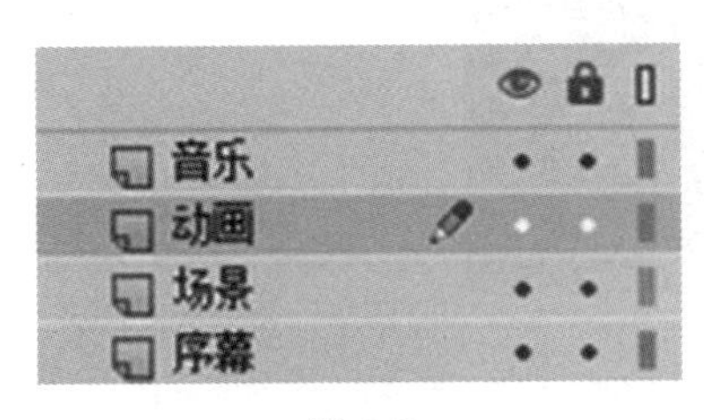

图 4-9

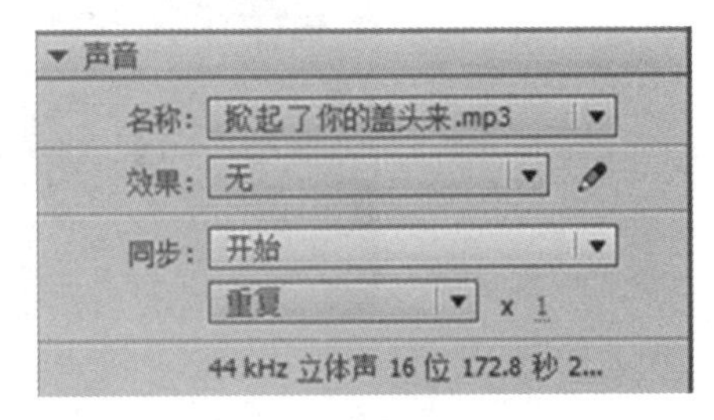

图 4-10

（6） 选择“场景”图层的第 329 帧，插入空白关键帧，按“Ctrl+L”组合键，打开“库”面板，将“唱歌视频”拖至舞台下侧，如图 4-11 所示。然后选择该图层的第 414 帧并右击，在弹出的快捷菜单中选择“插入帧”命令。

图 4-11

（7） 选择“动画”图层的第 329 帧，插入空白关键帧，设置笔触颜色为“无”、填充颜色为红色（#FF0000），绘制一个矩形，正好遮挡住“场景”图层上的“唱歌视频”，如图 4-12 所示。

图 4-12

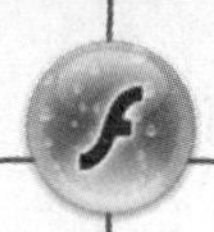

（8） 选择“选择工具”调整矩形形状，如图 4-13 所示。

图 4-13

（9） 选择红色盖头形状，单击“颜色”面板，选择“位图填充”命令，选择“红色花纹.jpg”图片，如图 4-14 所示，效果如图 4-15 所示。

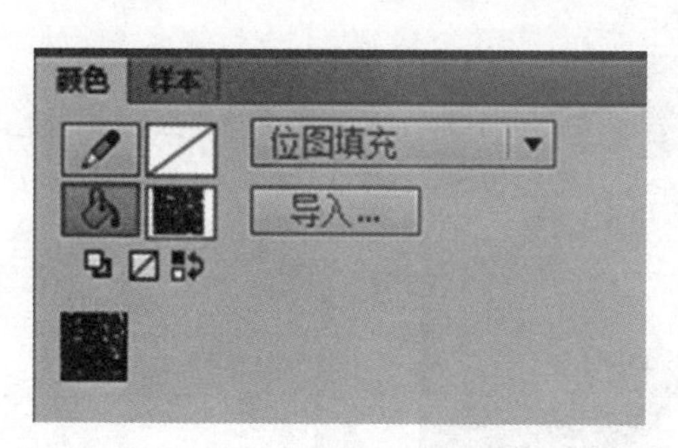

图 4-14

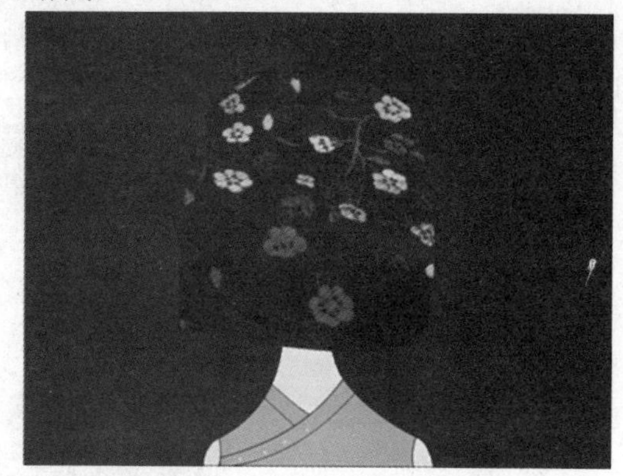

图 4-15

（10） 选择“动画”图层的第 420 帧，单击“选择工具”，将鼠标指针移动到红色盖头的右下角并拖动它，效果如图 4-16 所示。

图 4-16

（11） 在“动画”图层的第 329～420 帧的任意一帧上右击，从弹出的快捷菜单中选择“创建补间形状”命令，如图 4-17 所示。

图 4-17

（12） 分别选择“动画”图层的第 421 帧和第 530 帧，插入关键帧，在第 421～530 帧的任意一帧上右击，从弹出的快捷菜单中选择“创建传统补间”命令，如图 4-18 所示。

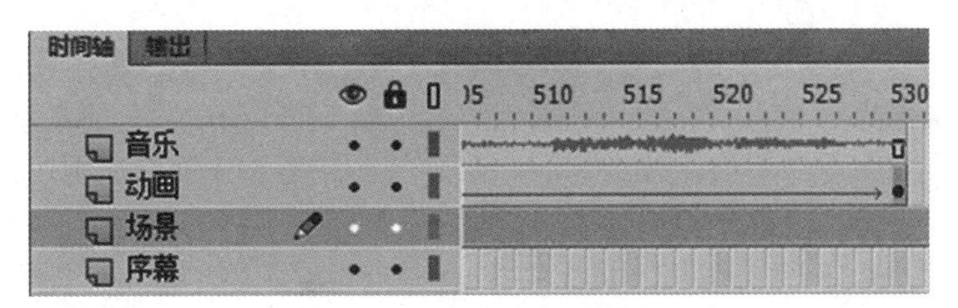

图 4-18

（13） 选择“动画”图层的第 530 帧，单击“属性”面板，单击红盖头，调整其 Alpha 属性值为“0”，如图 4-19 所示。

图 4-19

（14） 选择“动画”图层的第 531 帧，插入空白关键帧，单击“线条工具”，设置笔触颜色为黑色、填充颜色为黄色（#FFFF66），绘制一条直线，利用“选择工具”将其调弯，接着绘制第二条直线。同理，将其调整为月牙形状，并利用“颜料桶工具”填充黄色，如图 4-20 和图 4-21 所示。

图 4-20

图 4-21

（15） 选中“动画”图层的第 547 帧并右击，从弹出的快捷菜单中选择“插入关键帧”命令，再次选择第 610 帧，插入关键帧，选中第 547～610 帧上的任意一个帧并右击，从弹出的快捷菜单中选择“创建传统补间”命令，选择第 610 帧，利用“任意变形工具”调整月牙的形状和大小，将其拖动到女孩眉毛处，如图 4-22 所示。

（16）选中“动画”图层的第 611 帧并右击，从弹出的快捷菜单中选择“插入关键帧”命令，选择“文本工具”，设置字体颜色为黄色（#FFFF66）、字体大小为 40.0 磅，在舞台上方输入“你的眉毛细又长啊，好像那树上的弯月亮”，如图 4-23 所示。

图 4-22

图 4-23

（17） 选择“动画”图层的第 680 帧和第 800 帧，分别在其上右击，从弹出的快捷菜单中选择“插入关键帧”命令，在第 680～800 帧上的任意一个帧右击，从弹出的快捷菜单中选择“创建传统补间”命令。选择“动画”图层第 800 帧上的歌词和眉毛，单击“属性”面板，设置 Alpha 属性值为“0”。

（18） 选中“动画”图层的第 329～530 帧并右击，从弹出的快捷菜单中选择“复制帧”命令，选中“动画”图层的第 801 帧并右击，从弹出的快捷菜单中选择“粘贴帧”命令，这样就从第 801～1002 帧上复制到一段“盖头掀起”的动画。

（19） 选中“动画”图层的第 1003 帧并右击，从弹出的快捷菜单中选择“插入空白关键帧”命令，选择“文本工具”，设置字体颜色为黄色（#FFFF66）、字体大小为 40.0 磅，在舞台上方输入“你的眼睛明又亮呀，好像那秋波一般样”，如图 4-24 所示，选中第 1575 帧并右击，在弹出的快捷菜单中选择“插入帧”命令。

图 4-24

（20） 选中“动画”图层的第 329～800 帧并右击，从弹出的快捷菜单中选择“复制帧”命令，选中动画图层的第 1576 帧并右击，从弹出的快捷菜单中选择“粘贴帧”命令，这样就从第 1576～2046 帧上复制到一段“盖头掀起与月牙变眉毛”的动画。

（21） 选中“动画”图层的第 800～1575 帧并右击，从弹出的快捷菜单中选择“复制帧”命令，选中“动画”图层的第 2047 帧并右击，从弹出的快捷菜单中选择“粘贴帧”命令，这样就从第 2047～2822 帧上复制到一段“盖头掀起与眼睛明亮”的动画。

（22） 选中“动画”图层的第 329～530 帧并右击，从弹出的快捷菜单中选择“复制帧”命令，选中“动画”图层的第 2823 帧并右击，从弹出的快捷菜单中选择“粘贴帧”命令，这样就从第 2823～3024 帧上复制到一段“盖头掀起”的动画。

（23） 选中“动画”图层的第 3025 帧，在其上右击，从弹出的快捷菜单中选择“插入空白关键帧”命令，选择“椭圆工具”，设置笔触颜色为黑色、填充颜色为红色（#FF0000），绘制圆形，单击“选择工具”，按住“Ctrl”键向内进行拖动，选择“线条工具”，绘制苹果果蒂，如图 4-25 所示，接着选择“文本工具”，设置字号为 40.0 磅、字体颜色为黄色（#FFFF66），输入“你的脸儿红又圆呀，好像那苹果到秋天”，如图 4-26 所示。

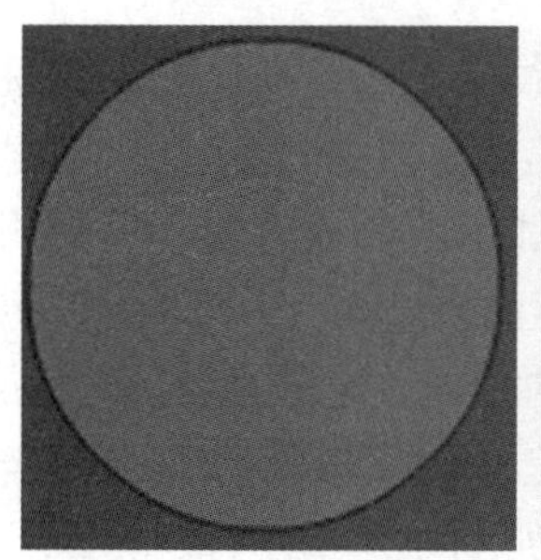 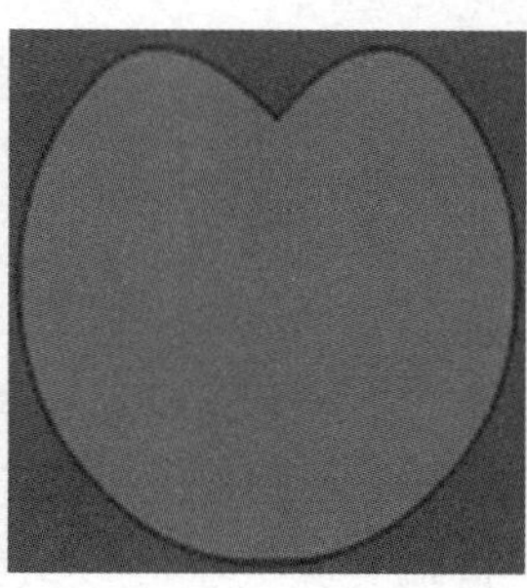 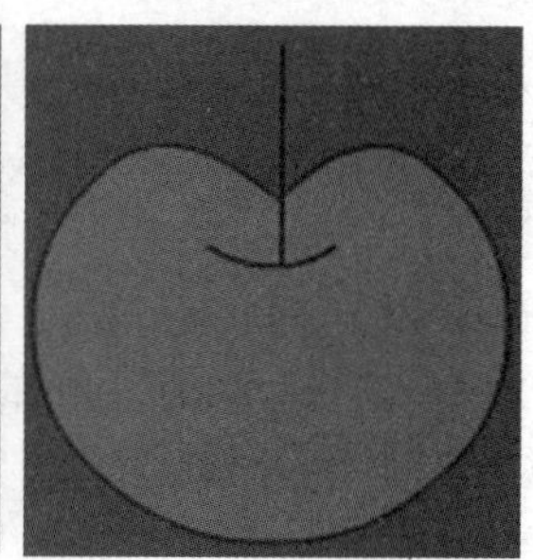

图 4-25

图 4-26

（24） 选中“动画”图层的第 414 帧并右击，从弹出的快捷菜单中选择“插入帧”命令。

（25） 选择“新建”→“插入元件”命令（或按“Ctrl+F8”组合键），打开“新建元件”对话框，设置名称为“星星”、类型为“影片剪辑”，如图 4-27 所示，此时进入“星星”影片剪辑的编辑环境，选择“图层 1”的第 1 帧，设置笔触颜色“无”、填充颜色为橙色（#FFCC00），选择“多角星形工具”绘制五角星，如图 4-28 所示。

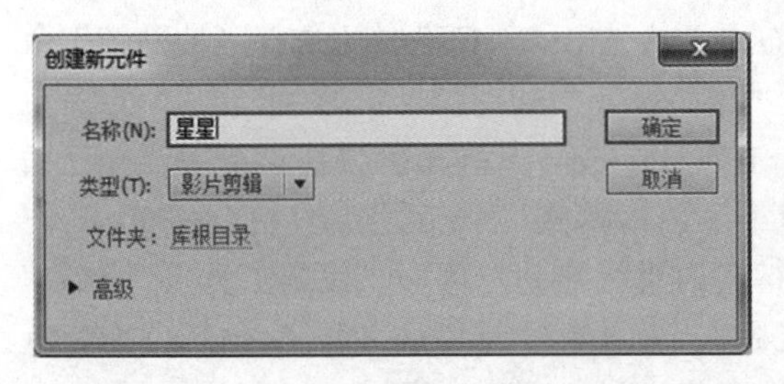

图 4-27

图 4-28

（26） 分别在图层 1 的第 10 帧、第 20 帧、第 30 帧上右击，在弹出的快捷菜单中选择“插入关键帧”命令。

（27） 选择第 10 帧上的五角星，利用“任意变形工具”按住“Shift”键将其等比例调大，选择第 20 帧上的五角星，利用“任意变形工具”按住“Shift”键将其等比例缩小。

（28） 单击图 4-28 左上角的场景一，回到场景一的编辑，选择“场景”图层的第 330 帧，按“Ctrl+L”组合键，打开“库”面板，将“星星”影片剪辑多次拖放到舞台上，利用“任意变形工具”按住“Shift”键调整其大小，效果如图 4-29 所示。

（29） 按“Ctrl+Enter”组合键，测试影片，保存文档。

图 4-29

任务二　古诗 MV

4.2.1　任务效果及思路分析

本任务需要制作荷花等图形元件、重播按钮元件、导入音频文件等，如图 4-30 所示。

（1） 导入音频文件。

（2） 建立相关图层。

（3） 输入古诗。

（4） 布置花朵。

（5） 制作流水片段。

（6） 制作树、荷花等图形元件。

（7） 制作重播按钮图形元件。

图 4-30

4.2.2　任务知识和技能

1.　图形元件

当静态图形或图像需要重复使用，或者用来制作补间动画及传统补间动画时，可将其制作成图形元件。

能够创建图形元件的元素可以是位图图像、矢量图形、文本对象及用 Flash 工具创建的线条、色块等。

创建图形元件主要有以下 4 种方式。

（1）选择“插入”→“新建元件”命令（或按“Ctrl+F8”组合键），打开“创建新元件”对话框，创建“圆形”图形元件，如图 4-31 所示。单击“确定”按钮，进入“圆形”元件的编辑环境，如图 4-32 所示，此时单击“场景 1”，可切换到“场景 1”进行编辑。

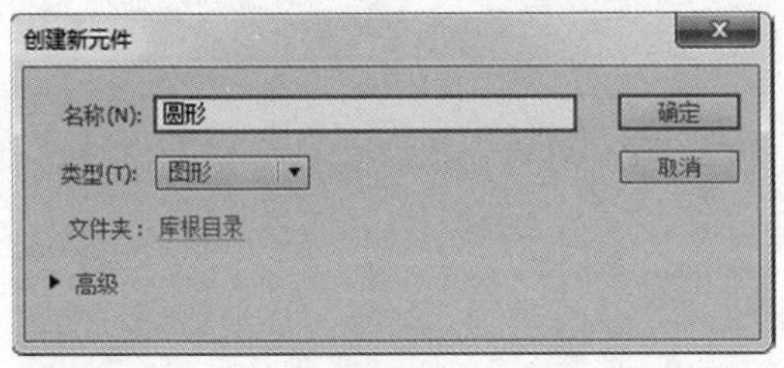

图 4-31

图 4-32

（2）选择舞台上需要转换的图形、图像或文本等，并在其上右击，从弹出的快捷菜单中选择“转换为元件”命令（或按“F8”键），打开如图 4-33 所示的对话框，即可完成元件转换。

图 4-33

（3）单击“库”面板底部的“新建元件”按钮。

（4）单击“库”面板顶部右边的菜单按钮，从弹出的快捷菜单中选择“新建元件”命令。

2.　按钮元件

按钮元件是一种特殊的交互式影片剪辑，它只包含 4 个帧。当新建一个按钮元件时，Flash 软件自动创建一个含有 4 个帧的时间轴，即弹起、指针经过、按下和点击，按钮元件时间轴上的每一个帧都有特殊含义。

弹起帧：表示按钮的原始状态，即鼠标指针没有对此按钮产生任何动作时按钮显示的状态。

指针经过帧：表示鼠标指针位于该按钮上时的按钮外观状态。

按下帧：表示按下鼠标键时按钮的外观状态。

点击帧：用于定义响应鼠标单击时的相应区域，该帧上的区域在影片中是不可见的。

3. 调整图层顺序

直接拖动图层至合适的位置，即可调整图层顺序，如目前有“图层 1”与“图层 2”，如图 4-34 所示，需要将“图层 2”调整至“图层 1”下方，可以将“图层 2”拖动到“图层 1”下沿即可，这时“图层 2”就位于“图层 1”下方。

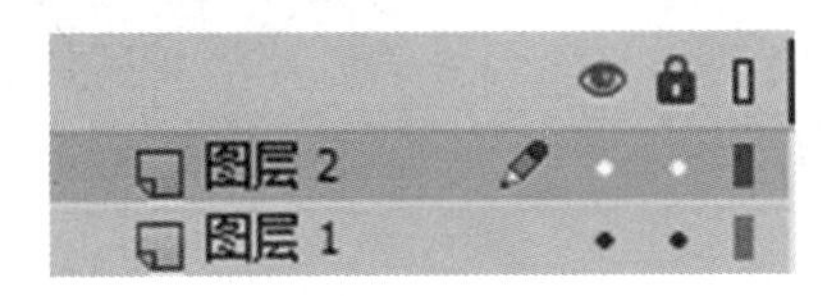

图 4-34

4. 设置图层属性

选择要修改属性的图层，在其上右击，在弹出的快捷菜单中选择“属性”命令，打开如图 4-35 所示的“图层属性”对话框。在该对话框中可修改图层名称、图层显示属性、是否锁定（锁定后不可修改）、图层的类型（一般、遮罩层、被遮罩、文件夹、引导层）、轮廓颜色、图层高度等。此外，双击图层名称可直接修改其名称，如图 4-36 所示。

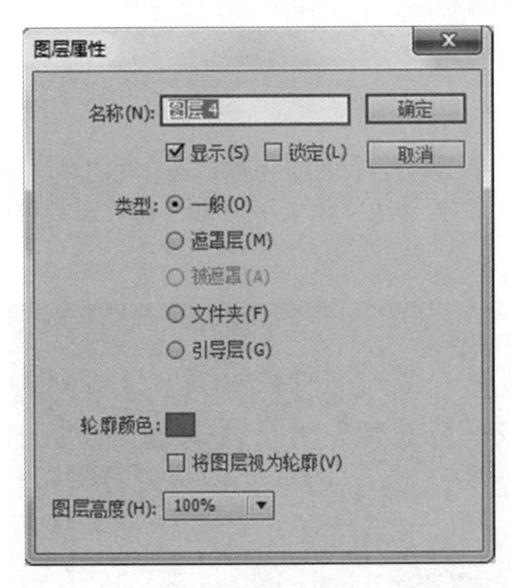

图 4-35

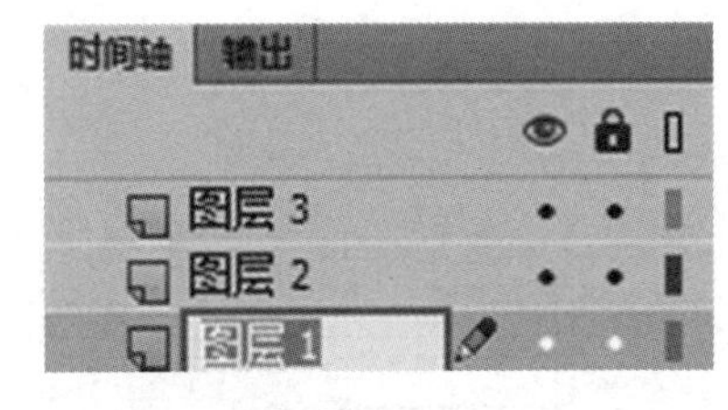

图 4-36

4.2.3 任务实施步骤

（1） 打开“素材.fla”文档，选择“修改”→“文档”命令，设置文档大小为 800 像素×600 像素，将背景颜色设置为黑色（#0099FF）。

（2） 选择“文件”→“导入”→“导入到库”命令，打开“导入到库”对话框，选择“小池.mp3”文件，导入音频文件。

（3） 新建 4 个图层，自上至下依次命名为“歌曲”“动画”“古诗”“片头”，如图 4-37 所示。

（4） 选择“歌曲”图层的第 1 帧，单击“属性”面板，从声音下方的名称处选择已经导入的“小池.MP3”文件，其他设置保持默认，如图 4-38 所示。

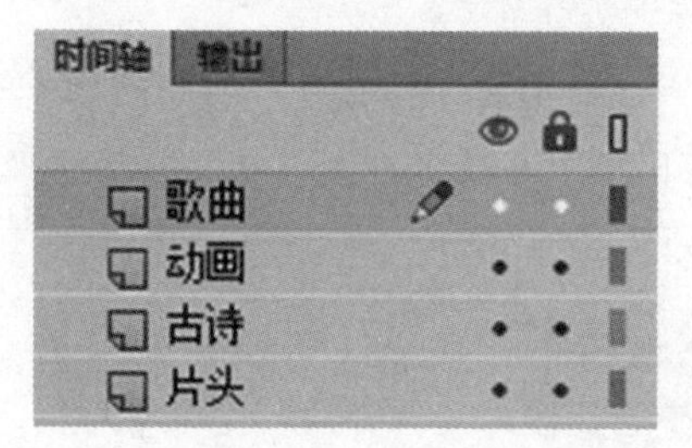

图 4-37

图 4-38

（5） 选择“歌曲”图层的第 3035 帧，按“F5”键，插入普通帧，歌曲图层中将出现波浪状的音频，如图 4-39 所示。

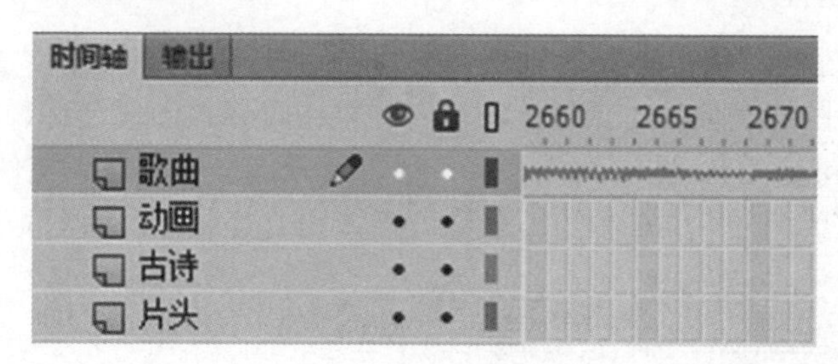

图 4-39

（6） 选择“片头”图层的第 1 帧，选择“文本工具”，设置字体颜色为“#8CD227”，其他设置如图 4-40 所示。在舞台中输入文字“小池”，修改字体大小为 50.0 磅，在舞台中输入文字“作者：杨万里”，如图 4-41 所示。

图 4-40

图 4-41

（7） 选择“片头”图层的第 270 帧，按“F5”键，插入普通帧。

（8） 选择“片头”图层的第 271 帧，按“F6”键，插入空白关键帧，设置笔触颜色为“无”，打开“颜色”面板，单击填充颜色，选择填充类型为“线性渐变”，设置色带的左端色块为浅绿色（#A1D57B），右端色块为深绿色（# 6EB001），如图 4-42 所示。选择“矩形工具”，在舞台中随便绘制一个矩形，接着选择“选择工具”，单击矩形，打开“属性”面板，设置位置和大小，如图 4-43 所示，效果如图 4-44 所示。

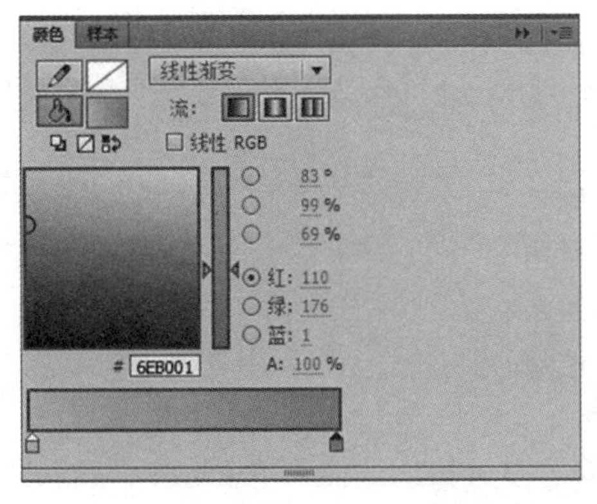

图 4-42

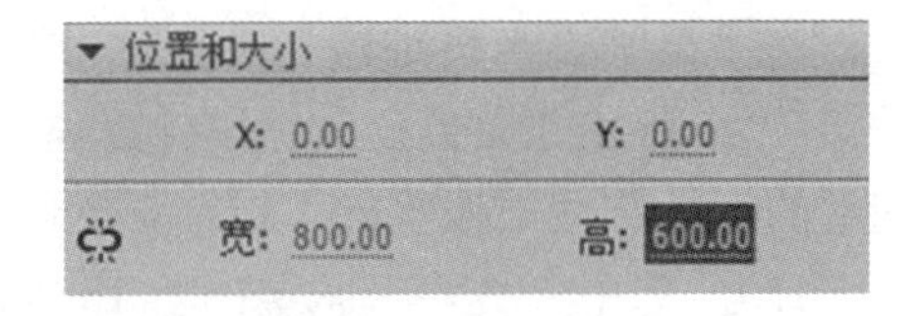

图 4-43

图 4-44

（9） 选择“渐变变形工具”，单击矩形，调整其渐变方向，如图 4-45 所示。

图 4-45

注意　选择“渐变变形工具”，应将鼠标指针移动到“任意变形工具”上，按住鼠标左键不放，直到弹出菜单为止，此时可选择“渐变变形工具”。

（10） 选择“古诗”图层的第 271 帧，按“F6”键，插入空白关键帧，选择“文本工具”，在“属性”面板中设置颜色为白色（#FFFFFF）、字号为 50.0 磅，在舞台上输入文字“泉眼无声惜细流”，拖动“古诗”图层至“动画”图层上方，松开鼠标左键，图层顺序如图 4-46 所示。

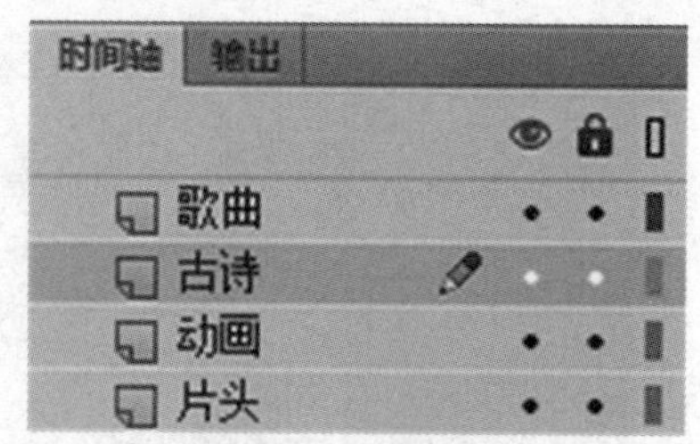

图 4-46

（11） 选择“古诗”图层的第 370 帧、第 475 帧、第 565 帧，分别按“F6”键，选择“文本工具”，单击古诗，将“泉眼无声惜细流”分别修改为“树阴照水爱晴柔”“小荷才露尖尖角”“早有蜻蜓立上头”，选择该图层的第 769 帧，按“F5”键，插入帧。

（12） 选中“古诗”图层的第 1305 帧并右击，从弹出的快捷菜单中选择“插入空白关键帧”命令，接着选择“文本工具”，在舞台上输入古诗“小池　作者：杨万里 泉眼无声惜细流，树阴照水爱晴柔。小荷才露尖尖角，早有蜻蜓立上头。”，如图 4-47 所示。

（13） 选中“古诗”图层的第 270～769 帧并右击，从弹出的快捷菜单中选择“复制帧”命令，选中第 770 帧并右击，从弹出的快捷菜单中选择“粘贴帧”命令。

（14） 复制“古诗”图层的第 270～1304 帧，选中第 1700 帧并右击，从弹出的快捷菜单中选择“粘贴帧”命令。

（15） 单击“片头”图层的第 270 帧，按“Ctrl+L”组合键，打开“库”面板，从“库”面板中将花 1、花 2、叶 1、叶 2、叶 3 拖动到舞台上，如图 4-48 所示。

图 4-47

图 4-48

（16） 选择“动画”图层的第 270 帧，按“F6”键，插入关键帧。按“Ctrl+L”组合键，打开“库”面板，从“库”面板中将“水 1”拖动到舞台上，并利用“任意变形工具”调整大小，如图 4-49 所示。

（17） 选择“动画”图层的第 272 帧，按“F7”键，插入空白关键帧，选择“水 2”并拖动到舞台上，利用“任意变形工具”调整大小，如图 4-50 所示。

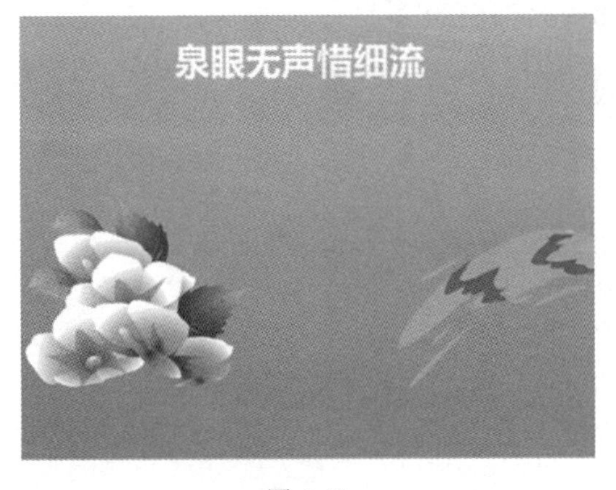

图 4-49

图 4-50

（18） 分别选择“动画”图层的第 274 帧、第 276 帧，按“F7”键，插入空白关键帧，将“水 3”拖动到第 274 帧，将“水 4”拖动到第 276 帧，如图 4-51 和图 4-52 所示。选择第 278 帧，按“F5”键，插入普通帧。

图 4-51

图 4-52

（19） 选择“动画”图层的第 270～278 帧，复制帧，然后选择第 279 帧，粘贴帧。用同样的方法粘贴 11 次，粘贴完成后，“动画”图层的最后一帧为第 366 帧，如图 4-53 所示。

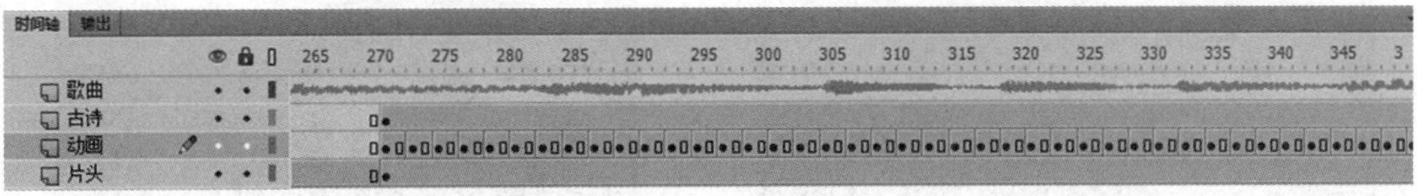

图 4-53

（20） 选择“动画”图层的第 370 帧，按“F7”键，插入空白关键帧，选择“矩形工具”，设置笔触颜色为“无”、填充颜色为棕色（#996600），绘制矩形作为树干，如图 4-54 所示。

图 4-54

（21） 单击“选择工具”，对于矩形下端两个顶点，将左端点向左拖动，右端点向右拖动。如图 4-55 所示，再次将鼠标指针移动到树干两侧，调整其弧度，如图 4-56 所示。

图 4-55

图 4-56

（22） 选择“椭圆工具”，设置笔触颜色为“无”、填充颜色为绿色（#99FF33），绘制 3 个椭圆形作为树冠，如图 4-57～图 4-59 所示。

图 4-57

图 4-58

图 4-59

（23） 选择“动画”图层，在第 474 帧插入关键帧，在第 370～474 帧上右击，在弹出的快捷菜单中选择“创建传统补间”命令，接着选择第 474 帧上的“树”，单击“属性”面板，设置其色调为黄色（#FFFF00），其他设置如图 4-60 所示。

（24） 选择“动画”图层的第 475 帧，按“F7”键，插入空白关键帧，按“Ctrl+L”组合键，打开“库”面板，将其中的荷叶元件拖到舞台上，如图 4-61 所示。

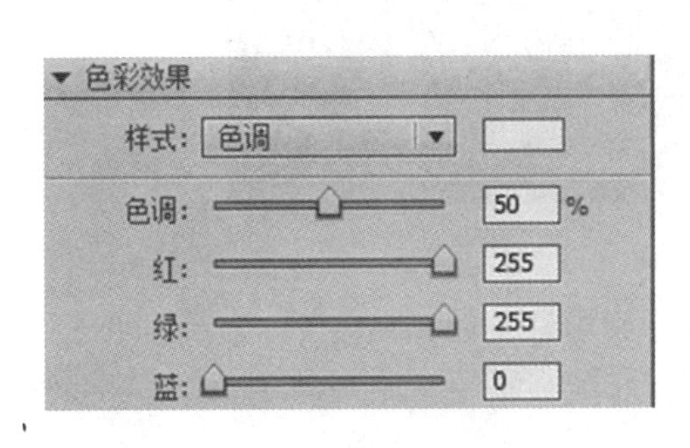

图 4-60

图 4-61

（25） 按“Ctrl+F8”组合键，新建元件，并命名为“荷花”，设置类型为“图形”，如图 4-62 所示。

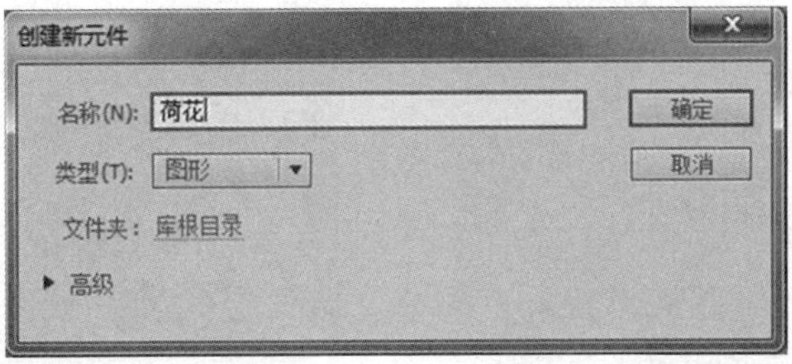

图 4-62

（26） 此时进入荷花元件的编辑环境，选择“线条工具”，将笔触高度设置为 1.0，颜色设置为黑色（#000000），绘制荷花的轮廓，如图 4-63 所示。

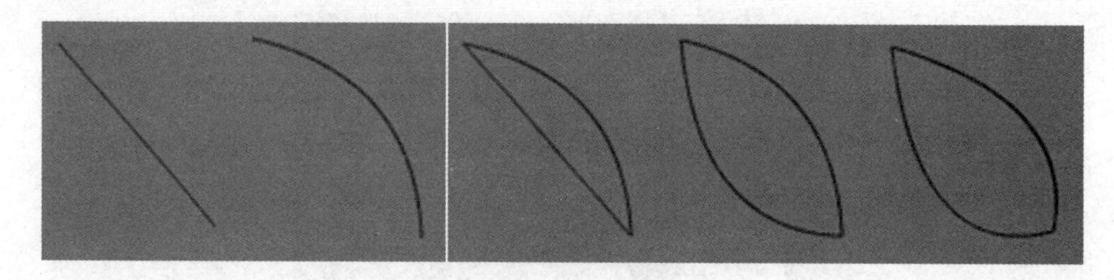

图 4-63

（27） 单击“颜色”面板，设置填充颜色为“线性渐变”，色带左端为深粉色（#FF66CC），右端为浅粉色（# DCC7CA），使用“颜料桶工具”为荷花填充渐变颜色，选择“选择工具”，选择荷花黑色轮廓，将其删除。

（28） 选择“线条工具”，打开“属性”面板，设置笔触高度为 5.0、笔触颜色为深绿色（#02310A），绘制直线作为荷叶杆，选择“选择工具”，调整荷叶杆的弧度，如图 4-64 所示。

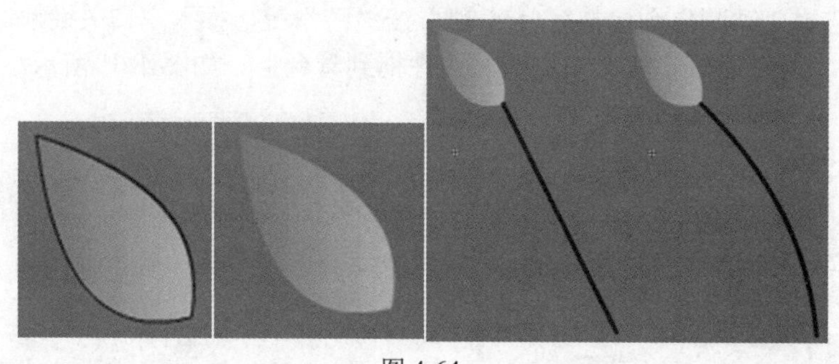

图 4-64

（29） 单击舞台左上角的“场景 1”，继续回到场景 1 的编辑环境，选择“动画”图层的第 475 帧，按“Ctrl+L”组合键，打开“库”面板，将荷花元件拖到舞台上，如图 4-65 所示。

（30） 选择“动画”图层的第 565 帧，按“F6”键，插入关键帧，按下“Ctrl+L”组合键，打开“库”面板，从“库”面板中将“蜻蜓”元件拖动到舞台上，如图 4-66 所示。

图 4-65

图 4-66

（31） 选择“动画”图层的第 769 帧，按“F5”键，插入普通帧。

（32） 选中“动画”图层的第 270～769 帧并右击，从弹出的快捷菜单中选择“复制帧”命令，选中第 770 帧处并右击，从弹出的快捷菜单中选择“粘贴帧”命令。

（33） 选择“动画”图层的第 1305 帧，按“F7”键，插入空白关键帧。

（34） 复制“动画”图层的第 270～1304 帧，选中第 1700 帧并右击，从弹出的快捷菜单中选择“粘贴帧”命令。

（35） 选择“动画”图层的第 3035 帧，按“F5”键，插入普通帧。

（36） 按“Ctrl+F8”组合键新建按钮元件，命名为“重播”，设置类型为“按钮”，如图 4-67 所示。

图 4-67

（37） 此时进入按钮元件编辑环境，选择“椭圆工具”，打开“颜色”面板，设置笔触颜色为“无”，填充类型为“径向渐变”，色带左端颜色为白色（#FFFFFF）、右端颜色为橙色（#FFCC00），在弹起帧按住“Shift”键绘制正圆形，分别选择“指针经过帧”“按下”“点击”，按“F6”键，为其他 3 个帧插入关键帧，选择“指针经过帧”，设置填充颜色为从白色（#FFFFFF）到桃红色（#FF66CC）的径向渐变。

（38） 单击按钮，新建图层，命名为“文字”，选择“文字”图层的“弹起帧”，选择“文本工具”，设置颜色为灰色（#666666）、字号为 40.0 磅，输入文字“重播”，如图 4-68 所示。

图 4-68

（39） 单击舞台左上角的“场景 1”，回到场景 1 的编辑环境。

（40） 选择“古诗”图层的第 3035 帧，按“F7”键，插入空白关键帧，按“Ctrl+L”组合键，打开“库”面板，将“库”面板中的“重播”按钮元件拖动到舞台上，形成一个实例，如图 4-69 所示。

（41） 单击场景上的“重播”按钮，单击“属性”面板，在实例名称文本框中输入“btnreplay”，如图 4-70 所示。

图 4-69

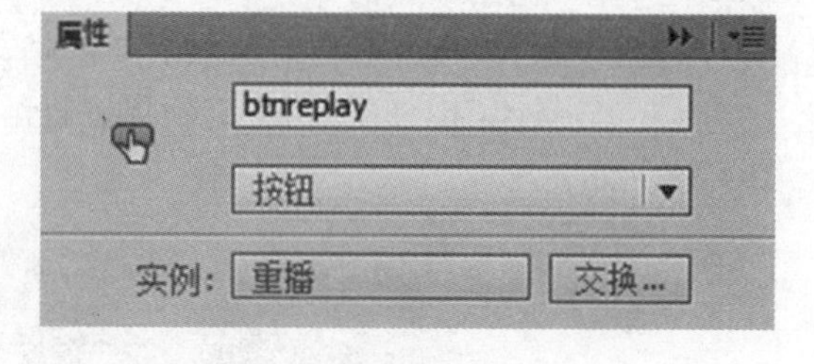

图 4-70

（42） 选中“古诗”图层的第 3035 帧并右击，从弹出的快捷菜单中选择“动作”命令，打开“动作”面板，在其中输入代码，如图 4-71 和图 4-72 所示，添加过动作后的帧上显示“a”。

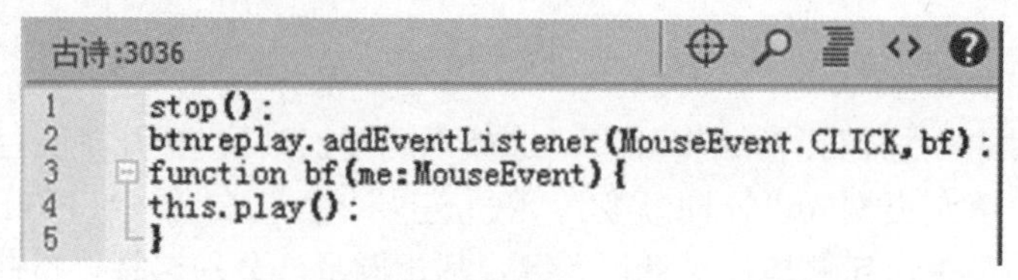

图 4-71

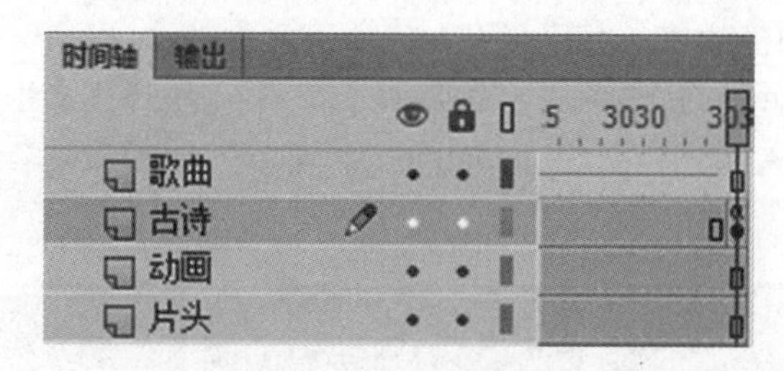

图 4-72

（43） 按“Ctrl+Enter”组合键，测试影片，保存文档。

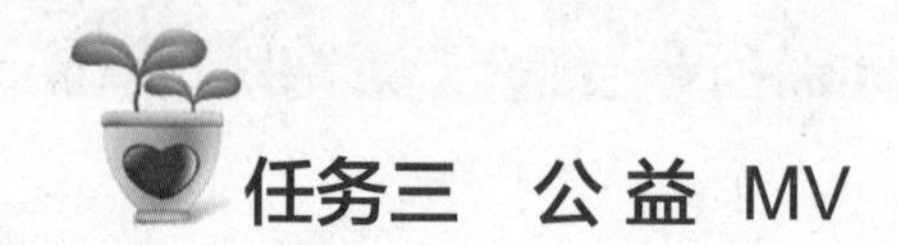

任务三 公益 MV

4.3.1 任务效果及思路分析

本任务需要制作云朵、房子 1、房子 2、香烟元件，并布置场景，如图 4-73 所示。

（1） 新建各个图层。
（2） 制作公路、绿化带。
（3） 制作房子 1、房子 2 元件，并将其布置到场景。
（4） 制作云朵元件，制作传统补间动画。
（5） 制作香烟元件，将其布置到场景。
（6） 制作文字，并为文字添加滤镜。

图 4-73

4.3.2　任务知识和技能

1. 影片剪辑元件

可以把舞台上任何能看到的对象设置成整个时间轴创建一个“影片剪辑”元件，甚至可以把一个影片剪辑元件放置到另外一个影片剪辑元件中。

用户可以把一段动画（如逐帧动画、补间动画）转换为“影片剪辑”元件。

创建影片剪辑的方式主要有以下两种。

（1） 按“Ctrl+F8”组合键或选择“插入”→“新建元件”命令，可以创建影片剪辑元件。

（2） 选择要转换的对象，按“F8”键，或者在其上右击，在弹出的快捷菜单中选择“转换为元件”命令。

2. “滤镜”面板

滤镜是可以应用到对象的图形效果。应用滤镜不仅可以实现投影、斜角、发光、模糊、渐变发光、渐变模糊、调整颜色等多种效果，还可以随时改变其选项。通过“滤镜”面板可对文字制作多种特效。

为文字使用滤镜的方法有以下两种。

（1） 使用文本工具，在舞台上输入文字（这里是静态文本）。

（2） 在“滤镜”面板中单击“+”按钮，其中包括“投影”“模糊”“发光”“斜角”

“渐变发光”“渐变斜角”“调整颜色”特效，选择其中一种进行参数设置。

注意

多种滤镜效果可以配合使用，当多种滤镜配合使用时，需单独对每一种滤镜进行设置。

3. 显示与隐藏图层

观察时间轴的左侧，各图层上方都有一个“眼睛”图标，单击所有图层上方的“眼睛”图标时，所有图层都被隐藏，再次单击该图标将全部显示。单击某个图层与“眼睛”图标对应的黑色圆点时，圆点变成“叉号”，表示该图层被隐藏。当再次单击图层对应的“叉号”时，“叉号”又变成圆点，该图层又被显示出来，如图 4-74 所示。

此外，可通过右击图层，在弹出的快捷菜单中选择“属性”命令，通过单击“显示”框来改变图层的可见性。

4. 锁定与解锁图层

观察时间轴的左侧，各图层上方都有一个锁形图标，单击所有图层上方的锁形图标时，所有图层都被锁定，再次单击该图标将全部可以编辑。单击某个图层与锁形图标对应的黑色圆点时，圆点变成锁形符号，表示该图层被锁定，不能再次被编辑。当再次单击图层对应的锁形符号时，锁形符号又变成圆点，该图层变成可编辑状态，如图 4-75 所示。

5. 显示图层轮廓

观察时间轴的左侧，各图层上方都有一个“矩形”图标，单击所有图层上方的“矩形”图标时，则所有图层都显示为轮廓，再次单击该图标将全部恢复。单击与某个图层“矩形图标”对应的实心彩色矩形时，实心彩色矩形变成“空心彩色矩形”符号，表示该图层显示为轮廓。当再次单击“空心彩色矩形”符号时，“空心彩色矩形”符号将变成实心彩色矩形，该图层将恢复，如图 4-76 所示。

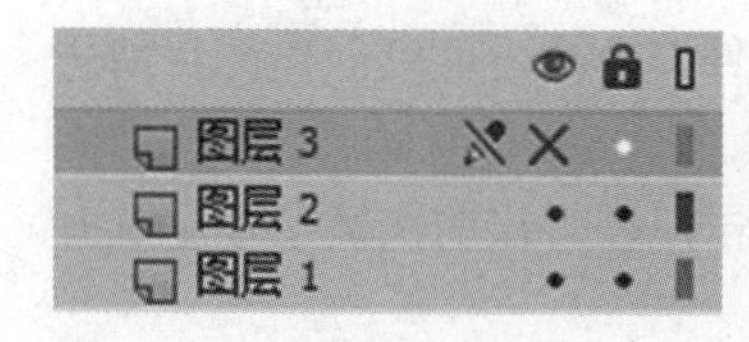

图 4-74

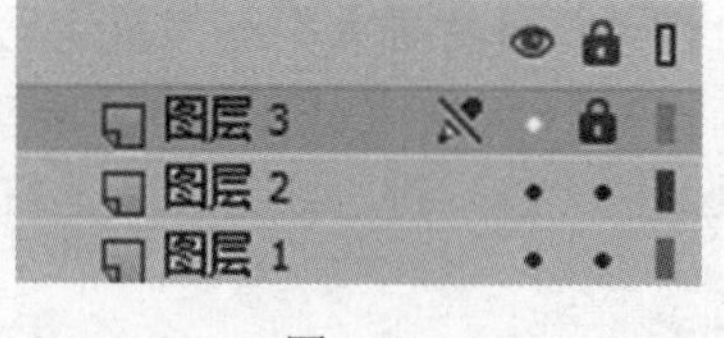

图 4-75

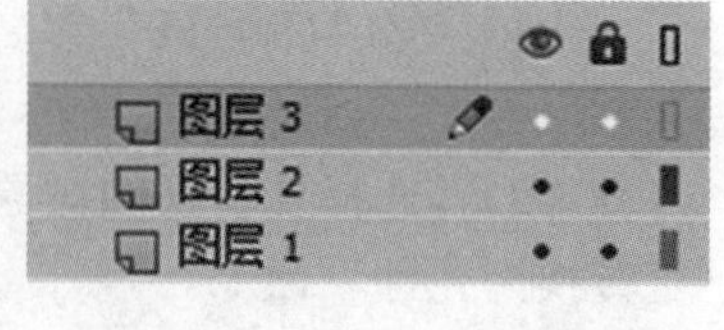

图 4-76

4.3.3 任务实施步骤

（1） 新建一个基于 ActionScript 3.0 的 Flash 文档，选择“修改”→“文档”命令，设置文档大小为 800 像素×600 像素，将背景颜色设置为蓝色（#018CFC）。

（2） 选择“文件”→“导入”→“导入到库”命令，打开“导入到库”对话框，选择“配乐.mp3”文件，导入配乐文件。

（3） 新建 7 个图层，自上至下依次命名为“配乐”“文字”“香烟”“云朵”“洋房”“绿化带”“公路”，如图 4-77 所示。

（4） 选择“配乐”图层的第 1 帧，打开“属性”面板，在“声音”下方选择已导入的“配乐.mp3”文件，如图 4-78 所示，选择“配乐”图层的第 1275 帧，按“F5”键，插入普通帧，则“配乐”图层的第 1～1275 帧处出现波浪形状。

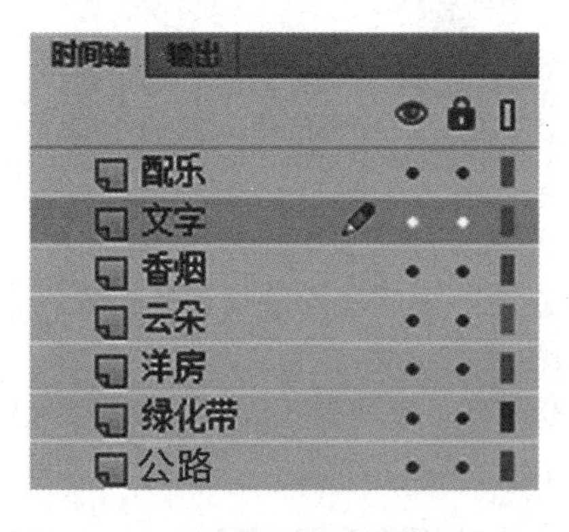

图 4-77

图 4-78

（5） 选择“公路”图层的第 1 帧，选择“矩形工具”，设置笔触颜色为“无”、填充颜色为灰色（#CCCCCC），绘制灰色矩形作为公路，如图 4-79 所示，接着更改填充颜色为白色（#FFFFFF），单击对象绘制模式，绘制多个小矩形作为标志线，如图 4-80 所示。

图 4-79

图 4-80

（6） 选择“公路”图层的第 1275 帧，按“F5”键，插入普通帧。

（7） 选择“绿化带”图层的第 1 帧，保持笔触颜色为“无”，将填充颜色设置为肉粉色（#FED99B），绘制矩形作为土地，接着修改填充颜色为绿色（#92D400），绘制绿色矩形作为绿色草坪，如图 4-81 所示。

（8） 选择“绿化带”图层的第 1275 帧，按“F5”键，插入普通帧。

（9） 按“Ctrl+F8”组合键，创建图形元件，命名为“房子 1”，此时进入“洋房 1”的编辑环境，选择“矩形工具”，取消对象绘制模式（即单击工具箱中的对象绘制按钮），设置笔触颜色为黑色（#FFFFFF）、填充颜色为粉色（# F2D4BB），绘制矩形，如图 4-82 所示。

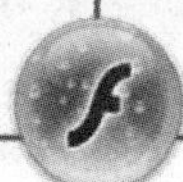

图 4-81

图 4-82

（10） 选择“线条工具”，绘制两条直线与矩形结合，形成屋顶，设置填充颜色为深粉色（#F62F84），使用“颜料桶工具”进行填充，如图 4-83 所示。

（11） 选择“矩形工具”，打开“属性”面板，设置笔触宽度为 6.0、笔触颜色为深粉色（#F62F84）、填充颜色为蓝色（#0F9CBE），如图 4-84 所示。

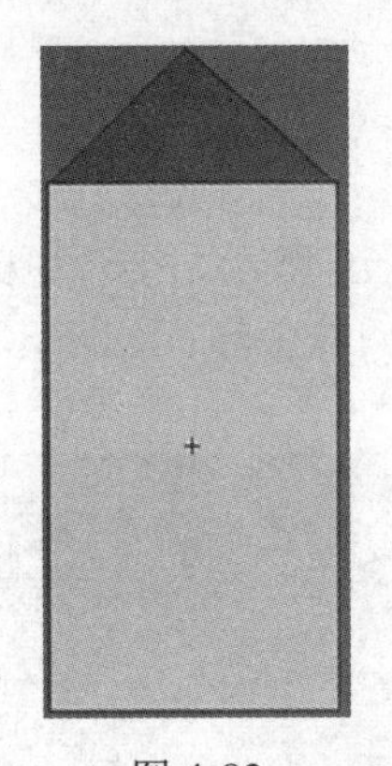

图 4-83

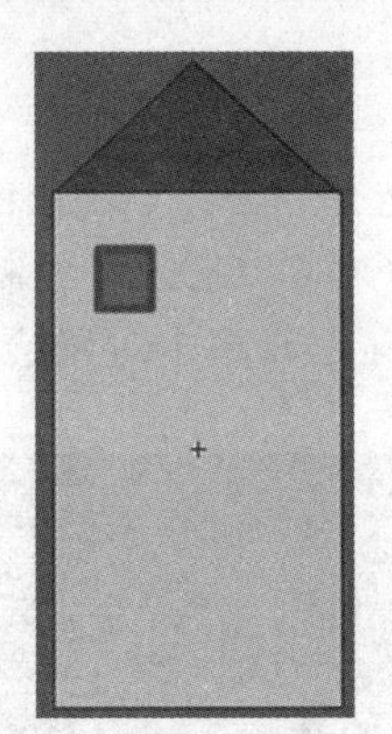

图 4-84

（12） 双击窗户图形，选择窗户，按“F8”键，将其转换为图形类型的元件，并命名为“窗户”，如图 4-85 所示。按“Ctrl+L”组合键，打开“库”面板，从库中将窗户拖动到房子上，效果如图 4-86 所示。

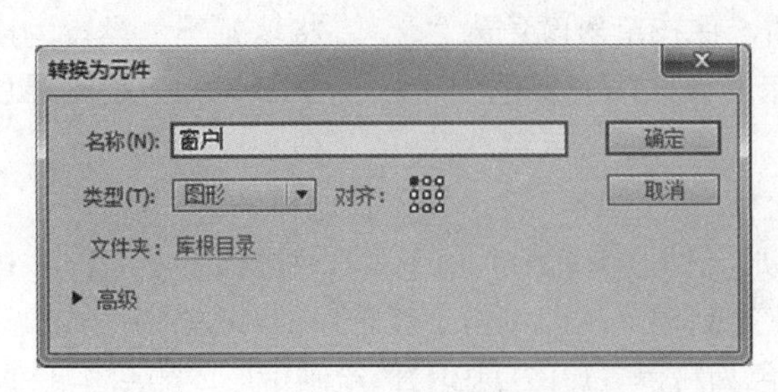

图 4-85

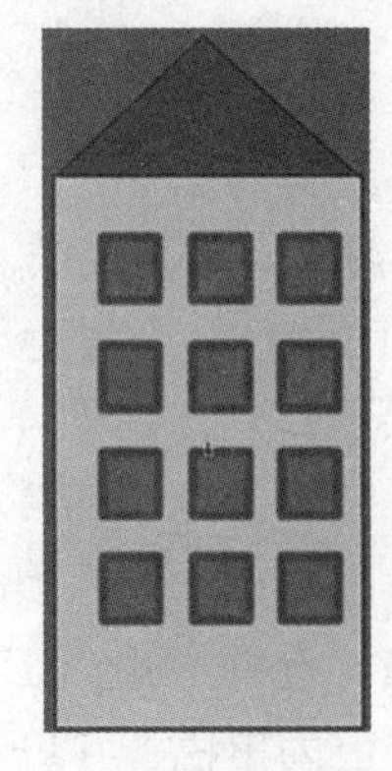

图 4-86

（13） 按“Ctrl+F8”组合键创建图形元件，命名为“房子 2”，如图 4-87 所示。绘制房子 2，设置房子主体颜色为#FFEA67、房顶颜色为绿色（#49B603）、房子轮廓颜色为黑色（#000000）、窗户轮廓颜色为白色（#FFFFFF），当然也可以按自己的喜好选择颜色，绘制完成后效果如图 4-88 所示。

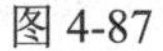
图 4-87

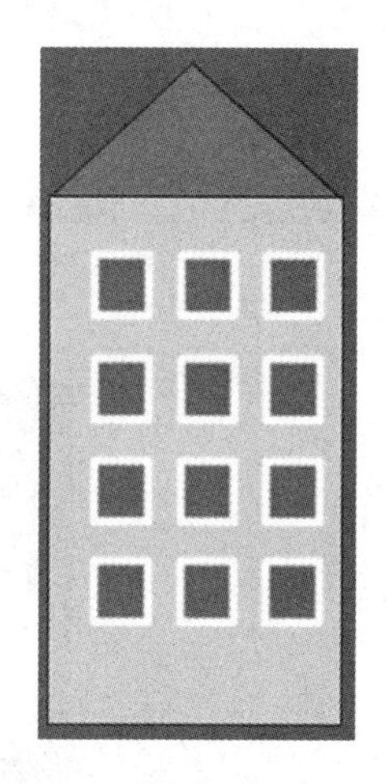

图 4-88

（14） 单击舞台左上角的“场景 1”，回到场景 1 的编辑环境，选择“洋房”图层的第 1 帧，按“Ctrl+L”组合键，打开“库”面板，从“库”面板中将“房子 1”“房子 2”拖动到舞台上，形成 3 座房子，利用“任意变形工具”调整大小，如图 4-89 所示，选择“洋房”图层的第 1275 帧，按“F5”键，插入普通帧。

图 4-89

（15） 按“Ctrl+F8”组合键创建元件，命名为“云朵”，选择“图形”类型，进入“云朵”元件的编辑环境，选择“椭圆工具”，设置笔触颜色为“无”、填充颜色为白色（#FFFFFF），在舞台上绘制 3 个椭圆形成云朵图案。

（16） 单击“选择工具”，选择云朵图案，如图 4-90 所示，选择“修改”→“形状”→“柔化填充边缘”命令，其参数设置如图 4-91 所示，效果如图 4-92 所示。

图 4-90

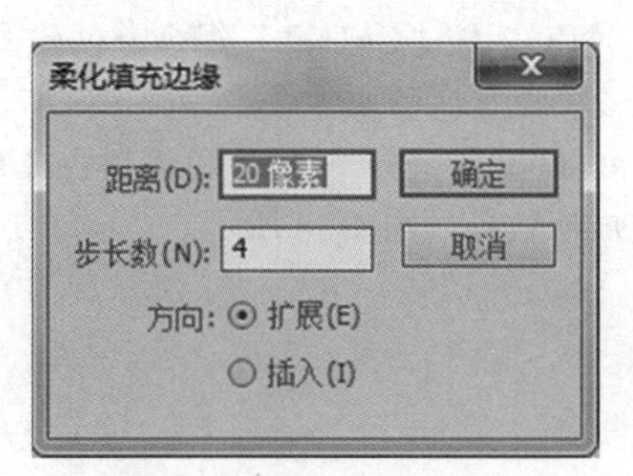

图 4-91

图 4-92

（17） 单击舞台左上角的“场景 1”，回到场景 1 的编辑环境，选择“云朵”图层的第 1 帧，按“Ctrl+L”组合键，打开“库”面板，将库中的“云朵”元件拖到舞台上，形成一个实例，效果如图 4-93 所示，分别选择“云朵”图层的第 600 帧和第 1275 帧，按“F6”键，插入关键帧。然后选中第 1～600 帧的任意一帧并右击，在弹出的快捷菜单中选择“创建传统补间”命令，选中第 601～1275 帧的任意一帧并右击，在弹出的快捷菜单中选择“创建传统补间”命令，最后选择“云朵”图层的第 600 帧，选择“云朵”实例，将其移动到舞台的右侧，如图 4-94 所示。

图 4-93

图 4-94

（18） 按“Ctrl+F8”组合键，创建名称为“香烟”、类型为“影片剪辑”的元件，单击“确定”按钮，进入“香烟”的编辑环境，选择“图层 1”的第 1 帧，选择“矩形工具”，设置填充颜色为“无”、笔触颜色为橙色（#CD6600），在舞台中绘制一个矩形，再选择“线条工具”绘制一条垂直的线段，如图 4-95 所示。

（19）单击“选择工具”，调整矩形左右两端的弧度，如图 4-96 所示。

图 4-95

图 4-96

（20）选择“线条工具”，在矩形左端绘制一条垂直的线条，然后使用“选择工具”将其拉出弧度，如图 4-97 所示。

（21）设置填充颜色为黄色（#FEE301），填充香烟烟杆区域，设置填充颜色为橙色（#CD6600），填充烟蒂区域为暗橙色（#CC9411），效果如图 4-98 所示。

图 4-97

图 4-98

（22）选择“任意变形工具”，调整香烟的倾斜角度，效果如图 4-99 所示。

图 4-99

（23）保持目前处在“香烟”元件的编辑环境，选择“图层 1”的第 10 帧，按“F5”键，插入普通帧。

（24）新建图层，默认名称为“图层 2”，选择“图层 2”的第 1 帧，设置笔触颜色为灰色（#999999），选择“画笔工具”，在香烟左端画两条曲线，如图 4-100 所示。选择图层 2 的第 10 帧，按“F7”键，插入空白关键帧，再次使用“画笔工具”绘制两条线条，如图 4-101 所示。

图 4-100

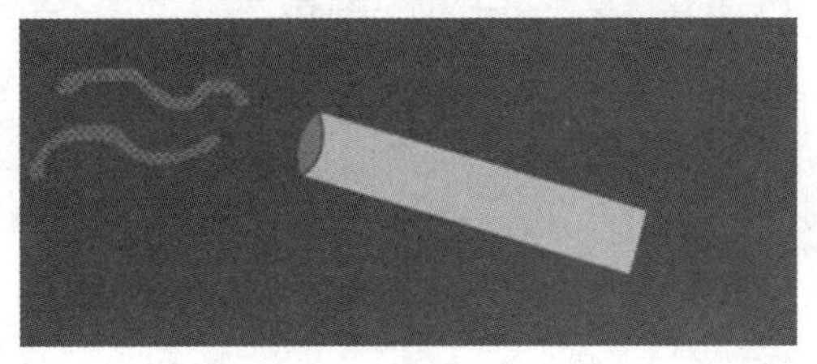

图 4-101

（25） 选中“图层 2”的第 1～10 帧的任意一帧并右击，从弹出的快捷菜单中选择“创建补间形状”命令，如图 4-102 所示。

（26） 单击舞台左上角的“场景 1”，回到场景 1 的编辑环境，选择“香烟”图层的第 1 帧，按“Ctrl+L”组合键，打开“库”面板，把“香烟”元件拖动到舞台上形成实例，效果如图 4-103 所示。

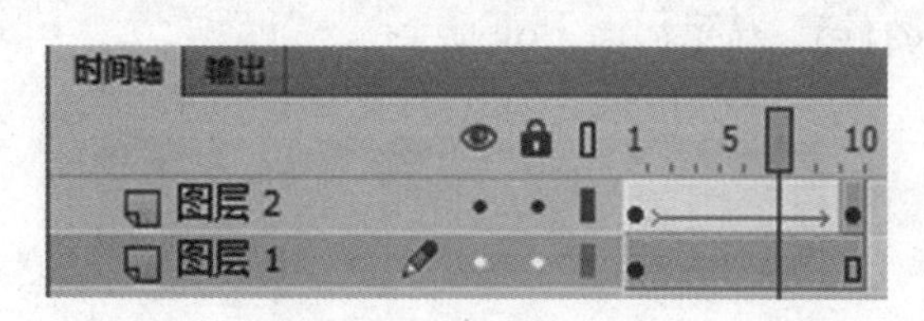

图 4-102

图 4-103

（27） 选择“香烟”图层的第 1275 帧，按“F5”键，插入普通帧。

（28）选择“文字”图层的第 1 帧，打开“属性”面板，设置字体颜色为灰色(#333333)，其他设置如图 4-104 所示。在舞台中输入“远离烟草，健康生活”，效果如图 4-105 所示，保持字体处于被选中状态，打开“滤镜”面板，单击“+”按钮，弹出的菜单如图 4-106 所示，选择“发光”滤镜，设置颜色为黄色（#FFFF00），将“模糊 Y”设置为 30 像素，“强度”设置为 200%，如图 4-107 所示，文字滤镜效果如图 4-108 所示。

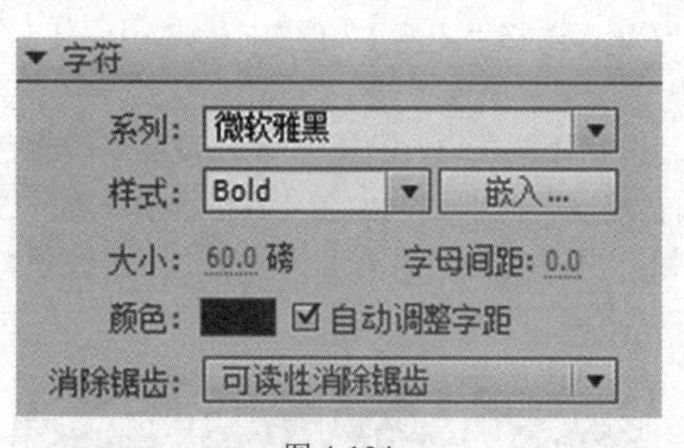

图 4-104

图 4-105

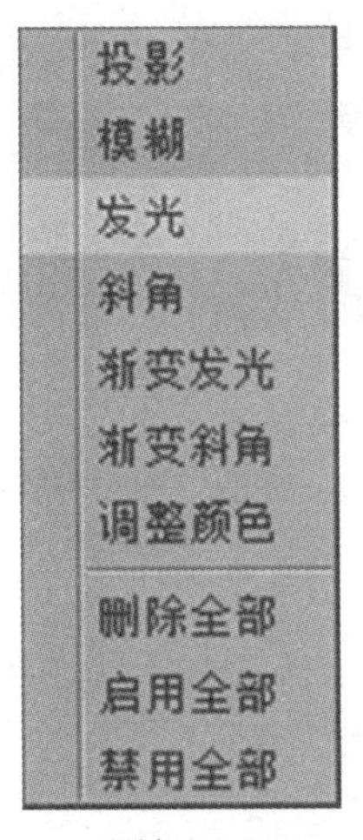

图 4-106

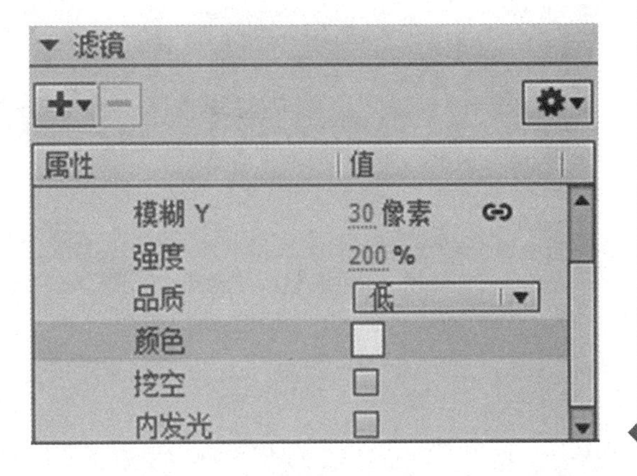

图 4-107

图 4-108

（29） 选择“文字”图层的第 1275 帧，按“F5”键，插入普通帧。

（30） 按“Ctrl+Enter”组合键，测试影片，保存文档。

项目五　广告的制作

Flash动画广泛应用于广告制作中，如网络购物节广告、理财APP广告、饮料广告等。本项目主要介绍广告的制作方法。

学习目标:

- ❖ 实例的相关操作。
- ❖ “库”面板的使用。
- ❖ 动态文本与输入文本的使用。
- ❖ 翻转帧与帧序列。
- ❖ 广告的制作方法。

任务一　网络购物节广告

5.1.1　任务效果及思路分析

本任务需要布置场景、制作影片剪辑元件“一”、绘制熊熊形象、输入广告文本等，借此实现广告效果，如图 5-1 所示。

（1） 绘制矩形作为背景。

（2） 制作影片剪辑元件“一”，实现跑马灯效果。

（3） 输入广告文本。

（4） 绘制“熊熊”形象。

图 5-1

5.1.2　任务知识和技能

1. 复制实例

创建元件之后，元件一旦从元件库中被拖到工作区，就变成了“实例”。一个元件可以创建多个实例，而且每一个实例都有各自的属性。

创建一个五角星形状的图形元件，打开“库”面板（按“Ctrl+L”组合键），将其从库中拖至舞台上即形成了一个实例，如图 5-2 所示。

图 5-2

复制实例主要有以下两种方法。

（1） 选择该实例并右击，从弹出的快捷菜单中选择“复制”命令（或按“Ctrl+C”组合键），接着在空白处右击，从弹出的快捷菜单中选择“粘贴到中心位置”命令（或按“Ctrl+V”组合键）或“粘贴到当前位置”命令（或按“Ctrl+Shift+V”组合键），即可完成实例的复制。

（2） 按住“Alt”键，将实例拖动到所需位置后松开鼠标，即可完成复制。

2. 删除实例

删除实例主要有以下两种方法。

（1）选中舞台上的实例并右击，从弹出的快捷菜单中选择“剪切”命令。

（2）选中舞台上的实例，按“Delete”键即可删除。

3. 设置实例的颜色和透明度

选中舞台上的实例，打开“属性”面板，从“样式”下拉列表中可以选择“亮度”“色调”“高级”“Alpha”等属性进行设置，如图 5-3 所示。

当选择亮度时，默认值为 0%。亮度取值范围为-100%～100%，设置为 100%时，完全为透明；设置为-100%时，完全为黑色，如图 5-4 所示。

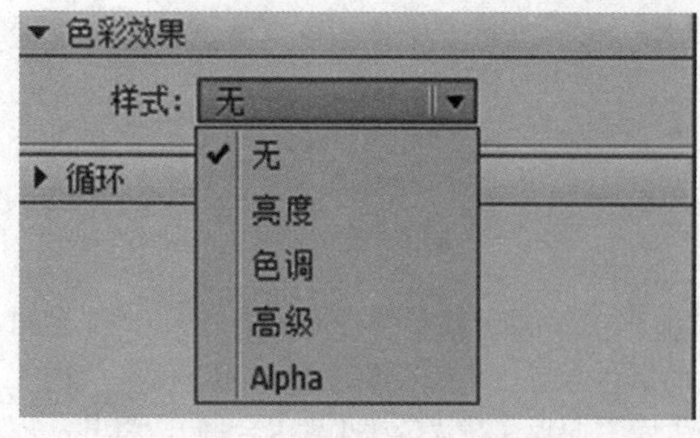

图 5-3

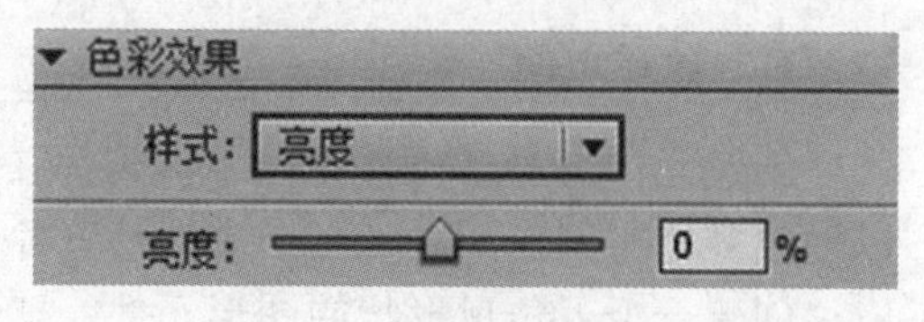

图 5-4

当选择色调时，默认取值为 50%。色调取值范围为 0%～100%，调整红、绿、蓝的色彩值，可以改变实例的色调，如图 5-5 所示。

当选择 Alpha 时，可以改变实例的透明度。Alpha 取值范围为 0%～100%，设置为 0%时，为完全透明，即实例不可见；设置为 100%时，实例完全可以看到，即完全不透明，如图 5-6 所示。

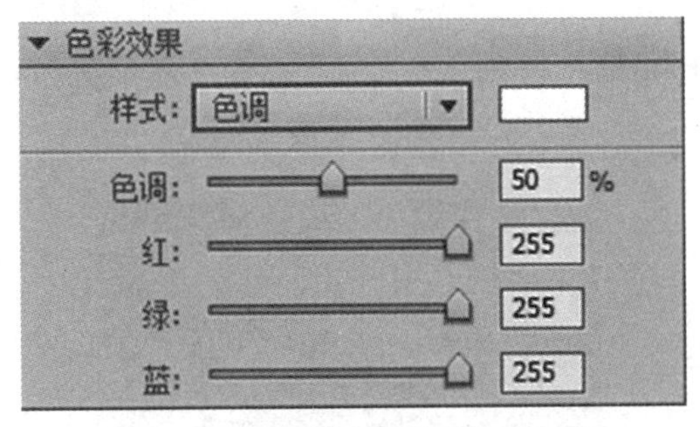

图 5-5

图 5-6

4. 改变实例的类型

单击舞台上的实例，单击“属性”面板，在“属性”面板中单击“实例名称”下面的类型下拉按钮，弹出的下拉菜单中有“图片”“按钮”“影片剪辑”3 种类型，可根据需要进行选择，如图 5-7 所示。

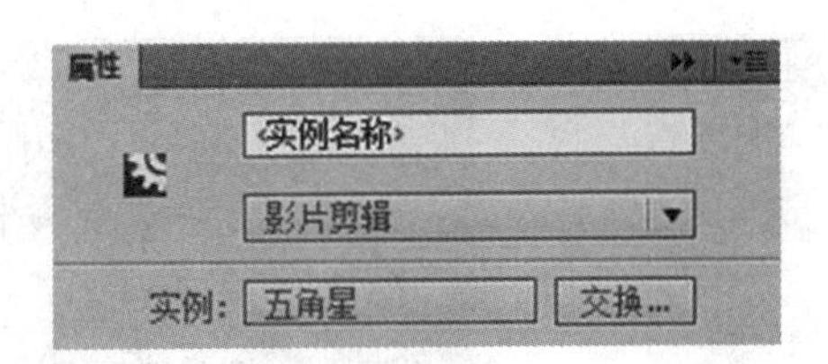

图 5-7

5. 分离实例

选中舞台上的实例并右击，从弹出的快捷菜单中选择“分离”命令（或按“Ctrl+B”组合键），即可实现实例分离。

6. 交换实例

选择舞台上的实例，单击“属性”面板，在“属性”面板中单击“交换”按钮，可选择库中其他元件进行交换，单击“确定”按钮，如图 5-8 所示。

或者右击该实例，从弹出的快捷菜单中选择“交换元件”命令，也可实现交换实例。

图 5-8

5.1.3 任务实施步骤

（1） 新建一个基于 ActionScript 3.0 的 Flash 文档，选择“修改”→“文档”命令，设置文档大小为 800 像素×600 像素。

（2） 单击时间轴左下角的“新建图层”按钮，如图 5-9 所示。新建 4 个图层，从上至下依次命名为“熊熊”“购物狂欢节”“双十一”“背景”，如图 5-10 所示。

图 5-9

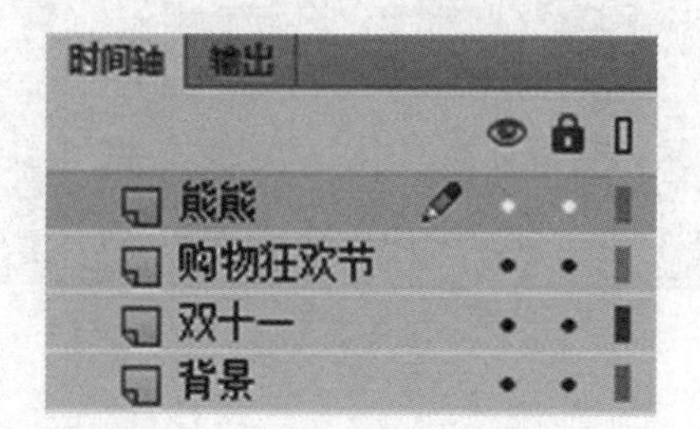

图 5-10

（3） 选择“背景”图层的第 1 帧，选择“矩形工具”，打开“颜色”面板，设置笔触颜色为无、填充颜色为“径向渐变”，渐变颜色从左端浅粉色（#D80274）到右端深粉色（#A3013F），如图 5-11 所示，绘制一个与舞台同等大小的矩形，如图 5-12 所示。

图 5-11

图 5-12

绘制一个与舞台同等大小的矩形，可以先绘制一个任意大小的矩形，然后选择矩形，单击“属性”面板，设置 *X* 坐标为 0、*Y* 坐标为 0，宽为 800.00、高为 600.00，那么此时矩形与舞台正好重叠。

（4） 选择“插入”→“新建元件”命令（或按“Ctrl+F8”组合键），创建影片剪辑类型的元件，并命名为“一”，打开的“创建新元件”对话框如图 5-13 所示，单击“确定”按钮，进入元件“一”的编辑环境。

（5） 选择元件“一”的图层 1 的第 1 帧，选择“矩形工具”，设置笔触颜色为“无”、填充颜色为黄色（#FFFF00），在舞台上绘制一个小的正方形（此时按住“Shift”键绘制矩形可得到正方形），如图 5-14 所示。

图 5-13

图 5-14

（6） 选中黄色正方形并右击，从弹出的快捷菜单中选择“转换为元件”命令（或按“F8”键），打开“转换为元件”对话框，如图 5-15 所示，设置名称为“正方形”、类型为“图形”，单击“确定”按钮完成元件转换，此时黄色正方形外侧出现蓝色边框线，如图 5-16 所示。

图 5-15

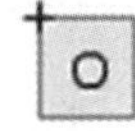

图 5-16

（7） 选择舞台上的黄色正方形（即“正方形”元件的实例），按“Ctrl+C”组合键一次，此时完成了实例的复制，再按“Ctrl+V”组合键 11 次（此时复制得到 11 个实例，但只能看到一个，是因为它们重叠在一起了），接着选择“选择工具”，将 12 个正方形排列成一个阿拉伯数字“1”，如图 5-17 所示。

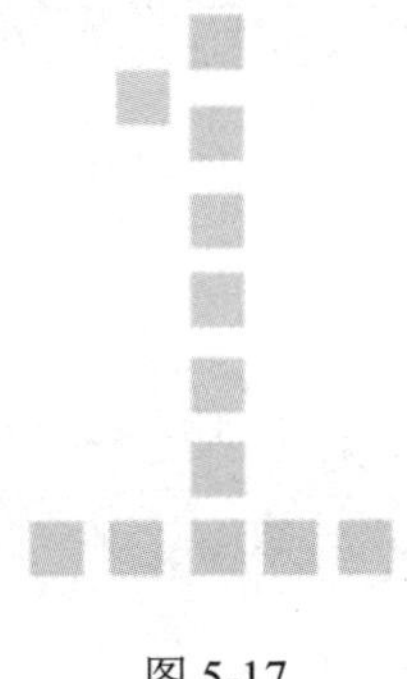

图 5-17

（8） 单击“选择工具”，选择图层 1 的第 1～12 帧，按“F6”键（或在其上右击，从弹出的快捷菜单中选择“插入关键帧”命令)，此时在第 2～12 帧的每一个帧上插入关键帧，如图 5-18 所示。

图 5-18

选择多个帧时，单击“选择工具”，在要选择的第 1 帧上右击，不要松开，一直拖动到最后一个帧时，松开鼠标，此时可以选择多个帧。

(9) 如果在第 1 帧上单击后，松开鼠标，再拖动它，则会将第 1 帧移动到后面的位置。按“Ctrl+F8”组合键，创建元件，设置名称为“圆形”、类型为“图形”，如图 5-19 所示，效果如图 5-20 所示。

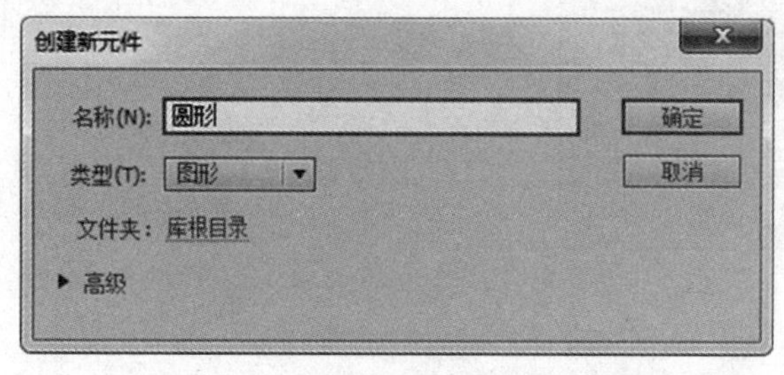

图 5-19

图 5-20

(10) 按“Ctrl+L”组合键，打开“库”面板（或选择“窗口”→“库”命令），如图 5-21 所示，双击元件“一”，进入元件“一”的编辑环境。

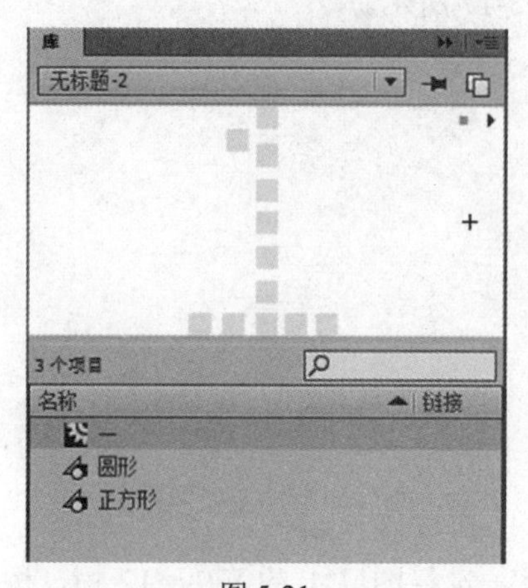

图 5-21

（11） 选择元件“一”的“图层 1”的第 1 帧，在第 1 个正方形上右击，从弹出的快捷菜单中选择“交换元件”命令，打开如图 5-22 所示的“交换元件”对话框。选择“圆形”元件，单击“确定”按钮，交换后的效果如图 5-23 所示。

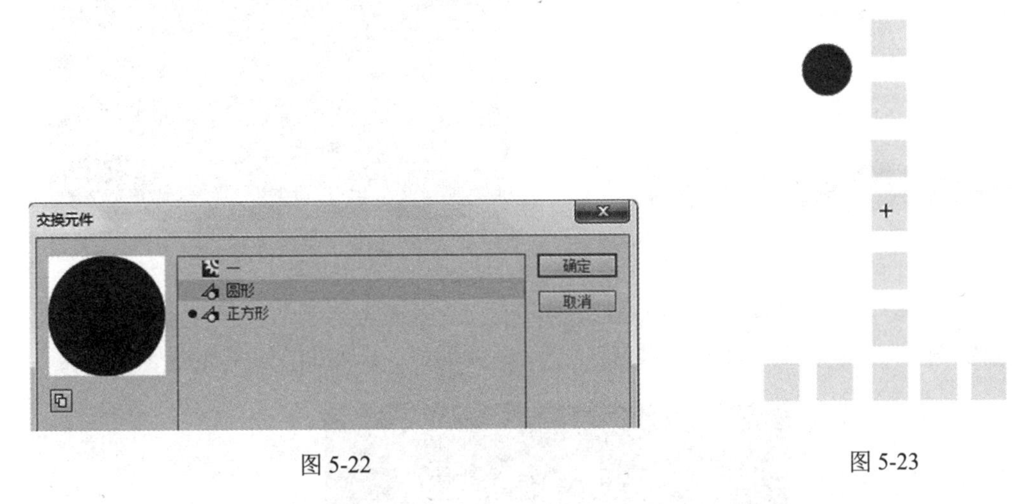

图 5-22　　　　图 5-23

（12） 选择第 2 帧，选中第 2 个正方形并右击，从弹出的快捷菜单中选择“交换元件”命令，将“正方形”元件交换为“圆形”元件，如图 5-24 所示。依次选择第 3～12 帧，选择第 3～12 个正方形（顺序如图 5-25 所示），交换为“圆形”元件。

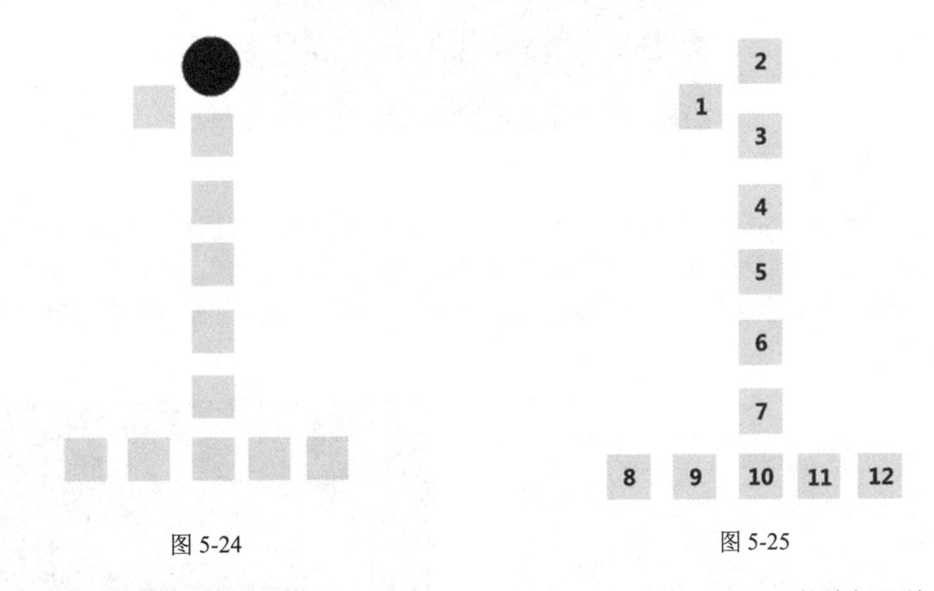

图 5-24　　　　图 5-25

（13） 单击舞台左上角的“场景 1”，如图 5-26 所示，回到场景 1 的编辑环境，选择“双十一”图层的第 1 帧，按“Ctrl+L”组合键，打开“库”面板。将元件“一”拖到舞台上一次，形成一个实例，如图 5-27 所示。

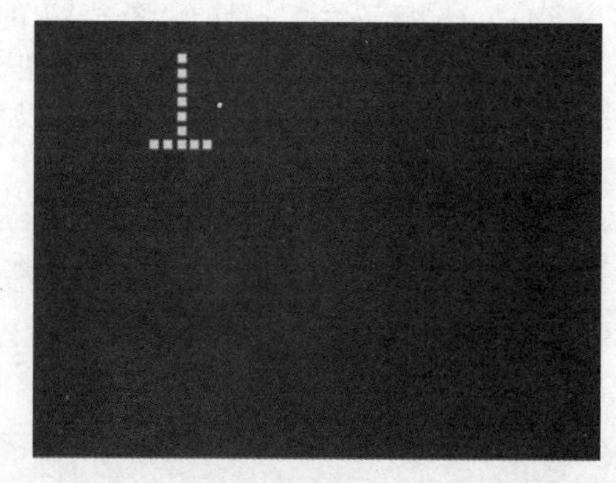

图 5-26　　图 5-27

（14） 选择“双十一”图层的第 1 帧，选择图 5-27 所示的数字“1”（此处为元件“一”所形成的实例），按住“Alt”键的同时进行拖动，形成另外 3 个实例，效果如图 5-28 所示。

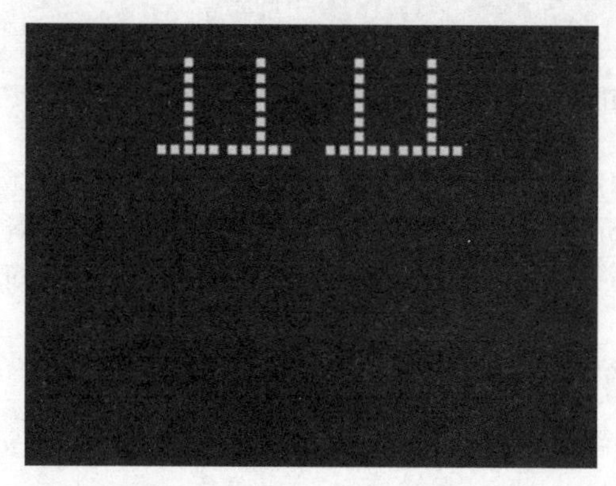

图 5-28

（15） 选择“工具”面板中的“文本工具”，单击“属性”面板，设置字体颜色为“#FCD70E”，字体大小为“10.00”磅、字体系列为“微软雅黑”、样式为“Bold”，如图 5-29 所示，选择“购物狂欢节”图层的第 1 帧，在舞台上输入“熊熊购物狂欢节”，如图 5-30 所示。

图 5-29　　图 5-30

（16） 保持“字体工具”被选中，修改字体颜色为白色（#FFFFFF）、字体大小为“20.0磅”、字体系列为“微软雅黑”、样式为“Bold”，如图 5-31 所示。选择“熊熊购物狂欢节”图层的第 1 帧，继续输入“活动时间：2020.11.09-2020.11.11 限时限量亏本大抢购”，如图 5-32 所示。

图 5-31

图 5-32

（17） 选择“背景”图层的第 1 帧，选择“矩形工具”，设置笔触颜色为“无”、填充颜色为红色（#FF0030），绘制一个红色矩形，效果如图 5-33 所示。

（18） 选择“熊熊”图层的第 1 帧，选择“矩形工具”，设置笔触颜色为“无”、填充颜色为黑色（#000000），绘制一个黑色矩形，效果如图 5-34 所示。

图 5-33

图 5-34

（19） 单击“工具”面板中的“选择工具”，将鼠标指针移到长方形的角上，按“Ctrl”键的同时向内拖动，绘制两个角，如图 5-35 所示。

（20） 继续保持选中“选择工具”，移动鼠标指针到各个线段正中间的位置，指针附近出现“弧形”时向外拖动，使直线变成弧线，如图 5-36 所示。

（21） 选择“椭圆工具”，单击“工具”面板下端的“对象绘制”按钮，设置笔触颜色为“无”、填充颜色为白色（#FFFFFF），绘制两个正圆形（按住“Shift”键）作为眼白，如图 5-37 所示。

（22） 继续选择“椭圆工具”，保持“对象绘制模式”，设置笔触颜色为“无”、填充颜色为黑色（#000000），绘制两个黑色的椭圆形作为眼珠，如图 5-38 所示。

图 5-35

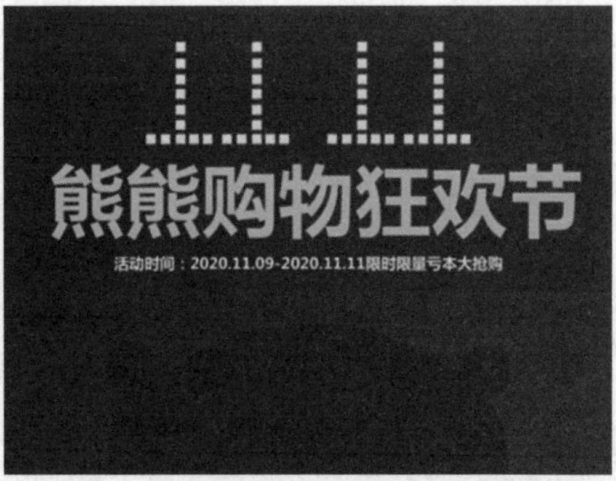

图 5-36

图 5-37

图 5-38

（23） 保持“对象绘制模式”，选择“椭圆工具”，设置笔触颜色为“无”，填充为白色（#FFFFFF），绘制一个正圆形作为熊的鼻子（正圆形的上半部位于舞台上，下半部位于舞台外，因此测试时只能看到一个半圆形作为鼻子），如图 5-39 所示。

图 5-39

（24） 按“Ctrl+Enter”组合键，测试影片。

任务二　理财 APP 广告

5.2.1　任务效果及思路分析

本任务需要绘制背景，制作三角形影片剪辑元件，输入文本，制作熊熊卡通形象等来实现理财广告效果，如图 5-40 所示。

（1） 用“矩形工具”绘制背景。

（2） 制作旋转的三角形影片剪辑。

（3） 输入文本。

（4） 制作熊熊图形元件。

（5） 制作文本动画。

图 5-40

5.2.2　任务知识和技能

1. “库”面板

在制作 Flash 动画时，经常需要将所绘制的文件整合在一起，这时就需要一个管理者，在 Flash 软件中把这个管理者称为“库”。“库”面板默认情况下如图 5-41 所示。当单击“库”面板时，将会打开“库”面板，如图 5-42 所示。“库”面板中有导入的图片、视频、音频文件、创建的元件（包括图形元件、影片剪辑元件、按钮元件）等。当“库”面板没有显示时，可通过选择“窗口”→“库”命令，或者按“Ctrl+L”组合键，打开“库”面板。

图 5-41

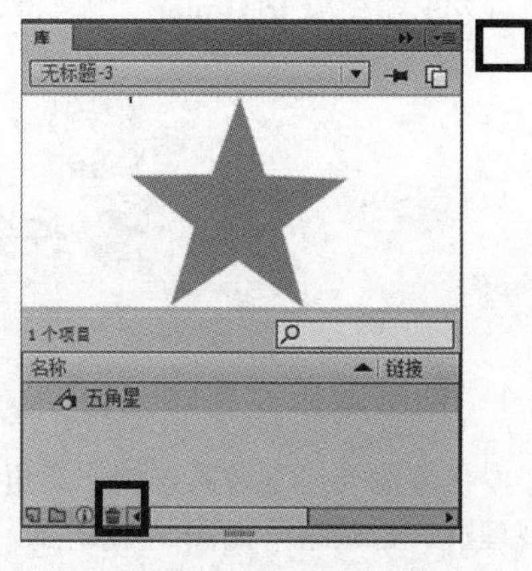

图 5-42

2. 使用"库"面板管理资源

打开"库"面板时，单击右上角的菜单项，可以从下拉菜单中选择"新建元件""删除""重命名""直接复制"等命令完成创建元件、删除资源（可以是元件、视频、图片、音频文件等）、重命名元件或资源、复制资源等功能。

此外，"库"面板的左下角有"新建元件""新建文件夹""删除"按钮，通过这些按钮可以对库中的资源进行整理。

3. 使用文件夹管理文件

打开"库"面板后，单击"库"面板中的菜单项，从下拉菜单中选择"新建文件夹"命令，或者单击"库"面板左下角的"新建文件夹"按钮，可以对库中的资源进行分类，将相似或具有相关性的资源拖至一个文件夹中。

5.2.3 任务实施步骤

（1） 新建一个基于 ActionScript 3.0 的 Flash 文档，选择"修改"→"文档"命令，将文档大小设置为 800 像素×600 像素，其他参数保持默认设置。

（2） 再新建两个图层，即"图层 2""图层 3"，从上到下分别命名为"熊熊""文字""背景"，如图 5-43 所示。

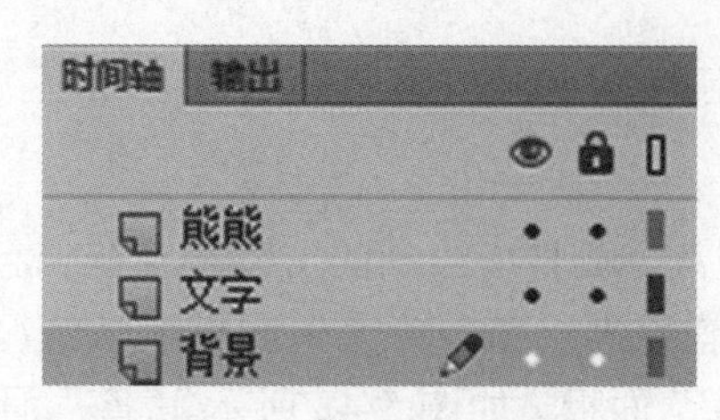

图 5-43

（3） 选择"背景"图层的第 1 帧，设置笔触颜色为"无"、填充颜色为"#78BBE8"，选择"矩形工具"在舞台上绘制一个矩形（大小、位置任意），打开"属性"面板，单击该矩形，设置矩形的位置和大小，如图 5-44 所示，此时矩形正好与舞台重合，如图 5-45 所示。

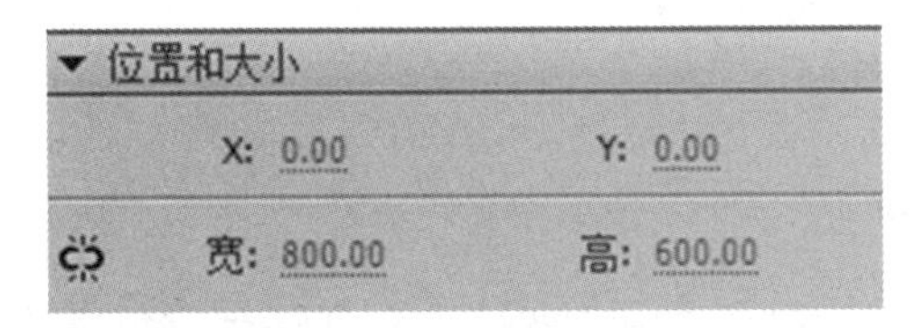

图 5-44

图 5-45

（4） 按“Ctrl+F8”组合键，创建元件，将元件命名为“三角形”，设置类型为“影片剪辑”，如图 5-46 所示。

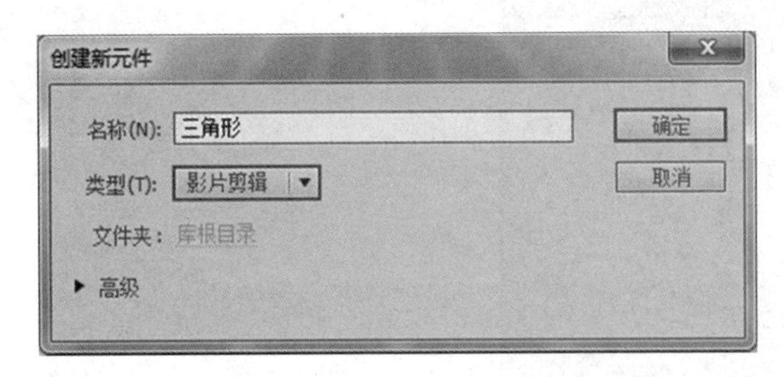

图 5-46

（5） 设置笔触颜色为“无”、填充颜色为“#99D2EE”，选择“多角星形工具”，打开“属性”面板，单击“选项”按钮，打开“工具设置”对话框，如图 5-47 所示、设置样式为“多边形”、边数为“3”，单击“确定”按钮，选择“三角形”元件中图层 1 的第 1 帧，在舞台上绘制一个三角形，如图 5-48 所示。

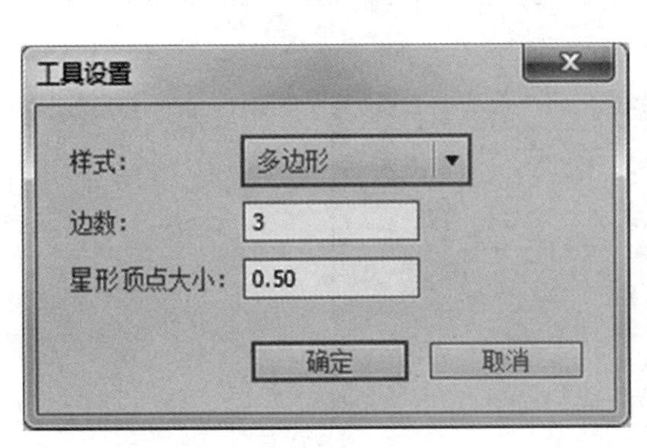

图 5-47

图 5-48

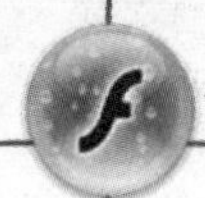

（6） 单击“选择工具”，移动鼠标指针到舞台上，调整三角形顶点的位置，效果如图 5-49 所示。

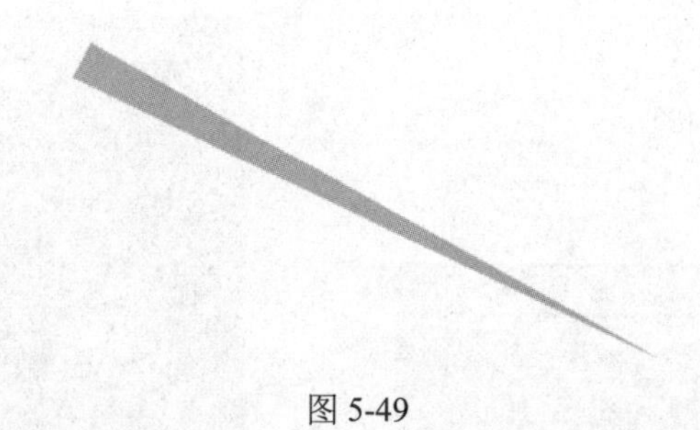

图 5-49

（7） 选择“任意变形工具”，单击三角形，调整“中心变换点”到舞台三角形顶点位置，按“Ctrl+T”组合键，打开“变形”面板，设置旋转角度为“20”，如图 5-50 所示，单击“重置选取与变形”按钮 17 次，使三角形环绕一周，如图 5-51 所示。

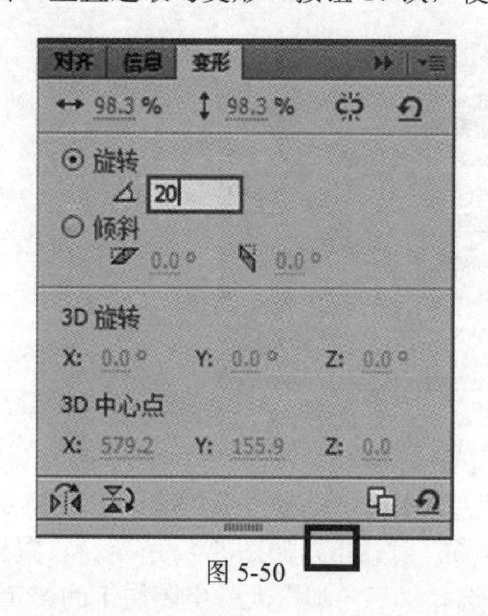

图 5-50

图 5-51

（8） 保持在“三角形”的编辑环境中，选择“图层 1”的第 150 帧，按“F6”键，插入关键帧，在第 1～150 帧的任意一帧上右击，从弹出的快捷菜单中选择“创建传统补间”命令，打开“属性”面板，在“旋转”下拉列表框中选择“顺时针”命令，如图 5-52 所示。

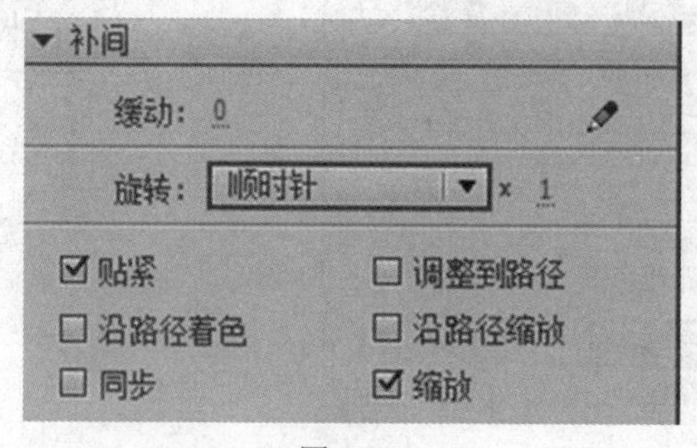

图 5-52

（9） 单击舞台左上角的“场景一”，回到场景一的编辑环境，按“Ctrl+L”组合键，打开“库”面板，把“三角形”元件从库中拖到舞台上，按“Ctrl+K”组合键，打开“对齐”面板，选择“水平中齐”“垂直中齐”命令，效果如图 5-53 所示，“对齐”面板如图 5-54 所示。

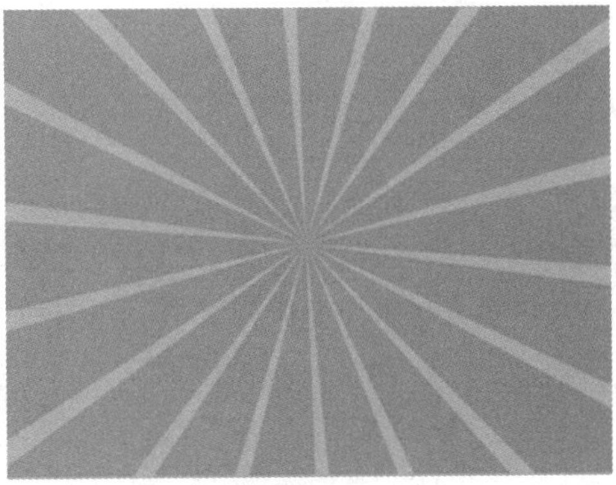

图 5-53

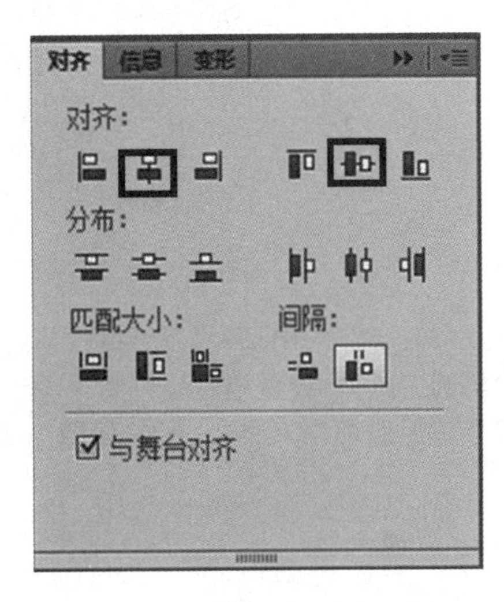

图 5-54

（10） 选择“文字”图层的第 1 帧，设置字体颜色为白色（#FFFFFF），其他设置如图 5-55 所示，在舞台上分别输入“备用金快完了”（字体大小为 40.0 磅）、“工资不够花啊”（字体大小为 30.0 磅）、“老婆本还没有存够”（字体大小为 40.0 磅）、“年终奖存在哪里呢”（字体大小为 30.0 磅），如图 5-56 所示。

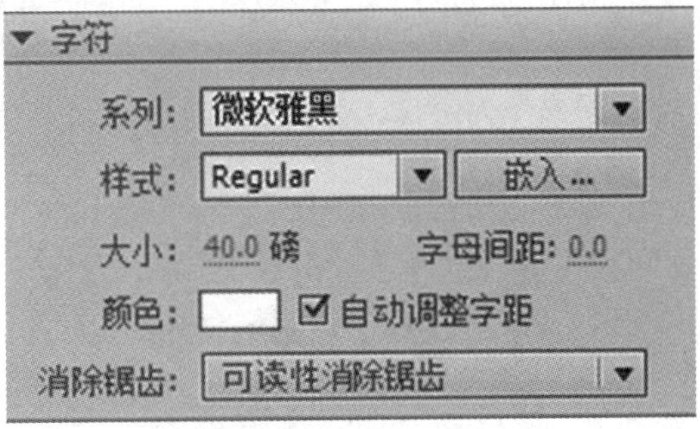

字符
系列: 微软雅黑
样式: Regular 嵌入...
大小: 40.0 磅 字母间距: 0.0
颜色: 自动调整字距
消除锯齿: 可读性消除锯齿

图 5-55

图 5-56

（11） 选择“背景”图层的第 150 帧，按“F6”键，插入关键帧，选择“文字”图层的第 150 帧，按“F6”键，插入关键帧，选择“文字”图层上的第 150 帧，将场景上的文字拖动到舞台的左侧，如图 5-57 所示，在第 1～150 帧上右击，从弹出的快捷菜单中选择“创建传统补间”命令。

图 5-57

（12） 按“Ctrl+F8”组合键，新建元件，设置名称为“熊熊”、元件类型为图片，选择“椭圆工具”，设置笔触颜色为“无”，填充颜色为“#ECD9CD”，打开“属性”面板，设置“矩形选项”为“50.00”，如图 5-58 所示，绘制一个圆角矩形作为脸部，如图 5-59 所示。

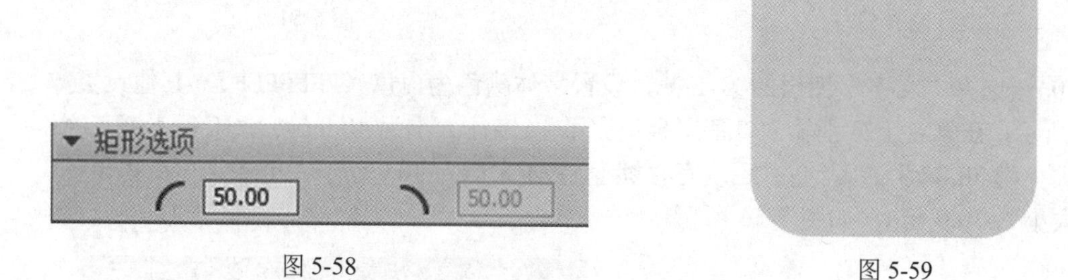

图 5-58　　图 5-59

（13） 修改填充颜色为白色（#FFFFFF），绘制圆形作为两个眼眶和嘴巴，如图 5-60 所示。

（14） 修改填充颜色为黑色（#000000），绘制圆形作为眼珠，如图 5-61 所示。

图 5-60　　图 5-61

（15） 再次修改填充颜色为白色（#FFFFFF），绘制圆形作为眼珠上的闪光部分，如图 5-62 所示。

（16） 再次修改填充颜色为“#EBB9B5”，绘制两个圆形作为腮红，如图 5-63 所示。

图 5-62

图 5-63

（17） 再次修改填充颜色为“#FEE687”，绘制两个圆形作为耳朵，如图 5-64 所示。

（18） 修改填充颜色为“#E78944”，如图 5-46 所示。选择“多角星形工具”，打开“属性”面板，单击“选项”按钮，打开“工具设置”对话框，设置样式为多边形、边数为“3”，单击“确定”按钮，绘制一个三角形位于脸部上方，如图 5-65 所示。

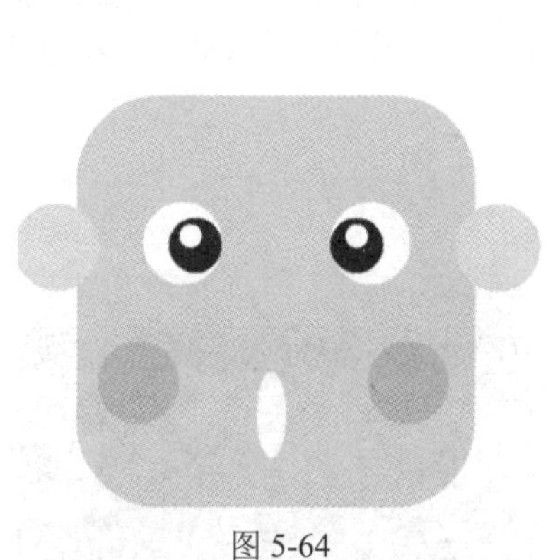
图 5-64

图 5-65

（19） 修改填充颜色为“#FDB945”，绘制一个三角形，如图 5-66 所示。

（20） 修改填充颜色为“#1AC9BA”，绘制一个三角形，如图 5-67 所示。

图 5-66

图 5-67

（21） 修改填充颜色为“#ABB5BA”，绘制一个三角形，如图 5-68 所示。

（22） 单击“场景一”，回到场景一的编辑环境，按“Ctrl+L”组合键，打开“库”面板，选择“熊熊”图层的第 1 帧，把“熊熊”元件拖到舞台上，如图 5-69 所示。

图 5-68

图 5-69

（23） 选择“熊熊”图层的第 150 帧，按“F6”键，插入关键帧。

（24） 将“文字”图层拖至“熊熊”图层的上方，调整图层的顺序，如图 5-70 和图 5-71 所示。

图 5-70

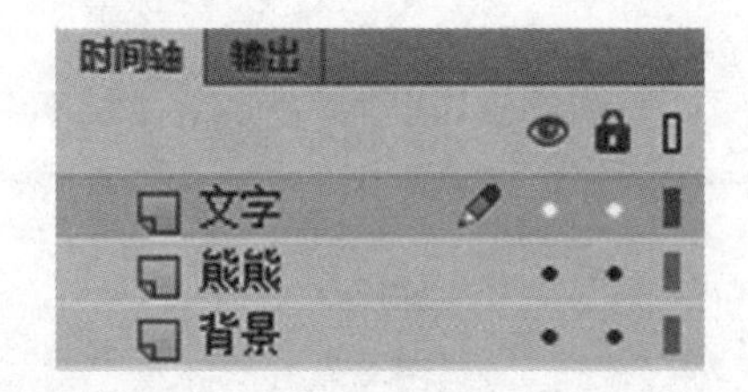

图 5-71

（25） 选择“背景”图层的第 150 帧（此时 150 帧是关键帧），选择矩形区域，更改矩形颜色为“#1BCBBC”，如图 5-72 所示。

图 5-72

（26）选择第 150 帧上的三角形实例，按“Ctrl+B”组合键将其分离，修改三角形的颜色为#6AE6DF，如图 5-73 所示。

（27）选择“熊熊”图层的第 150 帧，选择舞台上“熊熊”元件产生的实例，选择“任意变形工具”，按住“Shift”键等比例缩放“熊熊”图形，如图 5-74 所示。

图 5-73

图 5-74

（28）选择“熊熊”图层的第 250 帧，按“F5”键，插入普通帧，选择文字图层的第 151 帧，按“F7”键插入空白关键帧，选择文字工具，设置字体颜色为白色（#FFFFFF），其他设置如图 5-75 所示，在舞台上输入“让你的钱聪明起来”，修改字体大小为“80.0 磅”，继续输入“熊熊理财”，效果如图 5-76 所示。

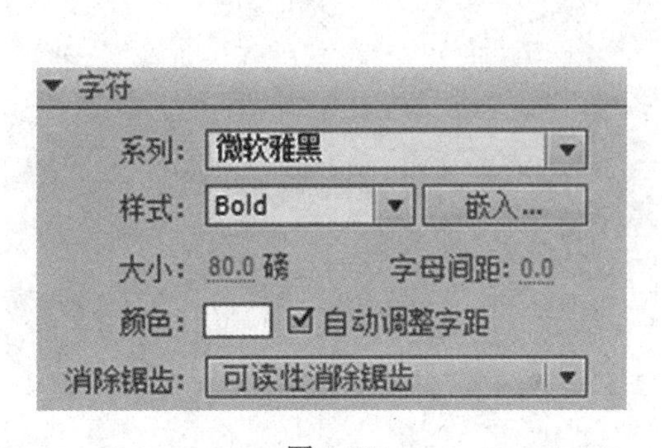

图 5-75

图 5-76

（29）选择“背景”图层的第 250 帧，按“F5”键，插入普通帧。

（30）选择“文字”图层的第 151 帧，选择“让你的钱聪明起来”，按“Ctrl+B”组合键一次，分离文字，分离后效果如图 5-77 所示。

图 5-77

（31） 分别选择“文字”图层的第 160 帧、第 170 帧、第 180 帧、第 190 帧、第 200 帧、第 210 帧、第 220 帧、第 230 帧、第 250 帧，按下“F6”键，插入关键帧，如图 5-78 和图 5-79 所示。

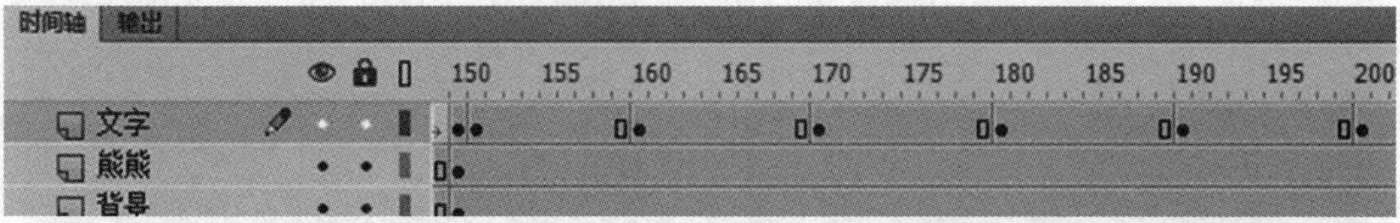

时间轴 输出
150 155 160 165 170 175 180 185 190 195 200
文字
熊熊
背景

图 5-78

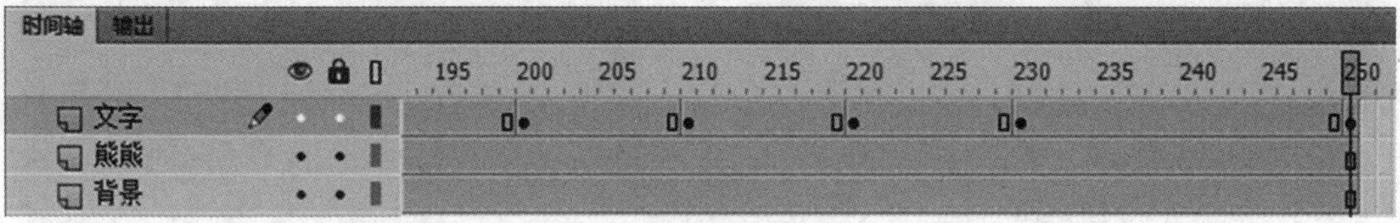

时间轴 输出
195 200 205 210 215 220 225 230 235 240 245 250
文字
熊熊
背景

图 5-79

（32） 选择第 160 帧，选择“让”字，选择“任意变形工具”，按住“Shift”键等比例放大“让”字，单击“填充颜色”，将其颜色设置为“#FFFF99”，如图 5-80 所示。

（33） 选择第 170 帧，选择“你”字，选择“任意变形工具”，按“Shift”键等比例放大“你”字，单击“填充颜色”，将其颜色设置为“#FFFF99”，如图 5-81 所示。

图 5-80

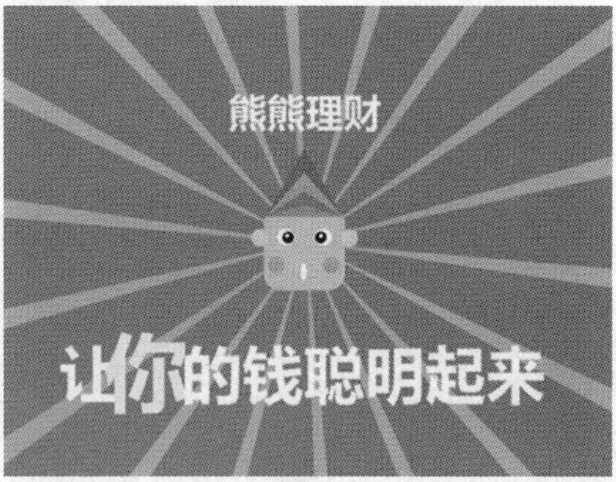

图 5-81

（34） 依次选择第 180 帧、第 190 帧、第 200 帧、第 210 帧、第 220 帧、第 230 帧，依次按照同样的方法修改“的”“钱”“聪”“明”“起”“来”字。

（35） 按“Ctrl+Enter”组合键，测试影片。

任务三　饮料广告

5.3.1　任务效果及思路分析

本任务需要绘制背景、饮料杯、饮料，制作橘子、樱桃元件，以及输入文本等来实现饮料广告效果，如图 5-82 所示。

（1） 利用“矩形工具”和“位图填充”绘制背景。
（2） 利用“椭圆工具”和“刷子工具”制作樱桃元件。
（3） 利用“椭圆工具”和“线条工具”制作橘子元件。
（4） 利用“矩形工具”绘制饮料杯。
（5） 利用“矩形工具”绘制饮料。
（6） 利用“文本工具”输入文字。
（7） 制作相应的动画效果。

图 5-82

5.3.2　任务知识和技能

1.　翻转帧

“翻转帧”命令可以使帧的顺序按倒序排列，节省了动画制作的时间。选择要翻转的帧，在其上右击，从弹出的快捷菜单中选择“翻转帧”命令，这样第 1 帧便变成了最后 1 帧，以此类推。

新建一个基于 ActionScript 3.0 的 Flash 文档，选择“文本工具”，在舞台上输入“ABC”3 个字母，如图 5-83 所示。按“Ctrl+B”组合键执行依次分离后，每个文字都变成一个单独的个体，选择图层 1 的第 1～3 帧，按“F6”键，插入关键帧，选择第 1 个帧，删除字母“B”“C”，选择第 2 个帧，删除字母“C”，接着选中第 1～3 帧并右击，从弹出的快捷菜单中选择“翻转帧”命令，则第 1 帧上是“ABC”，第 2 帧上是“AB”，第三帧上是“A”。

图 5-83

2. 动态文本

文本有 3 种形式：静态文本、动态文本和输入文本。

选择“工具”面板上的“文本工具”，在舞台上输入“姓名”，该文本默认为静态文本，选择“文本工具”，打开“属性”面板，单击文本工具下拉列表，从中选择“动态文本”命令，在舞台上绘制矩形框，不输入任何内容，单击该文本框，在“实例名称”处输入“a”，如图 5-84 所示。

此时，选中动态文本框所在帧并右击，从弹出的快捷菜单中选择“动作”命令，在“动作”面板中输入代码“a.text= " 秦明月 " ”，如图 5-85 所示。

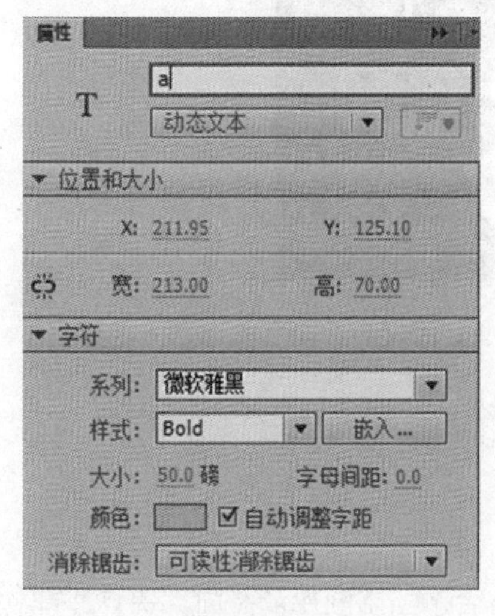

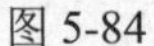
图 5-84

图 5-85

测试影片时，动态文本框 a 将显示“秦明月”3 个字，可见动态文本框的内容是由代码在程序运行过程中生成的。

3. 输入文本

选择“文本框”，打开“属性”面板，从下拉列表框中选择“输入文本”选项，如图 5-86 所示。在舞台上绘制文本框，用选择工具选择该文本框，在“属性”面板的实例名称处输入“b”，如图 5-87 所示。

输入文本的特点是既可以接受用户输入的文本，也可以响应键盘事件，是一种人机交互的工具。

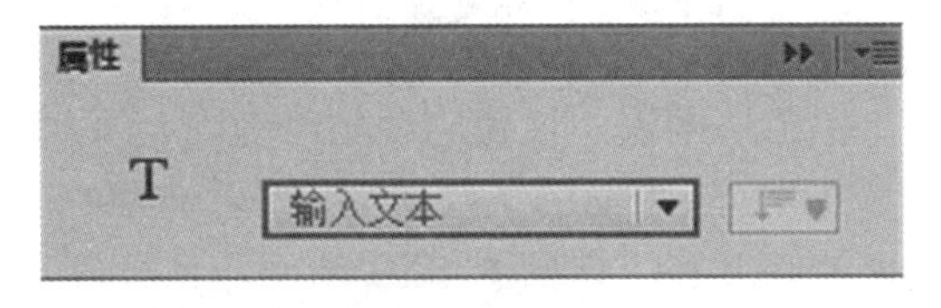

图 5-86

图 5-87

5.3.3 任务实施步骤

（1） 新建一个基于 ActionScript 3.0 的 Flash 文档，选择“修改”→“文档”命令，将文档大小设置为 800 像素×600 像素，其他设置保持默认。

（2） 再新建 5 个图层：“图层 2”“图层 3”“图层 4”“图层 5”“图层 6”，从上到下分别命名为“音效”“饮料”“字体”“饮料杯”“橘子樱桃图案”“背景”，如图 5-88 所示。

（3） 选择“文件”→“导入”→“导入到库”命令，选择“项目五广告的制作”→“任务三饮料广告”文件夹，选择“倒饮料.wav”“条纹.jpg”“吸饮料.wav”3 个文件，如图 5-89 所示，单击“确定”按钮将它们导入库中。

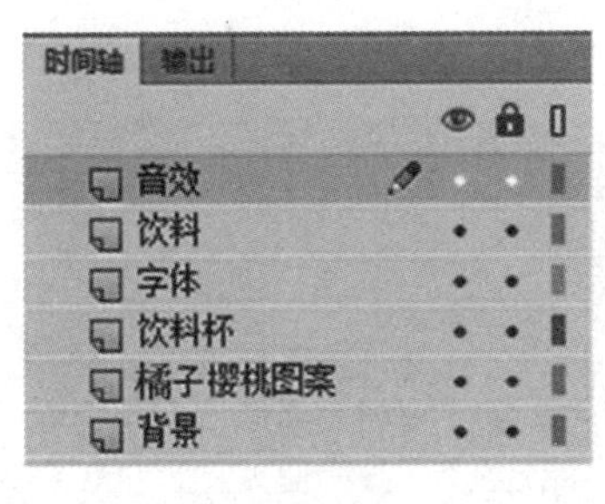

图 5-88

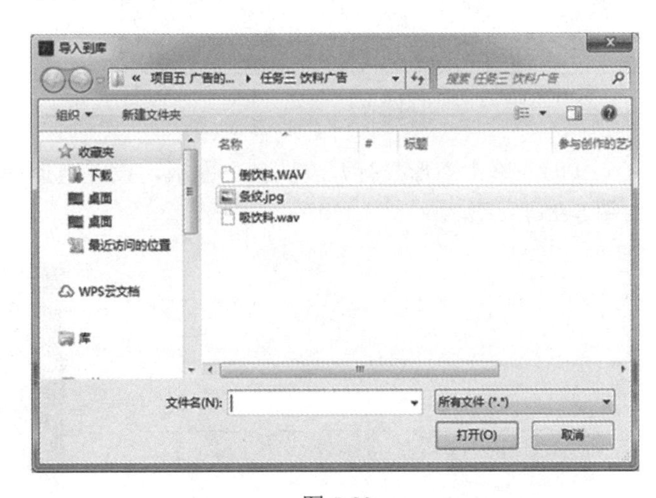

图 5-89

（4） 选择“音效”图层的第 1 帧，打开“属性”面板，从“声音”组中设置“名称”为“吸饮料.wav”，如图 5-90 所示，选择该图层的第 175 帧，按“F5”键，插入普通帧，时间轴面板如图 5-91 所示。

图 5-90

图 5-91

（5） 选择“背景”图层的第 1 帧，打开“颜色”面板，设置笔触颜色为“无”、填充类型为“位图填充”，如图 5-92 所示，单击“颜色”面板下面的条纹图案，接着选择“工具”面板上的“矩形工具”，此时“工具”面板上的笔触和填充如图 5-93 所示，在舞台上绘制任意大小矩形。

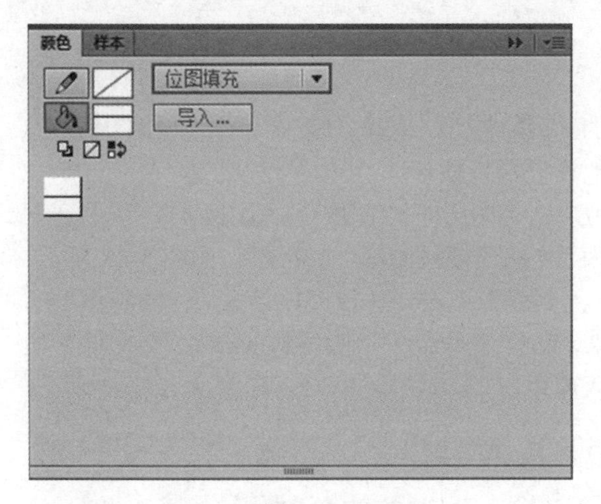

图 5-92

图 5-93

（6） 单击矩形，打开“属性”面板，设置矩形的位置和大小，如图 5-94 所示，效果如图 5-95 所示。

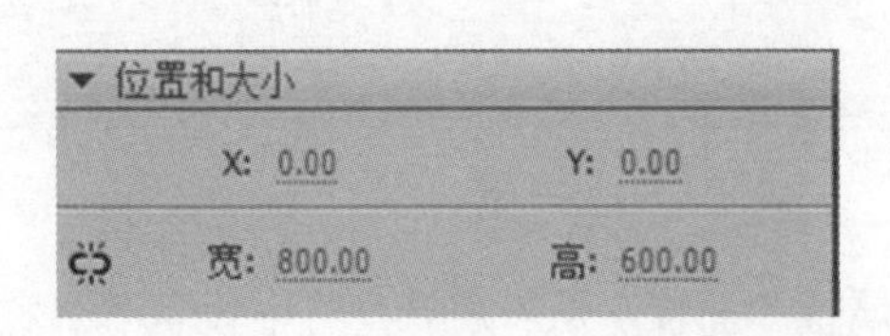

图 5-94

图 5-95

（7） 按“Ctrl+F8”组合键，新建类型为“图形”、名称为“樱桃”的元件，如图 5-96 所示。

图 5-96

（8） 进入樱桃元件的编辑环境，选择“椭圆工具”，设置颜色笔触为“无”、填充颜色为“#FD2841”，绘制一个圆形，如图 5-97 所示，修改填充颜色为“#B5204B”，再次绘制一个圆形，如图 5-98 所示。选择“刷子”，设置填充颜色为绿色（#8CB051）、笔触颜色为“无”，选择画笔大小和画笔模式，如图 5-99 和图 5-100 所示，接着绘制樱桃的两个杆，效果如图 5-101 所示。

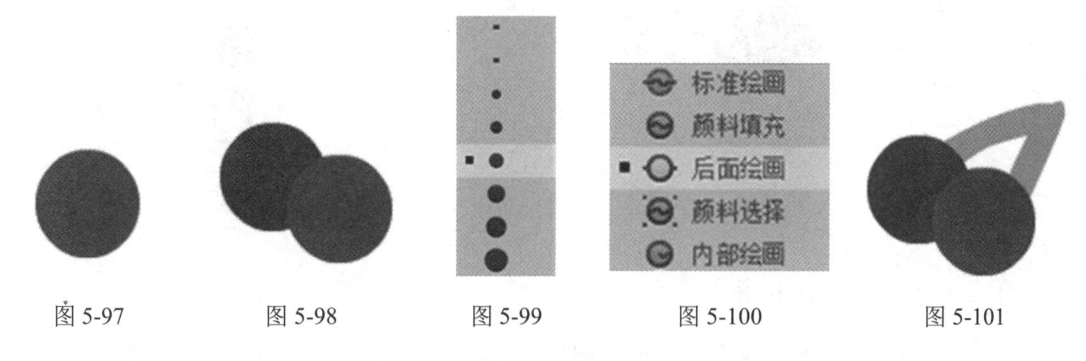

图 5-97　图 5-98　图 5-99　图 5-100　图 5-101

（9） 单击“场景一”，如图 5-102 所示，回到场景一的编辑环境，选择“橘子樱桃图案”图层的第 1 帧，按“Ctrl+L”组合键，将“樱桃”元件多次拖到舞台上，使用“任意变形工具”调整各实例的大小，如图 5-103 所示。

图 5-102

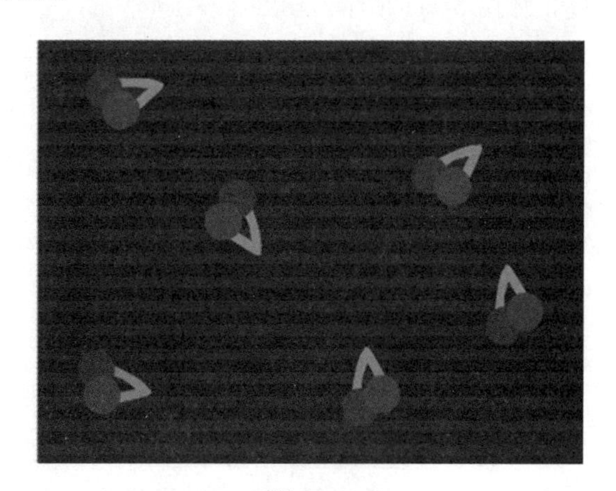

图 5-103

（10） 按“Ctrl+F8”组合键，创建名称为“橘子”、类型为“图形”的元件，如图 5-104 所示。选择“椭圆工具”，设置填充颜色为橙色（#F95018）、笔触颜色为淡黄色（#F060DF），打开“属性”面板，将笔触高度设置为“10.00”，如图 5-105 所示，绘制椭圆，效果如图 5-106 所示。选择“选择工具”，选择椭圆的左半部，按“Delete”键将其删除，如图 5-107 所示。

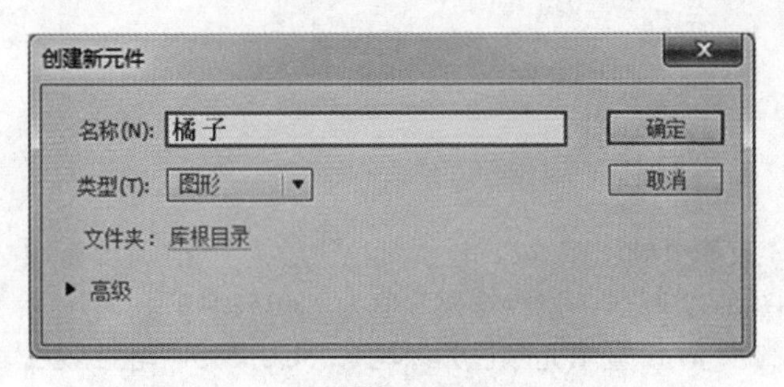

图 5-104

图 5-105

图 5-106

图 5-107

（11） 选择“线条工具”，打开“属性”面板，设置笔触高度为“1.0”、笔触颜色为黑色（#000000），绘制一条直线，如图 5-108 所示，选择“选择工具”，调整线条的弧度，如图 5-109 所示，再绘制一条直线，如图 5-110 所示，接着使用“选择工具”调整线条弧度，如图 5-111 所示。

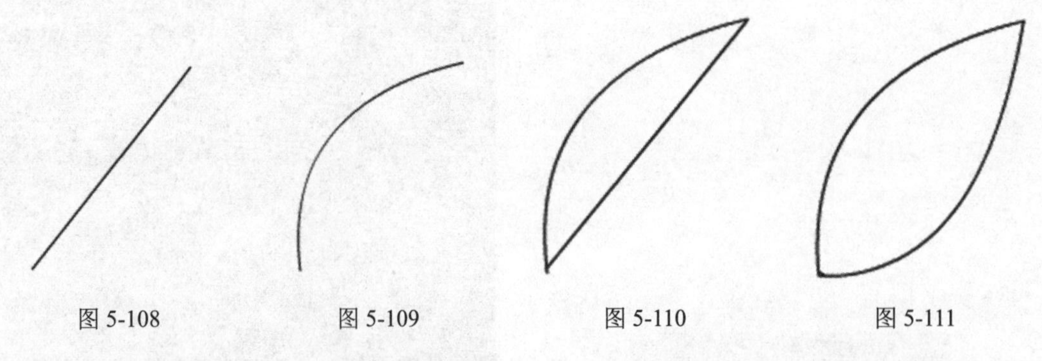

图 5-108　　图 5-109　　图 5-110　　图 5-111

（12） 设置填充颜色为绿色（#86B34C），选择“颜料桶工具”，选择“封闭大空隙”命令，如图 5-112 所示。单击叶子形状，为其填充绿色，如图 5-113 所示，单击“选择工具”，选中叶子的轮廓，按“Delete”键，将黑色轮廓删除，如图 5-114 所示。

图 5-112

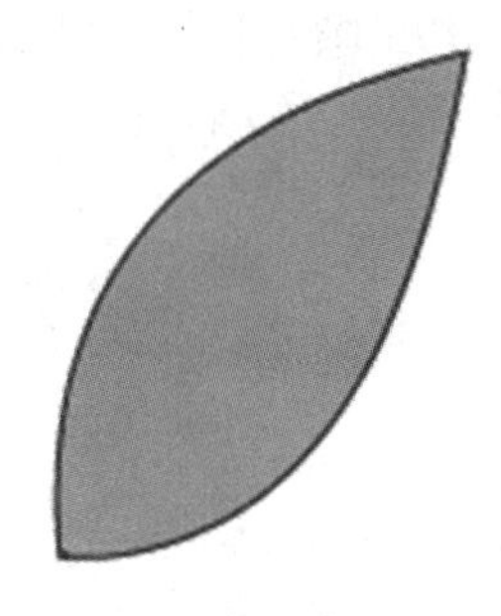

图 5-113

图 5-114

（13） 将图 5-107 所示的橘子形状，移到叶子形状上，如图 5-115 所示。此时，橘子元件编辑完毕，单击“场景一”回到场景一的编辑环境。

图 5-115

（14） 选择场景一中“樱桃橘子图案”图层的第 1 帧，按“Ctrl+L”组合键，打开“库”面板，将其中的“橘子”元件拖动到舞台上，并使用“任意变形工具”调整橘子实例的位置、方向和大小，如图 5-116 所示，选择该图层的第 175 帧，按“F5”键，插入普通帧，如图 5-117 所示。

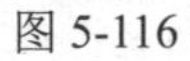

图 5-116

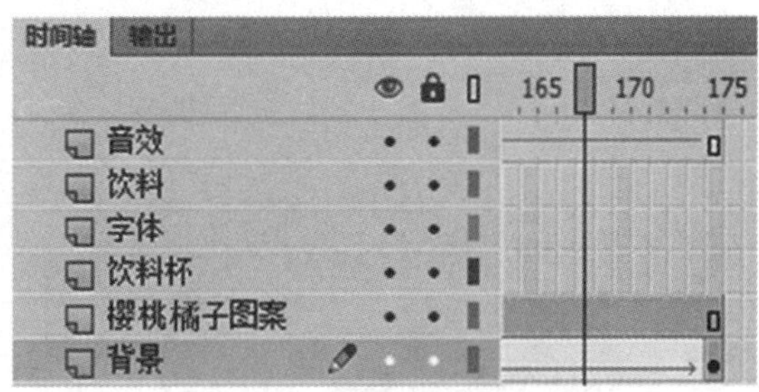

图 5-117

（15） 选择“背景”图层的第 175 帧，按“F6”键，插入关键帧，选择第 175 帧上的条纹图案矩形，打开“属性”面板，设置矩形的位置和大小，如图 5-118 所示，此时矩形左边部分与舞台重合。

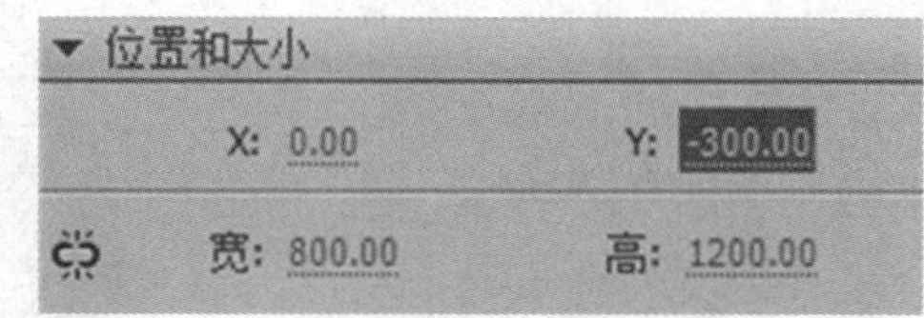

图 5-118

（16） 选中“背景”图层上第 1～175 帧中的任意一帧并右击，从弹出的快捷菜单中选择“创建补间形状”命令。

（17） 选择“饮料杯”图层的第 1 帧，选择矩形工具，设置笔触颜色为“无”、填充颜色为白色（#FFFFFF），绘制 3 个矩形，如图 5-119 所示。

（18） 选择“选择工具”，将鼠标指针分别移动到矩形的各个顶点，调整矩形的形状，如图 5-120 所示。

图 5-119

图 5-120

（19） 选择线条工具，设置笔触颜色为白色、笔触高度为“10.00”，如图 5-121 所示。绘制右边杯子的杯脚，效果如图 5-122 所示。

图 5-121

图 5-122

（20） 选择“饮料”图层的第 1 帧，设置笔触颜色为“无”、填充颜色为橙色（#FB4F1A），绘制一个矩形；修改填充颜色为绿色（#A7D34D），绘制第二个矩形；修改填充颜色为桃红色（#FD4848），绘制第三个矩形，效果如图 5-123 所示。

（21） 单击“选择工具”，移动鼠标指针到 3 个矩形（“饮料”图层的 3 个矩形）的顶点，修改矩形的形状为梯形，效果如图 5-124 所示。

图 5-123

图 5-124

（22） 选择“饮料”图层的第 175 帧，按“F6”键，插入关键帧，单击“选择工具”，将鼠标指针移动到矩形的顶点上，分别调整 3 个矩形上面两个端点的位置，调整后效果如图 5-125 所示，选中第 1～175 帧中的任意一帧并右击，从弹出的快捷菜单中选择“创建补间形状”命令，如图 5-126 所示。

图 5-125

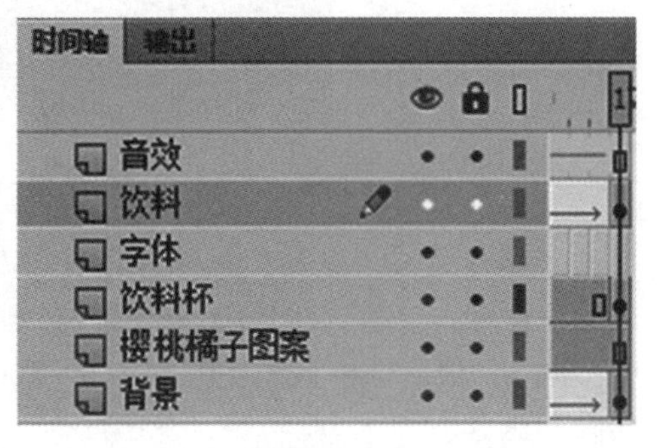

图 5-126

（23） 选择“文字”图层的第 1 帧，选择“文本工具”，设置字体颜色为白色（#FFFFFF），其他设置如图 5-127 所示，效果如图 5-128 所示，选择“文字”图层的第 175 帧，按“F5”键，插入普通帧。

图 5-127

图 5-128

（24） 选中“背景”图层的第 1～175 帧并右击，从弹出的快捷菜单中选择“复制帧”命令，接着选中该图层的第 176 帧并右击，从弹出的快捷菜单中选择“粘贴帧”命令，最后选中第 176～300 帧并右击，从弹出的快捷菜单中选择“翻转帧”命令。

（25） 分别选择“字体”“饮料杯”“樱桃橘子图案”3 个图层的第 175 帧，按“F5”键，插入普通帧，如图 5-129 所示。

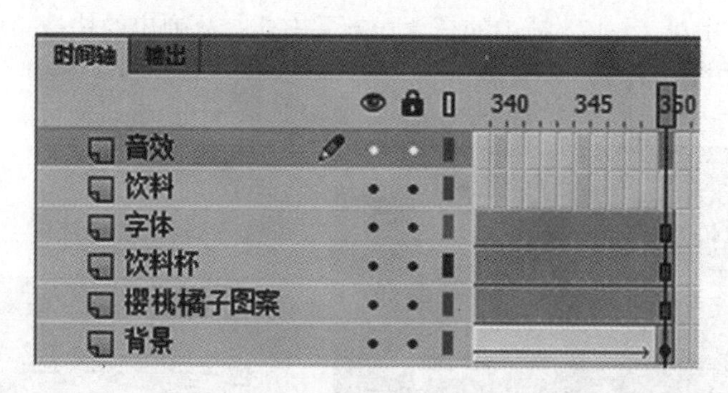

图 5-129

（26） 选中“饮料”图层的第 1～175 帧，在其上右击，从弹出的快捷菜单中选择“复制帧”命令，接着选中该图层的第 176 帧，在其上右击，从弹出的快捷菜单中选择“粘贴帧”命令，最后选中该图层的第 176～300 帧，在其上右击，从弹出的快捷菜单中选择“翻转帧”命令。

（27） 选择“音效”图层的第 176 帧，按“F6”键，插入关键帧，选择第 176 帧，打开“属性”面板，在“声音”中设置“名称”为“倒饮料.wav”，如图 5-130 所示，选择“音效”图层的第 300 帧，按“F5”键，插入普通帧，如图 5-131 所示。

图 5-130

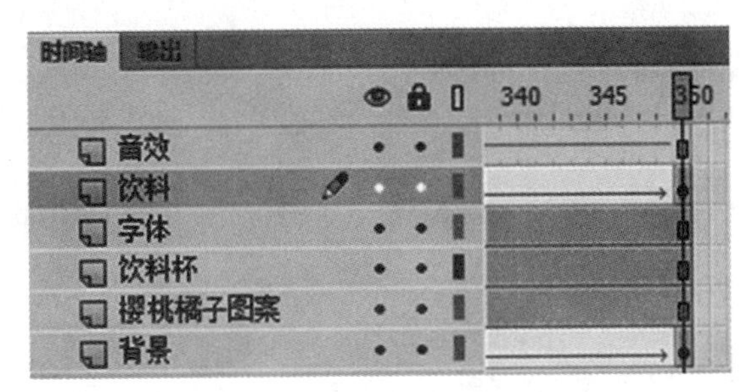

图 5-131

（28） 按“Ctrl+Enter”组合键，测试影片。

项目六　动画短片的制作

Flash 动画广泛应用于动画短片制作中，如成语动画、秒懂视频、儿童故事等。本项目主要介绍动画短片的制作方法。

学习目标：

- ❖ 传统补间的使用。
- ❖ 补间动画的使用。
- ❖ 引导动画的使用。
- ❖ 滤镜的使用。
- ❖ 动画短片的制作方法。

任务一　刻舟求剑

6.1.1　任务效果及思路分析

本任务需要制作水波效果，制作楚人、舟、船夫位置渐变效果，制作刀元件、刀刻痕效果，以及利用文本工具输入故事文本等来完成动画效果，如图 6-1 所示。

（1）　布置场景，制作水波效果。

（2）　制作楚人、舟、船夫位置渐变效果。

（3）　制作剑落水效果。

（4）　制作刀元件、刀刻痕效果。

（5）　输入故事文本。

图 6-1

6.1.2　任务知识和技能

1.　传统补间动画

在 Flash 的时间轴上，在一个关键帧处放置一个元件，在另一个关键帧处改变这个元件的大小、颜色、位置、角度等。传统补间动画会根据两个关键帧之间的差值，自动创建动画，其操作步骤如下。

（1）　创建一个关键帧，绘制对象（可将其转换为元件）。

（2）　选择同一图层上后面的一个帧，按“F6”键，插入关键帧。

（3）　调整后一关键帧上同一对象的大小、位置、角度、颜色、透明度等。

（4） 选中第一个关键帧并右击，在弹出的快捷菜单中选择“建立传统补间”命令（如第（1）步中未转换为元件，此时将自动转换为元件）。

新建一个基于 ActionScript 3.0 的 Flash 文档，选择图层 1 的第 1 帧，选择“椭圆工具”，设置填充颜色为无、笔触颜色为橙色（#FF9900），在舞台上绘制一个正圆，如图 6-2 所示。按“F8”键将其转化成名称为“圆形”、类型为“影片剪辑”的元件，选择图层 1 的第 30 帧，按“F6”键插入关键帧，调整第 30 帧上圆形的位置、Alpha 值、色调，如图 6-3 和图 6-4 所示。当调整 Alpha 值与色调时，需要单击“圆形”实例，打开“属性”面板进行调整。选中第 1 帧并右击，在弹出的快捷菜单中选择“创建传统补间”命令，创建成功后，如图 6-5 所示。此时应注意，若出现虚线，则说明补间没有创建成功，应仔细检查两个关键帧中的对象是否一致。

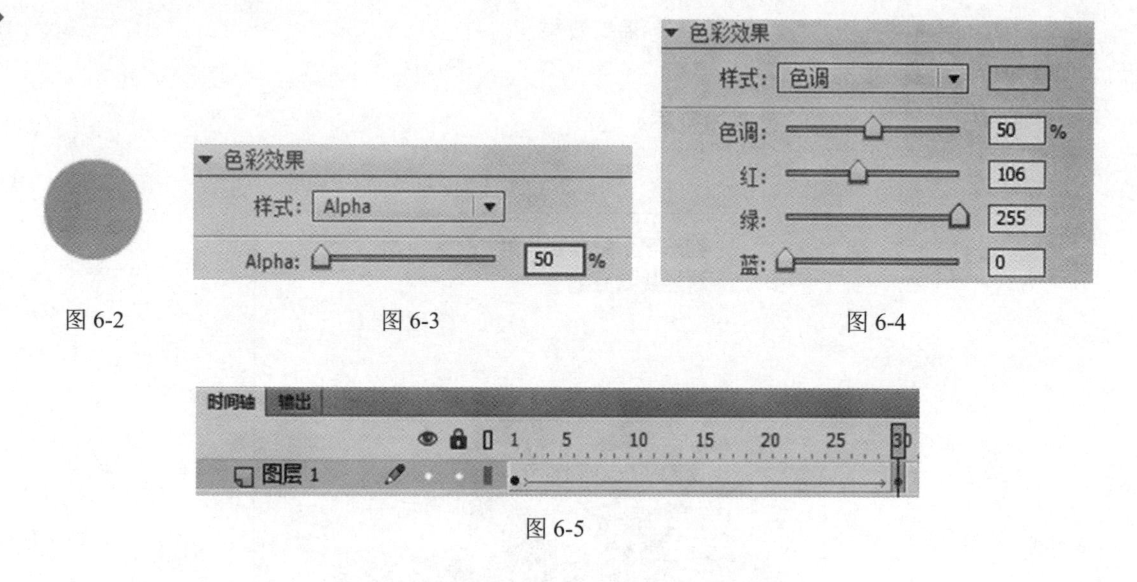

图 6-2　　图 6-3　　图 6-4

图 6-5

2. 补间动画

利用元件实例或文本对象可以创建补间动画，具体步骤如下。

（1） 为要创建补间动画的对象添加与动画播放时间等长的普通帧（也可以在创建动画后再设置动画的播放时间）。

（2） 在舞台上要创建动画的对象上右击，从弹出的快捷菜单中选择“创建补间动画”命令。

（3） 将播放头移动到时间轴的不同帧处，并设置不同帧上对象的位置、旋转、缩放、倾斜、颜色或滤镜等属性。

Flash 会自动在相应的帧上产生属性关键帧，并在这些属性关键帧之间生成动画。此外，也可以先插入属性关键帧，然后再设置属性关键帧上的对象属性。

新建一个基于 ActionScript 3.0 的 Flash 文档，选择图层 1 的第 1 帧，选择“椭圆工具”，设置填充颜色为无、笔触颜色为橙色（#FF9900），在舞台上绘制一个正圆，选择第 30 帧，按“F5”键，插入普通帧，在舞台上的“橙色圆形”上右击，在弹出的快捷菜单中选择“创建补间动画”命令，此时弹出如图 6-6 所示的对话框，单击“确定”按钮，将圆形转换为元件。将播放头移动到第 30 帧，向舞台的右下角拖动圆形，打开“属性”面板，调整其 Alpha 值为“0”，如图 6-7 和图 6-8 所示，测试影片，观察动画效果，时间轴面板如图 6-9 所示。

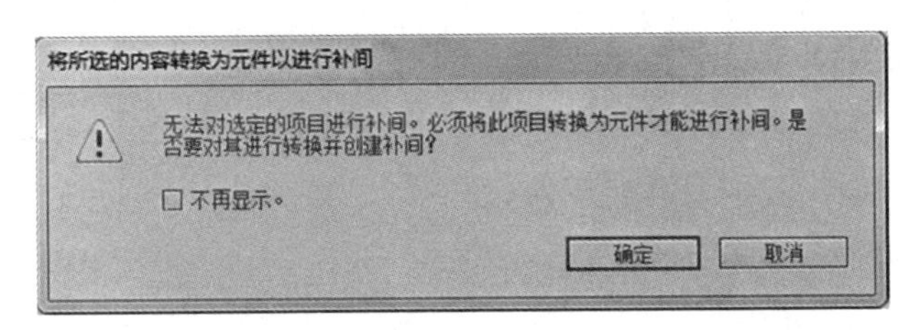

图 6-6

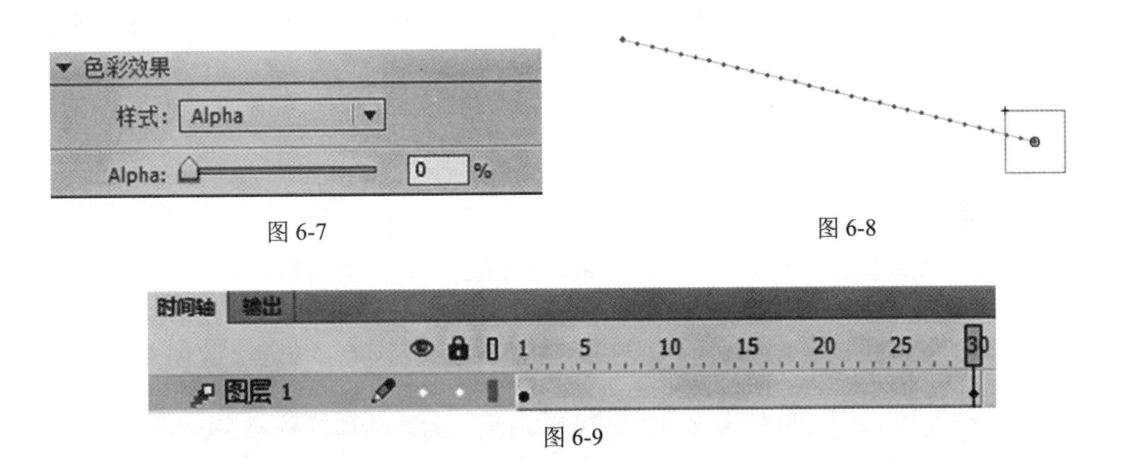

图 6-7

图 6-8

图 6-9

此时应注意，如果要制作“3D 旋转”动画，只能使用补间动画，而不能使用传统补间动画，并且 3D 旋转动画只对“影片剪辑”实例有效。下面通过一个例子来介绍“3D 旋转”补间动画的制作。

新建一个基于 ActionScript 3.0 的 Flash 文档，选择图层 1 的第 1 帧，选择“矩形工具”，设置填充颜色为无、笔触颜色为橙色（#FF9900），在舞台上绘制一个正方形，如图 6-10 所示。按“F8”键将其转化为影片剪辑元件，在第 30 帧处按“F5”键，插入普通帧；选中第 1 帧并右击，在弹出的快捷菜单中选择“创建补间动画”命令，再选中第 30 帧并右击，从弹出的快捷菜单中选择“插入关键帧”→“旋转”命令；单击第 30 帧上的正方形，选择“3D 旋转工具”命令，调整正方形按一定的角度旋转，如图 6-11 所示，时间轴面板如图 6-12 所示，测试影片，观察动画效果。

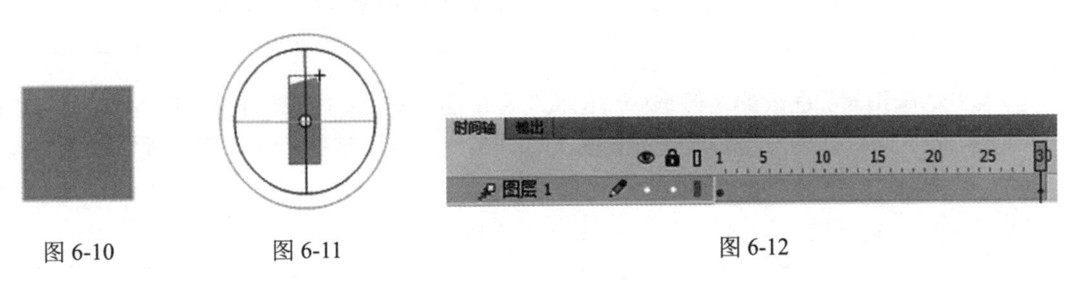

图 6-10　　图 6-11　　图 6-12

3. 补间动画与传统补间动画的异同

相同之处：

（1） 补间动画与传统补间动画创建成功后，都会将对象先转换成元件，或者其本身就是元件而无须转换。

（2）补间动画与传统补间动画创建成功后，都可以实现同一元件大小、位置、颜色、透明度、旋转等。

不同之处：

（1） 传统补间动画创建成功后为蓝紫色背景，有实心箭头；补间动画创建成功后为淡蓝色背景。

（2） 传统补间动画，需要插入首尾关键帧，首尾帧上为同一对象，在两个关键帧之间建立传统补间动画，其上的元件可能存在位置、大小、颜色、透明度等变化。而补间动画只需首关键帧即可，对首关键帧应用“补间动画”。

（3）只能使用补间动画为 3D 对象创建动画效果，无法使用传统补间动画为 3D 对象创建动画效果。

4. 调整补间动画

创建好补间动画后，还可以利用动画编辑器对其进行精细的调整。打开项目任务目录下的“补间动画案例 1.fla”文档，使用“选择工具”选中图层 1 上的“补间动画”并在其上右击，从弹出的快捷菜单中选择“调整补间”命令，显示动画编辑器，如图 6-13 所示。

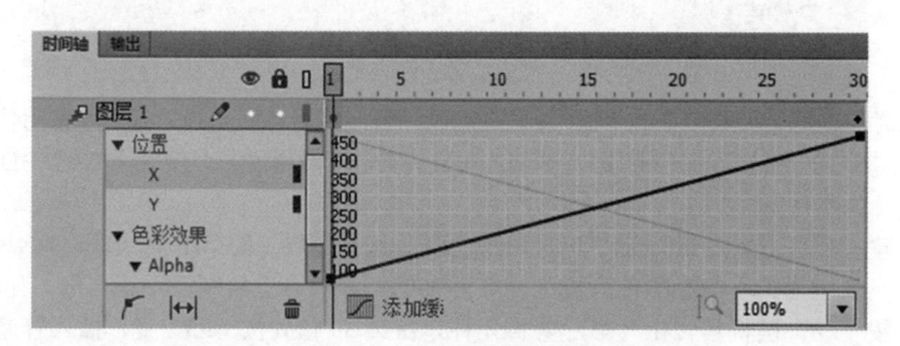

图 6-13

注意

只有在创建补间动画时进行了缩放操作，动画编辑界面中才会出现相关参数，因为该文档中并未对实例进行缩放，所以不会出现“缩放”栏。

在“动画编辑”面板的左侧选中“位置”栏中的“X”选项，此时单击图 6-13 中的“添加缓动”按钮，将弹出“缓动设置”面板，如图 6-14 所示，选择“回弹和弹簧”→“回弹”命令，测试影片，观看动画效果。

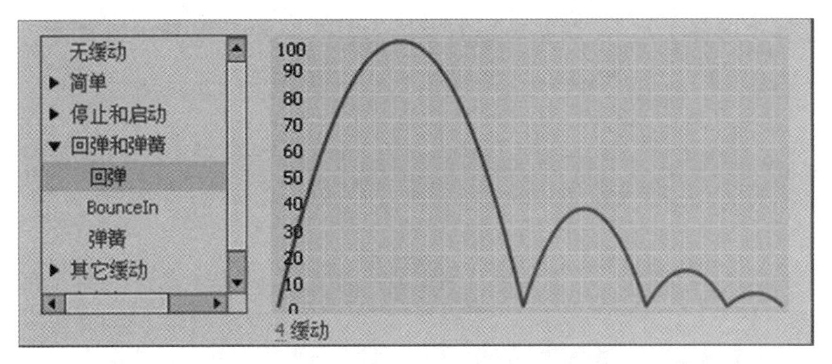

图 6-14

在“动画编辑”面板的左侧选中“位置”栏中的“Y”选项，此时单击图 6-13 中的“添加锚点”按钮，选择第 10 帧，在右侧曲线上添加锚点，再将该锚点向上拖动，如图 6-15 所示，测试影片，观察动画效果。

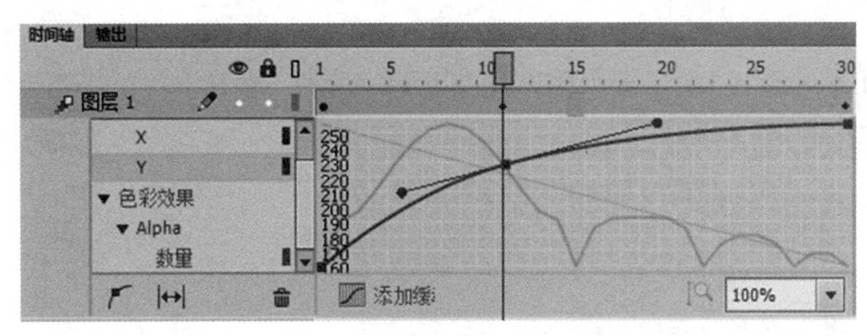

图 6-15

6.1.3　任务实施步骤

（1）打开“素材案例/项目六动画短片的制作/任务一”中的“素材.fla”文件，选择“修改”→“文档”命令，将文档大小设置为 1024 像素×768 像素，其他设置保持默认。

（2）新建 6 个图层，分别为“图层 1”～“图层 6”，从上到下命名为“文字”“剑”“船家”“楚人”“舟”“背景”，如图 6-16 所示。

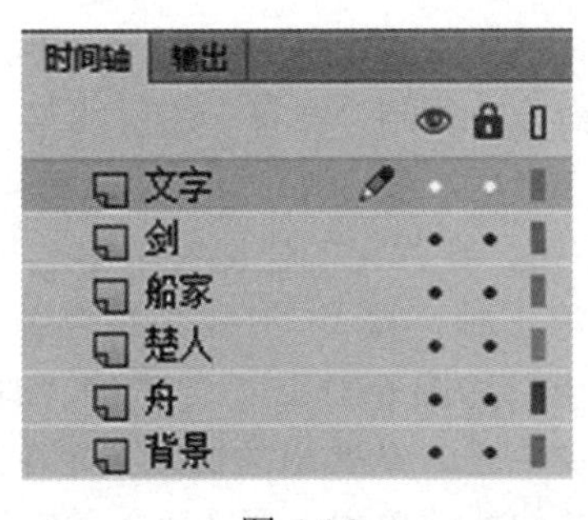

图 6-16

（3）选择“背景”图层的第 1 帧，选择“矩形工具”，设置笔触颜色为“无”、填充颜色为“#BFEFFB”，在舞台下方绘制一个矩形，如图 6-17 所示。

（4） 选择“选择工具”，调整矩形的上边为弧线，效果如图 6-18 所示。

图 6-17

图 6-18

（5） 选择“背景”图层的第 100 帧，按“F7”键，插入空白关键帧，选择“矩形工具”，设置笔触颜色为“无”、填充颜色为#E0F8FC，选择“选择工具”，调整矩形上边为弧线，如图 6-19 所示。

图 6-19

（6） 选择“背景”图层的第 1～100 帧中的任意一帧，在其上右击，从弹出的快捷菜单中选择“创建补间形状”命令。复制“背景”图层的第 1～100 帧，粘贴 4 次，分别粘贴在第 101～200 帧、第 201～300 帧、第 301～400 帧、第 401～500 帧。选中第 101～200 帧、第 301～400 帧，在其上右击，在弹出的快捷菜单中选择“翻转帧”命令。

（7） 选择“舟”图层的第 1 帧，按“Ctrl+L”组合键，打开“库”面板，如图 6-20 所示。将“舟”元件拖到舞台上，如图 6-21 所示。选择“舟”图层的第 200 帧，按“F6”键，插入关键帧，选中第 1 帧并右击，从弹出的快捷菜单中选择“创建补间动画”命令。选中第 200 帧并右击，从弹出的快捷菜单中选择“插入关键帧”→“位置”命令，将第 200 帧上的“舟”实例拖到舞台的中间，如图 6-22 所示。

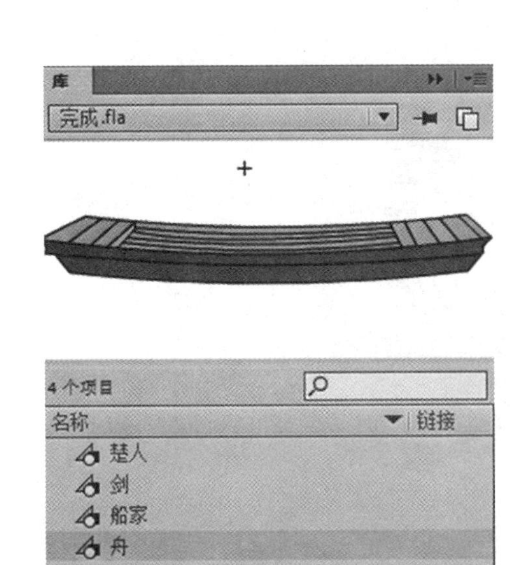

图 6-20

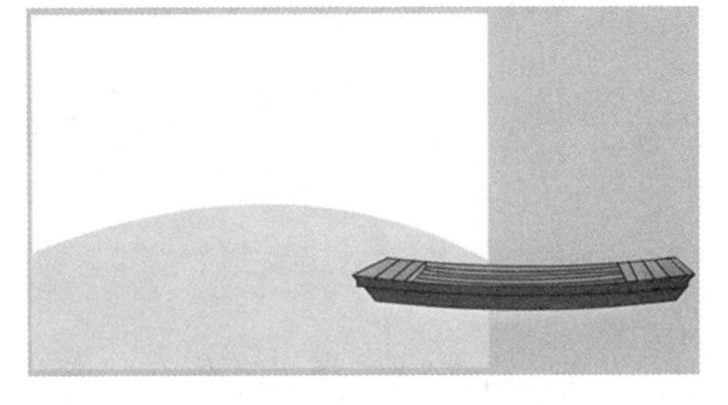

图 6-21

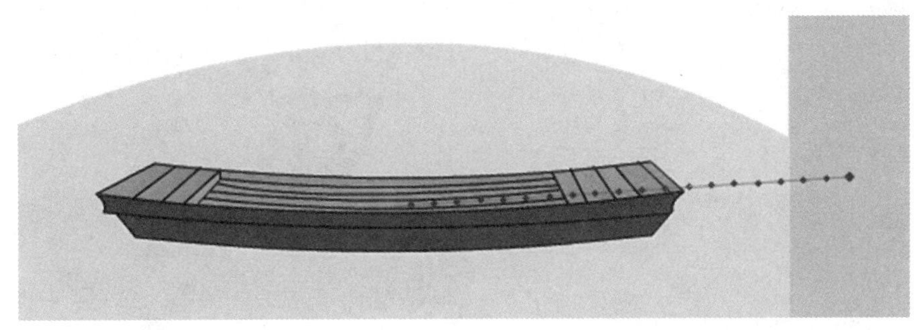

图 6-22

（8） 选择“楚人”图层的第 1 帧，将库中的“楚人”元件拖到舞台上，如图 6-23 所示，此时楚人在舞台外，因此看不到。按照“舟”图层的设置，同样将“楚人”图层设置为“创建补间动画”，在第 200 帧调整楚人的位置，如图 6-24 所示。

图 6-23

图 6-24

（9） 选择“船家”图层的第 1 帧，将库中的“船家”元件拖到舞台上，用同样的方法，在第 1～200 帧上创建补间动画，在第 200 帧上对船家位置进行调整，如图 6-25 所示。

图 6-25

（10） 选择“剑”图层的第 1 帧，将库中的“剑”元件拖到舞台上，如图 6-26 所示。用同样的方法，在第 1～200 帧创建补间动画，调整第 200 帧上剑的位置，使其相对于楚人的位置不变。

图 6-26

（11） 选择“文字”图层的第 1 帧，选择“文本工具”，设置字体为微软雅黑、字号为 40 磅、样式为 Bold、字体颜色为#666666，在舞台上方输入“一日，有一位楚国人坐船过江。”，如图 6-27 所示。选择“文字”图层的第 200 帧，按“F5”键，插入普通帧。选中第一帧，在其上右击，从弹出的快捷菜单中选择“创建补间动画”命令，选择第 200 帧，在其上右击，从弹出的快捷菜单中选择“插入关键帧”→“全部”命令，将第 200 帧上的文字移动舞台右侧并放大，如图 6-28 所示。

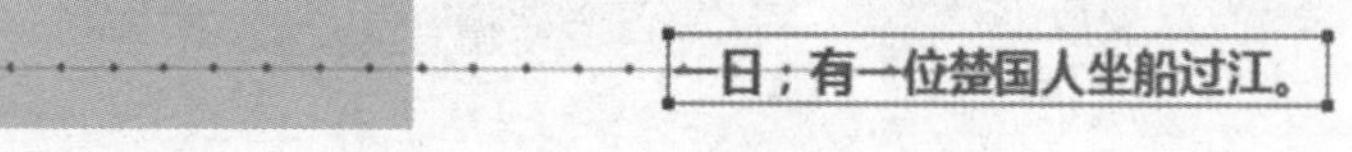

图 6-27

图 6-28

（12） 选择“剑”图层的第 210 帧，在其上右击，从弹出的快捷菜单中选择“插入关键帧”→“位置”命令，调整剑的位置。

（13） 选择“文件”→“导入”→“导入到库”命令，选择“素材案例/项目六动画短片的制作/任务二”中的“落水音效.mp3”文件。然后选择“文字”图层的第 201 帧，按“F7”键，插入空白关键帧，在舞台上输入“突然，楚国人随身携带的剑扑通掉入了水中”，如图 6-29 所示。之后选择第 201 帧，打开“属性”面板，在声音处选择“落水音效.mp3”文件。

图 6-29

（14） 分别选择“船家”“楚人”“舟”图层的第 210 帧，按“F5”键，插入普通帧，时间轴面板如图 6-30 所示。

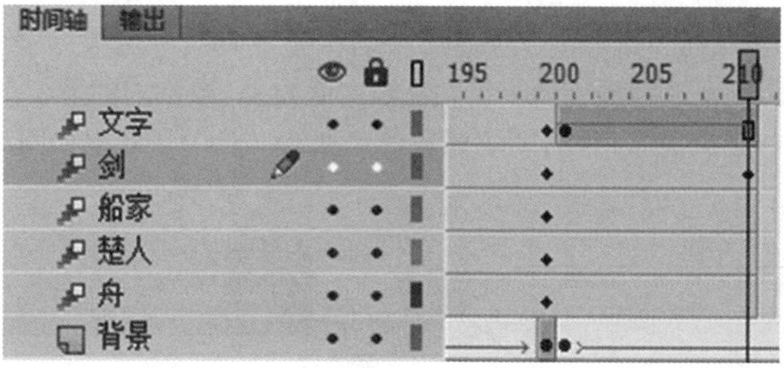

图 6-30

（15） 分别选择“文字”“剑”“船家”“舟”图层的第 250 帧，按“F5”键，插入普通帧。然后选择“楚人”图层的第 211 帧，按“F7”键，插入空白关键帧，将库中的“楚人惊讶”影片剪辑元件拖动到舞台上（其位置与“楚人”元件位置相同）。在“楚人”图层的第 250 帧处，按“F5”键，插入普通帧，如图 6-31 所示。

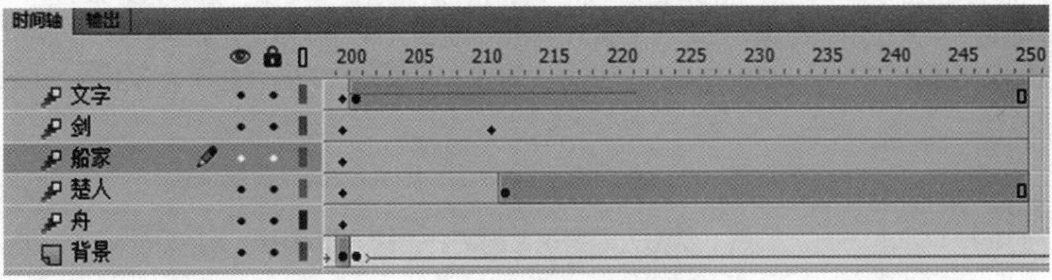

图 6-31

（16） 选择“文字”图层的第 251 帧，按“F7”键，插入空白关键帧，在舞台上输入“楚人立刻在船舷上掉剑处刻上一个记号”（字体设置与上同）。选择该图层的第 300 帧，按“F5”键，插入普通帧，如图 6-32 所示。

（17） 选择“楚人”图层的第 251 帧，按“F7”键，插入空白关键帧，将库中的“楚人刻痕”图片元件拖到舞台上，如图 6-33 所示。

图 6-32

图 6-33

（18） 按“Ctrl+F8”组合键，创建一个名称为“刀”、类型为“影片剪辑”的元件，选择“线条工具”，设置笔触颜色为黑色、笔触高度为 1，绘制刀的形状，如图 6-34 所示。为刀柄填充棕色（#996600），为刀鞘填充灰色（#CCCCCC），效果如图 6-35 所示。

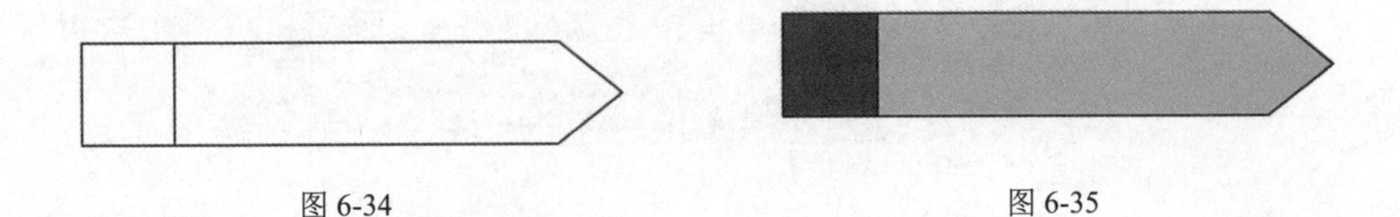

图 6-34　　图 6-35

（19） 保持“刀”元件的编辑状态，选择图层 1 的第 20 帧，按“F5”键，插入普通帧。选中第 1 帧并右击，从弹出的快捷菜单中选择“创建补间动画”命令。选中第 10 帧并右击，从弹出的快捷菜单中选择“插入关键帧”→“旋转”命令，将第 10 帧上的刀旋转一定角度，如图 6-36 所示。同样地，选中第 20 帧并右击，从弹出的快捷菜单中选择“插入关键帧”→“旋转”命令，旋转刀的角度，如图 6-37 所示。

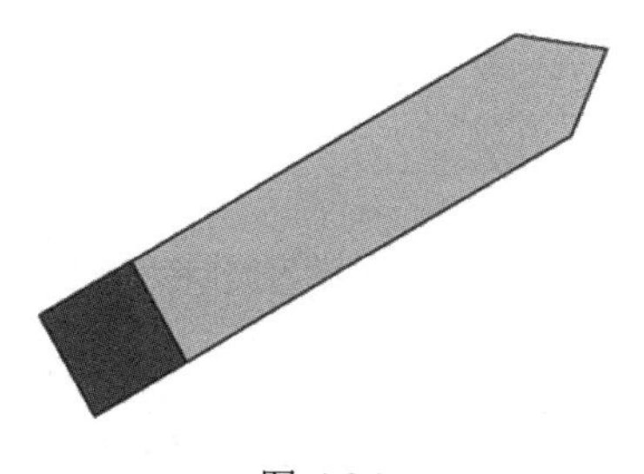

图 6-36

图 6-37

（20） 单击“场景 1”，回到场景 1 的编辑环境，选择“楚人”图层的第 251 帧，将库中的“刀”元件拖到“楚人刻痕”实例的手中，并利用“任意变形工具”调整“刀”的大小和位置，如图 6-38 所示。

（21） 分别选择“剑”“船家”“舟”图层的第 500 帧，按“F5”键，插入普通帧。

（22） 选择“文字”图层的第 300 帧，按“F7”键，插入空白关键帧，在舞台上输入“楚人对船夫说：‘这是我宝剑落水的地方，所以我要刻上一个记号。’”，如图 6-38 所示。选择“文字”图层的第 400 帧，按“F7”键，插入空白关键帧，在舞台上输入“到岸了，只要我从刻痕处跳下水，就能找到宝剑了。”，如图 6-39 所示。选择第 500 帧，按“F5”键，插入普通帧。

图 6-38

图 6-39

（23） 新建图层，并命名为“刻痕”，选择该图层的第 301 帧，按“F7”键，插入空白关键帧，选择“画笔工具”，设置填充颜色为白色，在第 301 帧的“刀”实例处绘制一个“刀痕”。

（24） 选择“楚人”图层的第 400 帧，按“F7”键，插入空白关键帧，将库中的“楚人”元件拖到舞台上。选择该图层的第 500 帧，按“F5”键，插入普通帧。

（25） 按下“Ctrl+Enter”组合键，测试影片。

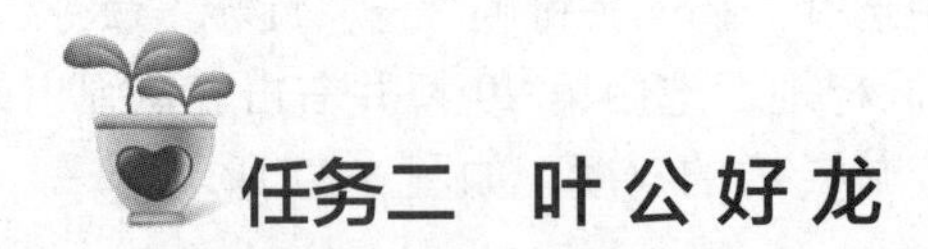

任务二 叶公好龙

6.2.1 任务效果及思路分析

本任务需要绘制场景、花瓶等，并制作叶公移动补间动画、龙游动引导动画等来实现动画效果，如图 6-40 所示。

（1） 布置场景。

（2） 绘制花瓶。

（3） 制作叶公移动补间动画。

（4） 制作龙游动引导动画。

（5） 设置音效。

图 6-40

6.2.2 任务知识和技能

1. 引导动画的概念

引导动画是 Flash 常见的动画形式之一，利用引导动画可以使对象按照所绘制的引导线（即运动轨迹）进行运动，因此运动轨迹可以是曲线等，避免了运动形式的生硬，但是只能作用于传统补间动画。

制作引导动画失败的原因主要有以下两点。

（1） 引导线绘制不连贯，中间出现断裂的情况。

（2） 元件的中心点没有与引导线对齐。

在制作引导动画时，单击工具栏上的“贴紧至对象”按钮更容易成功，如图 6-41 所示。选择被引导层中的传统补间，打开“属性”面板，如图 6-42 所示，选中“调整到路径”复选框，对象的基线就会调整到运动路径。

图 6-41

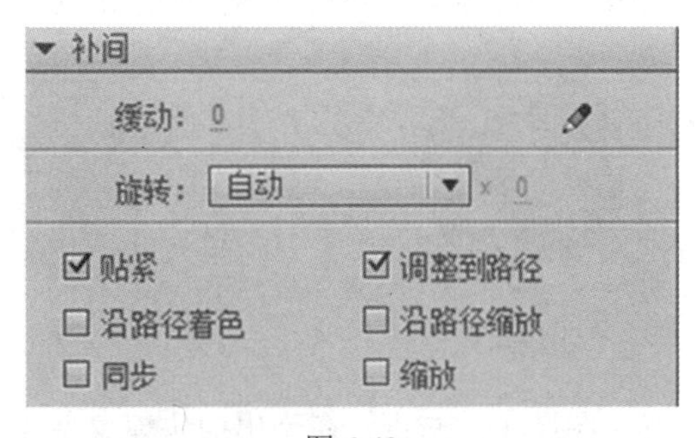

图 6-42

引导动画由引导图层和被引导图层组成，其中引导动画上需要绘制引导线（可以是各种形状的连贯曲线或直线，可以用“钢笔工具”“铅笔工具”“线条工具”“椭圆工具”“矩形工具”或“画笔工具”等绘制出引导线），被引导层上放置实例（可以是影片剪辑、图形元件、按钮元件、文字等），并建立传统补间动画。一个运动引导层下可以建立一个或多个被引导层。

2. 传统运动引导层与引导层

引导层是 Flash 中的一种特殊图层，起到辅助其他图层静态对象定位的作用，它是单独使用的（无须配合使用被引导层），性质和辅助线差不多。由于引导层不会输出，因此不会显示在发布的 SWF 格式文件中，最终导出影片时，观看者是看不到这条轨迹的，如图 6-43 所示。

任何图层都可以作为引导层，普通图层转化为引导层有以下两种方法。

（1） 右击普通图层，在弹出的快捷菜单中选择“引导层”命令，即可将普通图层转化为传统普通引导层。

（2） 右击普通图层，在弹出的快捷菜单中选择“属性”命令，在弹出的“属性”对话框中选中“引导层”单选按钮，单击“确定”按钮，即可将普通图层转化为引导层。

运动引导层如图 6-44 所示，是为一个或多个被引导图层建立的，在建立传统运动引导层的同时，已经在该图层与其他图层之间建立起引导关系，在导出时同样看不到。

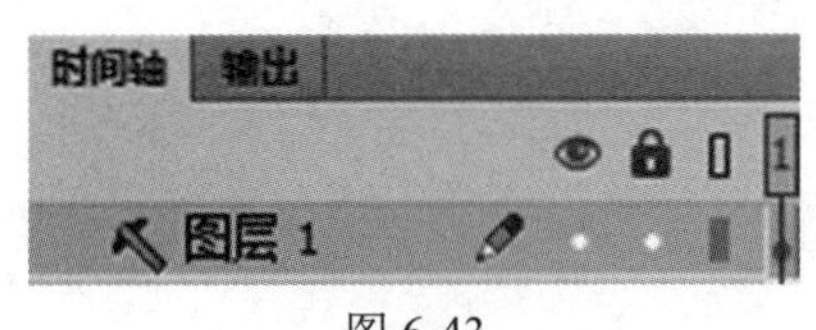

图 6-43

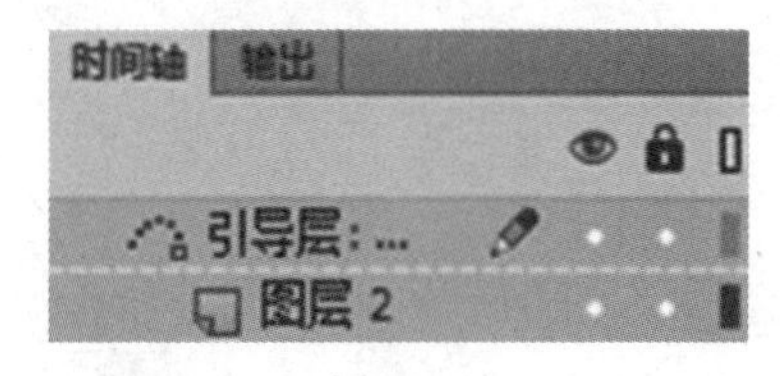

图 6-44

引导层要转变为运动引导层，需要先建立被引导层，再通过拖动图层建立起引导关系，被引导层上的对象才可能沿引导层轨迹运动。

3. 制作引导线动画

新建基于 ActionScript 3.0 的 Flash 文档，选择图层 1 的第 1 帧，选择“基本椭圆工具”，设置笔触颜色为无、填充颜色为橙色（#FF9900），在舞台上绘制一个圆形，如图 6-45 所示。单击圆形，如图 6-46 所示，调整右侧的端点，效果如图 6-47 所示。

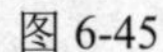
图 6-45

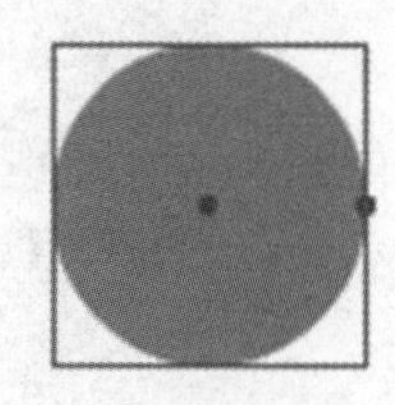
图 6-46

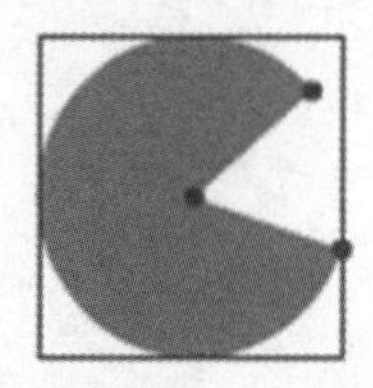
图 6-47

选中图层 1 并右击，在弹出的快捷菜单中选择“添加传统运动引导层”命令，效果如图 6-48 所示。选择引导层的第 1 帧，选择“钢笔工具”，设置笔触颜色为黑色（#000000），绘制一条曲线，如图 6-49 所示。

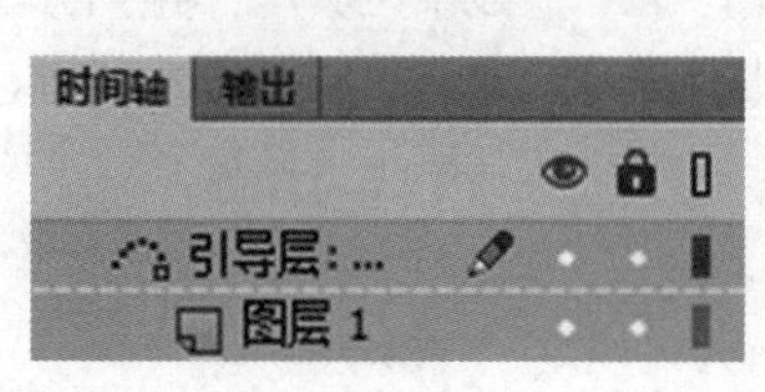

图 6-48

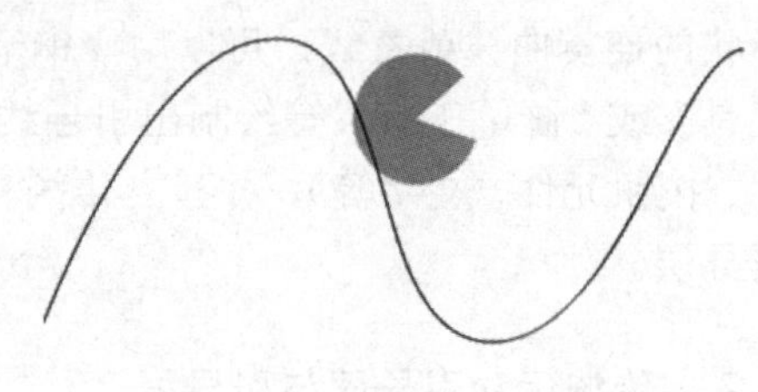
图 6-49

选择图层 1 的第 30 帧，按“F6”键，插入关键帧。选中第 1 帧并右击，从弹出的快捷菜单中选择“创建传统补间”命令。选择引导层的第 30 帧，按“F5”键，插入普通帧，选择图层 1 的第 1 帧，调整橙色圆形的中心点贴紧引导线一个端点。选择图层 1 的第 30 帧，用类似的操作，使其贴紧另一个端点，如图 6-50 和图 6-51 所示。测试影片，观察引导线是否显示，以及对象的运动轨迹。

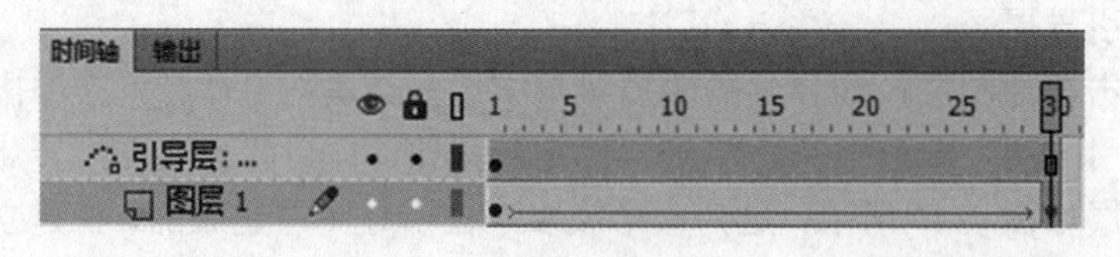

图 6-50

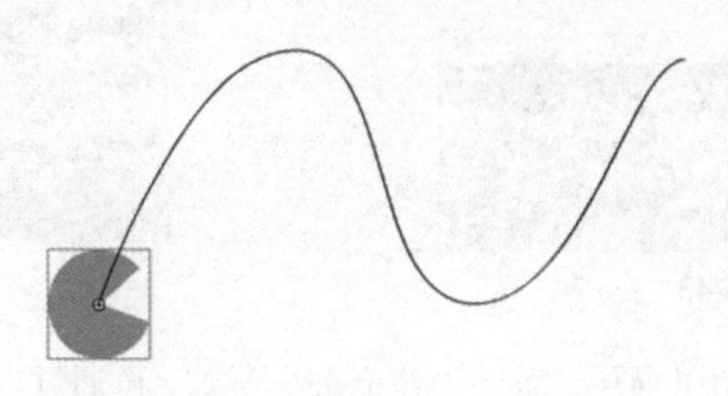
图 6-51

6.2.3　任务实施步骤

（1）打开“素材案例/项目六动画短片的制作/任务二”中的“素材.fla”文件，选择“修改”→“文档”命令，将文档大小设置为 1024 像素×768 像素，设置背景颜色为“#FFFFCC”，其他设置保持默认。

（2）新建 4 个图层，分别为“图层 1”～“图层 4”，从上到下命名为“龙”“叶公”“花瓶”“背景”，如图 6-52 所示。

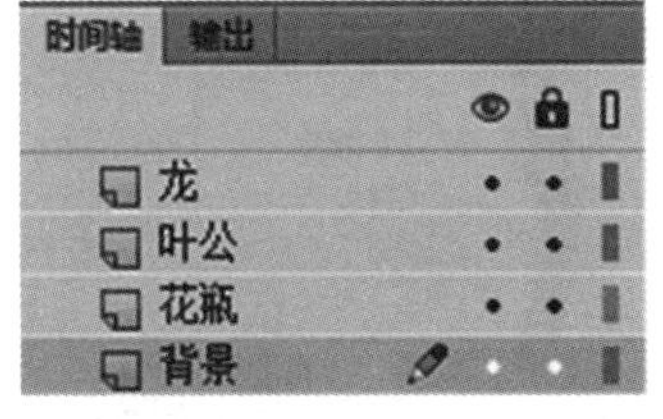

图 6-52

（3）选择“背景”图层的第 1 帧，选择“椭圆工具”，设置笔触颜色为无，填充颜色为棕色（#614425），在舞台上绘制一个正圆，使该正圆一部分位于舞台上，如图 6-53 所示。选择“椭圆工具”，设置笔触颜色为无、填充颜色为白色（#FFFFFF），在棕色圆形内部绘制一个正圆，按“Delete”键将其删除，并利用“选择工具”选择舞台外的部分，同样利用“Delete”键将其删除，效果如图 6-54 所示。

图 6-53

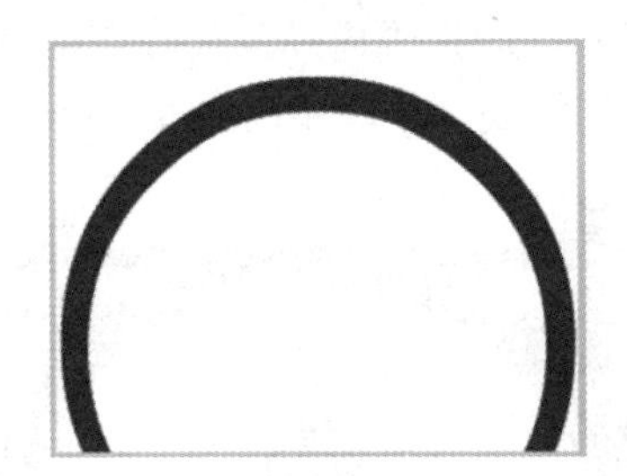

图 6-54

（4）选中“背景”图层的第 1 帧，选择“矩形工具”，设置笔触颜色为无、填充颜色为棕色（#614425），绘制几个矩形作为栏杆，如图 6-55 所示。

（5）选择“背景”图层的第 1 帧，选择“线条工具”，设置笔触颜色为黑色、笔触高度为 1.0，绘制如图 6-56 所示的两条直线。选择“选择工具”，调整线条的弧度，如图 6-57 所示。选择“颜料桶工具”，设置填充颜色为“#FFFFCC”，为床幔填充淡黄色，如图 6-58 所示。再次选择“线条工具”，在两条曲线的底部绘制一条水平直线，在三条线段构成的图形中填充绿色（#78A96D），如图 6-58 所示。

图 6-55

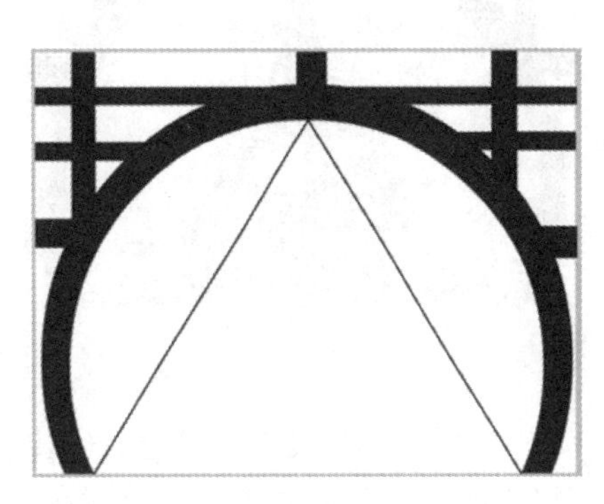

图 6-56

图 6-57

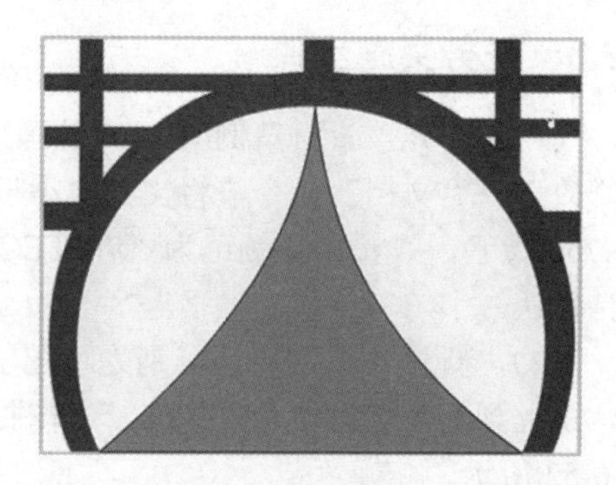

图 6-58

（6） 选择“背景”图层的第 1 帧，选择“矩形工具”，单击“对象绘制”按钮，设置笔触颜色为黑色（#000000）、填充颜色为红色（#D5673C），在舞台上绘制一个红色矩形。再次修改填充颜色为白色（#FFFFFF），再次绘制一个白色矩形，如图 6-59 所示。选择两个矩形，按“Ctrl+G”组合键，使其成组。选择“任意变形工具”，调整棉被的形状，如图 6-60 所示。选择“选择工具”，双击棉被，调整棉被矩形的边为弧线，如图 6-61 所示。打开“库”面板，将库中的“龙”元件拖动到床幔、被子上，如图 6-62 所示。

图 6-59

图 6-60

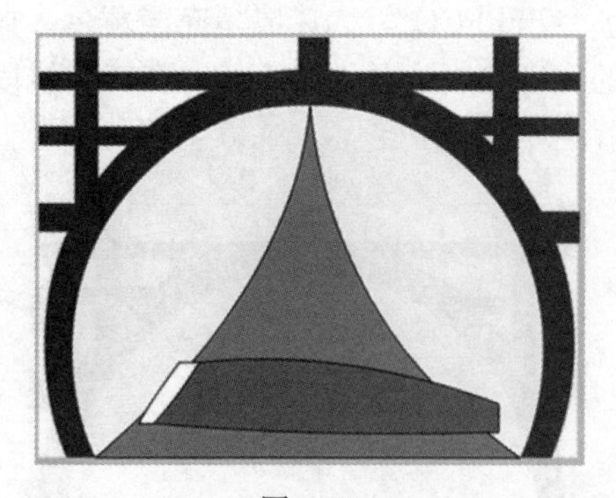

图 6-61

图 6-62

（7） 按“Ctrl+F8”组合键，创建名称为“花瓶”、类型为“图形”的元件，选择“线条工具”，取消对象绘制模式，绘制花瓶轮廓，如图 6-63 所示。选择“选择工具”，调整直线为弧线，再利用“线条工具”绘制一条直线作为瓶口，将其调整为弧线，如图 6-64 所示，设置填充颜色为“#B9D4D6”，选择“颜料桶工具”填充瓶身，修改填充颜色为“#6C998D”，填充瓶口，如图 6-65 所示。

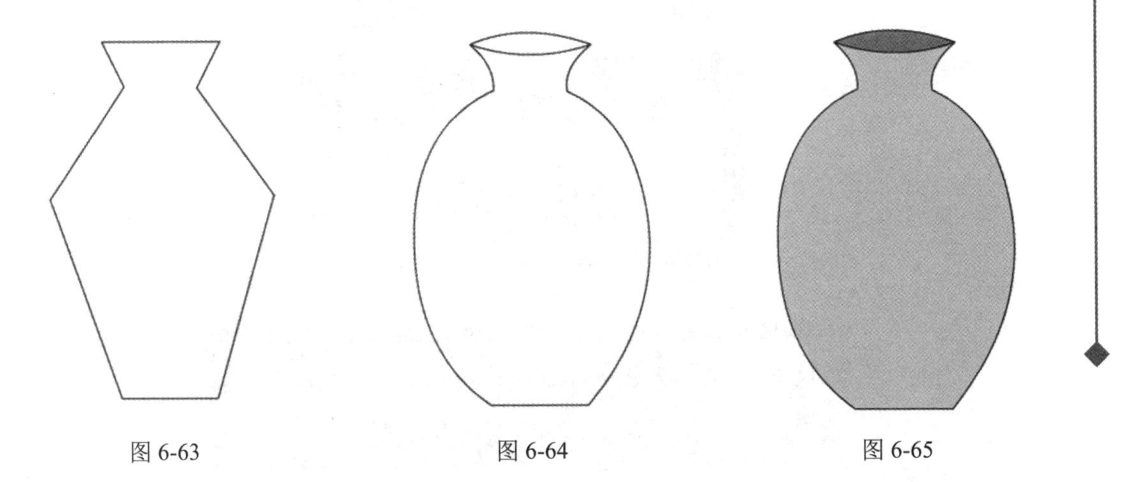

图 6-63　　图 6-64　　图 6-65

（8） 选择“场景一”，回到场景一的编辑环境，选择“花瓶”图层的第 1 帧，将库中的“花瓶”元件拖到舞台上，选择“叶公”图层的第 1 帧，将库中的“叶公”元件拖到舞台上，如图 6-66 所示。

（9） 新建一个图层，命名为“文字”，位于其他图层的上方，选择“文字”图层的第 1 帧，选择“矩形工具”，设置笔触颜色为黑色、填充颜色为#FFCC99，绘制一个矩形，在“矩形选项”文本框中填入“50”，可得到一个圆角矩形。选择“文本工具”，字体设置随意，设置字体颜色为白色、字号为 40.0 磅，在舞台上输入“叶公喜欢龙，盖的被子，挂的床幔上绣得都是龙。”，效果如图 6-67 所示。

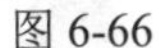

图 6-66

图 6-67

（10） 分别选择“文字”“叶公”“花瓶”和“背景”图层的第 50 帧，按“F5”键，插入普通帧，选中“叶公”图层的第 1 帧并右击，从弹出的快捷菜单中选择“创建补间动画”命令，选择第 50 帧，移动“叶公”实例到舞台右侧，如图 6-68 所示，时间轴面板如图 6-69 所示。

图 6-68

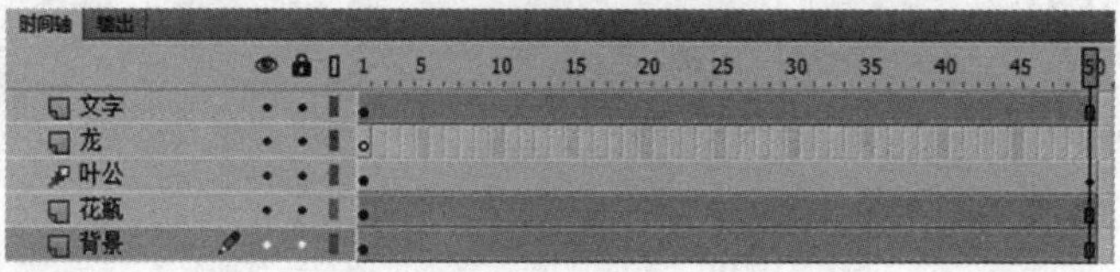

图 6-69

（11） 选择“文字”图层的第 51 帧，按“F6”键，插入关键帧，将文本修改为“他这样爱龙，被天上的真龙知道后，便从天上下降到叶公家里。”，分别选择“文字”“叶公”“花瓶”和“背景”图层的第 100 帧，按“F5”键，插入普通帧，选择“叶公”图层的第 100 帧，移动“叶公”实例到舞台左侧。

（12） 选择“文字”图层的第 101 帧，按“F6”键，插入关键帧，将文本修改为“当叶公看到真龙后，瞬间叶公吓晕了。”。分别选择“文字”“叶公”“花瓶”和“背景”图层的第 150 帧，按“F5”键，插入普通帧，选择“叶公”图层的第 101 帧，按“F6”键，插入关键帧。选中“叶公”图层的第 150 帧并右击，从弹出的快捷菜单中选择“插入关键帧”→“全部”命令，选择“任意变形工具”移动“叶公”实例到舞台的底边，并进行缩小、旋转，如图 6-70 所示。

（13） 选择“龙”图层的第 101 帧，按“F7”键，插入空白关键帧，将库中的“龙”元件拖到舞台上，如图 6-71 所示，选择第 200 帧，按“F6”键，插入关键帧，选中第 101 帧并右击，从弹出的快捷菜单中选择“创建传统补间”命令，这样可在第 101～200 帧上创建传统补间动画。

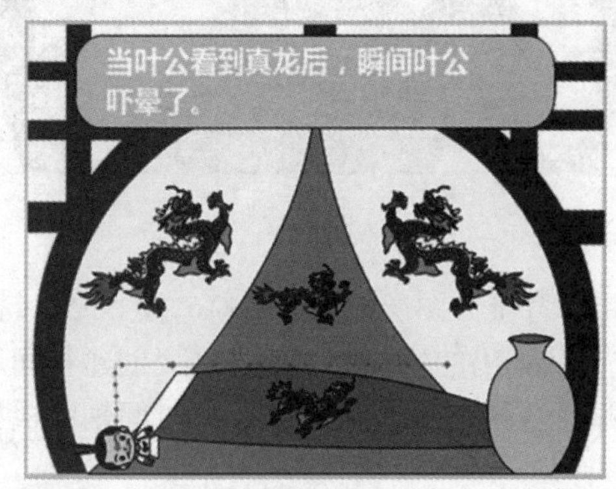

图 6-70

图 6-71

（14）选中“龙”图层并右击，从弹出的快捷菜单中选择“添加传统运动引导层”命令，选择“引导层”的第 1 帧，选择“钢笔工具”，笔触颜色任意、笔触高度任意，绘制运动轨迹，如图 6-72 所示。

（15）选择“龙”图层的第 101 帧，将“龙”元件的中心点拖至引导线的右端，选择第 200 帧，将“龙”实例的中心点拖至引导线的左端，如图 6-73 所示。

图 6-72

图 6-73

（16）新建图层，并命名为“音效”，选择该图层的第 101 帧，按“F7”键，插入空白关键帧，选择“文件”→“导入”→“导入到库”命令，选择该任务素材中的“龙咆哮声音.mp3”文件，单击“确定”按钮，导入素材。选择第 101 帧，打开“属性”面板，在声音下方选择“龙咆哮声音.mp3”文件，时间轴面板如图 6-74 所示。

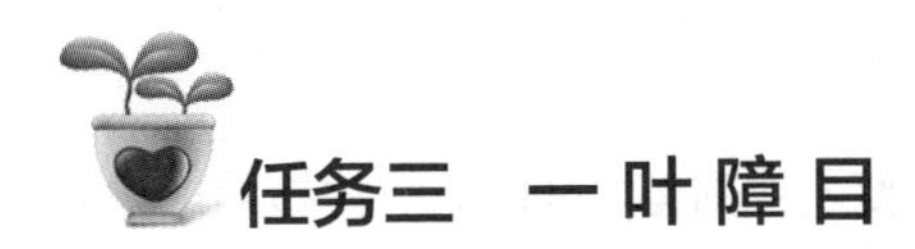

图 6-74

（17）按“Ctrl+Enter”组合键，测试影片。

任务三　一叶障目

6.3.1　任务效果及思路分析

本任务需要制作片头，通过骨骼工具制作楚人动画，结合文字等工具完成动画效果，如图 6-75 所示。

（1） 布置场景 1，制作片头。

（2） 新建场景 2，使用骨骼工具制作楚人动画。

（3） 为场景 2 添加故事脚本。

（4） 新建场景 3，制作楚人偷珠宝动画。

（5） 为场景 3 添加故事脚本。

图 6-75

6.3.2 任务知识和技能

1. 滤镜简介

使用滤镜可以为文本、按钮和影片剪辑添加有趣的视觉效果，使应用滤镜的对象呈现立体效果。滤镜有投影、模糊、发光、斜角、渐变发光、渐变斜角和调整颜色 7 种效果，但是只能对文本、按钮和影片剪辑应用。要使用滤镜功能，首先在舞台上选择文本、按钮或影片剪辑对象，然后进入“滤镜”面板，单击“添加滤镜”按钮，从弹出的快捷菜单中选择相应的滤镜选项，为每个对象添加一个新的滤镜，在属性检查器中，就会将其添加到该对象所应用的滤镜列表中，可以对一个对象应用多个滤镜，也可以删除以前应用的滤镜。

2. 滤镜的添加

在添加滤镜效果前，先要选中对象，可以添加滤镜的对象包括文字、影片剪辑和按钮。添加滤镜的具体步骤如下。

（1） 选中舞台上需要添加滤镜的对象。

（2） 打开“属性”面板，切换到“滤镜”选项卡，如图 6-76 所示。

（3） 单击“添加滤镜”按钮，从弹出的下拉菜单中选择要应用的滤镜效果，如图 6-77 所示。

（4） 如果选择“投影”命令，则在“滤镜”选项卡中可以设置投影的各种参数。

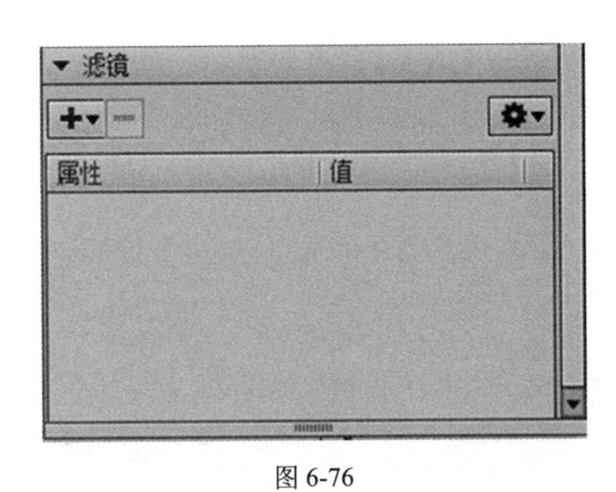

图 6-76

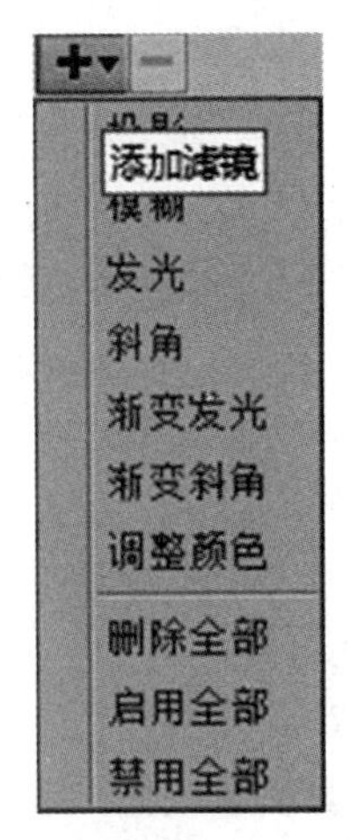

图 6-77

3. 滤镜的删除

选中已应用滤镜效果的对象，在“滤镜”选项卡中选择要删除的滤镜种类，然后单击“删除滤镜”按钮（即“减号”），所选的滤镜效果就被删除了，对象也恢复到未添加该滤镜效果时的状态。

4. 滤镜的保存

对于设置好的滤镜效果及参数，可以将它保存起来。选中需要保存的滤镜效果，单击“选项”按钮（“齿轮”形状），从弹出的下拉菜单中选择“另存为预设”命令，如图 6-78 所示，打开“将预设另存为”对话框，在“预设名称”文本框中输入自定义的滤镜名称，单击“确定”按钮。

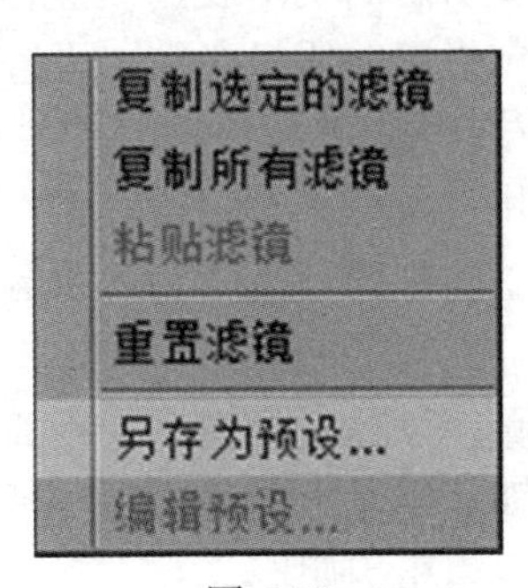

图 6-78

注意

将预设保存后，以后想要调用时，可直接在“预设”扩展菜单中调用，这样方便操作。

5. 滤镜的分类

（1） 投影：为对象添加一个表面投影的效果。

（2） 模糊：柔化对象的边缘和细节，使对象看起来柔和。

（3） 发光：为对象的整个边缘应用颜色。

（4） 斜角：为对象应用加亮效果，使其看起来凸出于背景表面，可以创建内斜角、外斜角和完全斜角。

（5） 渐变发光：在发光表面产生带渐变颜色的发光效果。

（6） 渐变斜角：产生一种凸起效果，使对象看起来好像从背景上凸起，且斜角表面有渐变颜色。

（7） 调整颜色：调整所选对象的亮度、对比度、色相和饱和度。

各滤镜效果如图 6-79 所示，当进行参数设置后，效果将有较大变化。

好 好 好 好 好 好 好

投影　模糊　发光　斜角　渐变发光　渐变斜角　调整颜色

图 6-79

6. 滤镜参数的设置

7 种不同的滤镜都自带参数，修改其参数将产生不同的效果。下面以“投影”为例说明这些参数的作用。

（1） 模糊：该选项用于控制投影的宽度和高度。

（2） 强度：该选项用于设置阴影的明暗度，数值越大，阴影越暗。

（3） 品质：该选项用于控制投影的质量级别，设置为“高”则近似于高斯模糊；设置为“低”则可以实现最佳的回放功能。

（4） 颜色：单击此处的色块，打开“颜色拾取器”面板，可以设置阴影的颜色。

（5） 角度：该选项用于控制阴影的角度，在其中输入一个值或单击角度选取器并拖动角度盘。

（6） 距离：该选项用于设置印象与对象之间的距离。

（7） 挖空：挖空原对象（即从视觉上隐藏），挖空图像上只显示投影。

（8） 内侧阴影：在对象边界内引用阴影。

（9） 隐藏对象：隐藏对象只显示阴影。使用“隐藏对象”可以更轻松地创建出逼真的阴影。

6.3.3 任务实施步骤

（1） 打开“素材案例/项目六动画短片的制作/任务三”中的“素材.fla”文件，选择“修改”→“文档”命令，将文档大小设置为 1024 像素×768 像素，其他设置保持默认。

（2） 新建图层 2，修改图层 1、图层 2 的名称为“文字”和“背景”，如图 6-80 所示。

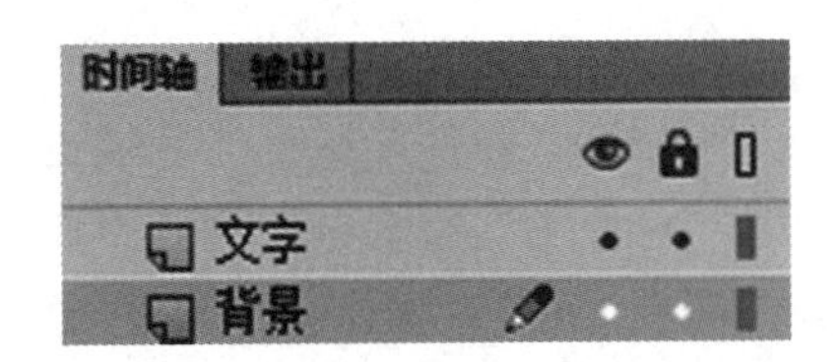

图 6-80

（3）选择“背景”图层的第 1 帧，选择“矩形工具”，设置笔触颜色为“无”、填充颜色为黑色（#000000），绘制一个矩形，单击矩形，设置其位置和大小，如图 6-81 所示。选择“文字”图层的第 1 帧，选择“文本工具”，设置字号为 150.0 磅、字体系列为微软雅黑、字体颜色为橙色（#FF9900），在舞台上输入文字“一叶障目”，如图 6-82 所示。

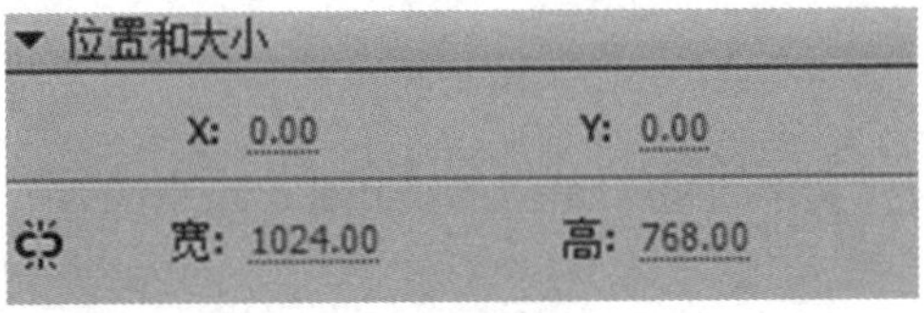

图 6-81

图 6-82

（4）选择“一叶障目”文字，打开“属性”面板，在“滤镜”面板中设置“模糊”与“发光”滤镜，各参数如图 6-83 所示，效果如图 6-84 所示。

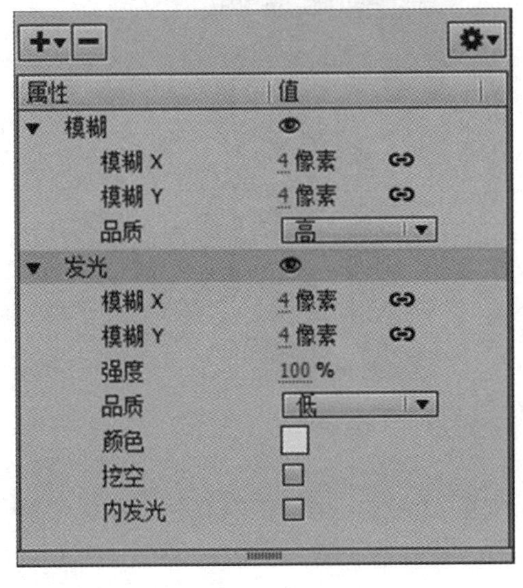

图 6-83

图 6-84

（5） 分别选择“文字”与“背景”图层的第15帧，按“F5”键插入普通帧，选择“插入”→“场景”命令，新建“场景2”。接着进入场景2的编辑，将图层1更名为“背景”。选择“背景”图层的第1帧，按“Ctrl+L”组合键，打开“库”面板，将库中的“背景1”图片拖到舞台上，打开“对齐”面板（可按“Ctrl+K”组合键），选中“与舞台对齐”复选框，选择“水平中齐”和“垂直中齐”命令，如图6-85所示，效果如图6-86所示。

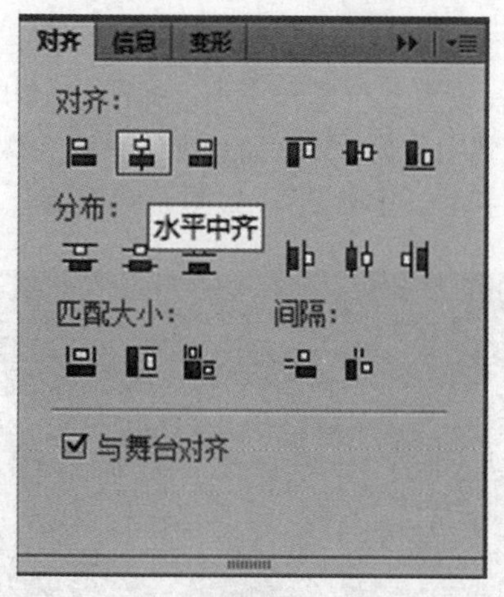

图6-85

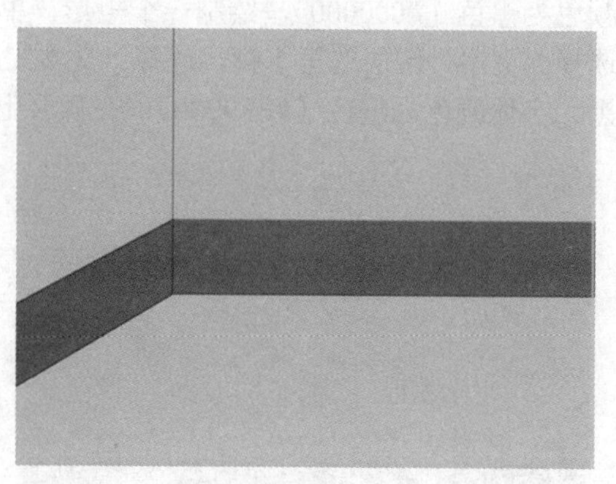

图6-86

（6） 新建两个图层，分别从上到下更名为“文字”和“楚人”，如图6-87所示。

（7） 按“Ctrl+F8”组合键，新建名称为“楚人”、类型为“影片剪辑”的元件，按“Ctrl+L”组合键，打开“库”面板，选择图层1的第1帧，将库中的“楚人身体”“楚人左胳膊”和“楚人右胳膊”3个图形元件拖到舞台上，如图6-88所示。

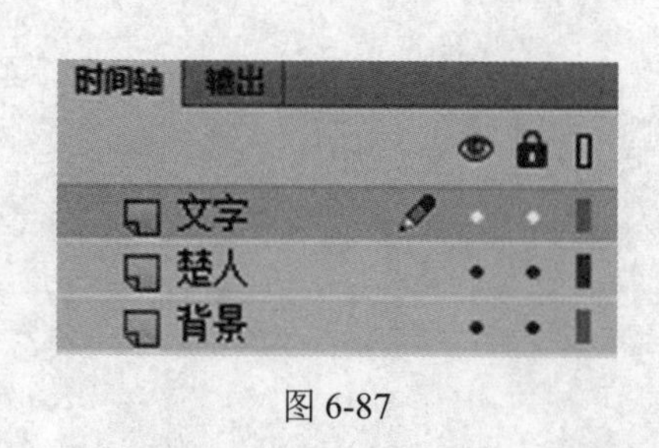

图6-87

图6-88

（8） 选择“工具”面板中的“骨骼工具”，先单击身体，再单击右胳膊，添加骨骼，如图6-89所示。然后选择“任意变形工具”，单击“楚人右胳膊”实例，调整其中心点，如图6-90所示。

图 6-89

图 6-90

（9） 选择图层 1 的第 40 帧，插入帧，选中“骨架”图层的第 20 帧并右击，从弹出的快捷菜单中选择“插入姿势”命令，选择“选择工具”，单击右胳膊，调整胳膊的角度，如图 6-91 所示。再次选择第 40 帧，插入姿势。

图 6-91

（10） 新建图层，重命名为“树叶”，选择第 1 帧，将库中的“树叶”元件拖到舞台上，选择第 20 帧，按“F6”键，插入关键帧，调整树叶的位置，如图 6-92 所示。用同样的方法，选择第 40 帧，插入关键帧，调整树叶的位置，如图 6-93 所示。

图 6-92

图 6-93

（11） 分别选中“树叶”图层的第 1 帧和第 20 帧在其上右击，从弹出的快捷菜单中选择“创建传统补间”命令，时间轴面板如图 6-94 所示。

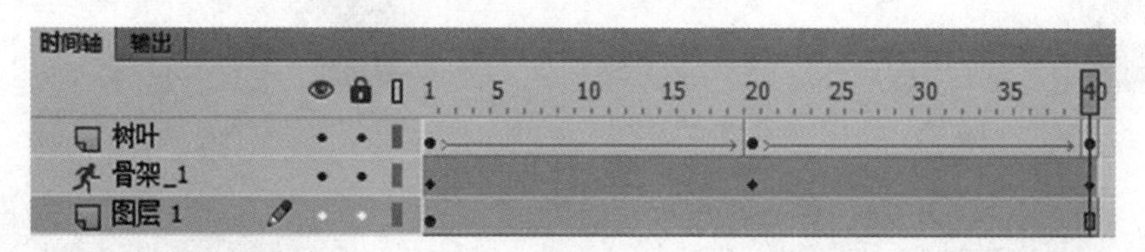

图 6-94

（12） 单击“场景 2”，回到场景 2 的编辑环境，选择“楚人”图层的第 1 帧，将库中的“楚人”影片剪辑元件拖到舞台上，如图 6-95 所示。

（13） 选择“文字”图层的第 1 帧，选择“文本工具”，设置字体系列为微软雅黑、字号为 50.0 磅、字体颜色为灰色（#666666），将段落设置为居左对齐，在舞台上输入“有一位楚国人，见过螳螂躲在树叶后面捕蝉后，突发奇想：‘我躲在树叶后面，别人是不是也看不到我了呢？’”，如图 6-96 所示。

图 6-95

图 6-96

（14） 选择“插入”→“场景”命令，新建场景 3，选择图层 1 的第 1 帧，将库中的“背景 2”图片拖到舞台上，按“Ctrl+K”组合键，打开“对齐”面板，选中“与舞台对齐”复选框，单击“水平中齐”和“垂直中齐”按钮，效果如图 6-97 所示。

（15） 将图层 1 重命名为“背景”，接着新建 4 个图层，从上到下命名为“文字”“项链”“货郎及物品”和“楚人”，如图 6-98 所示。

图 6-97

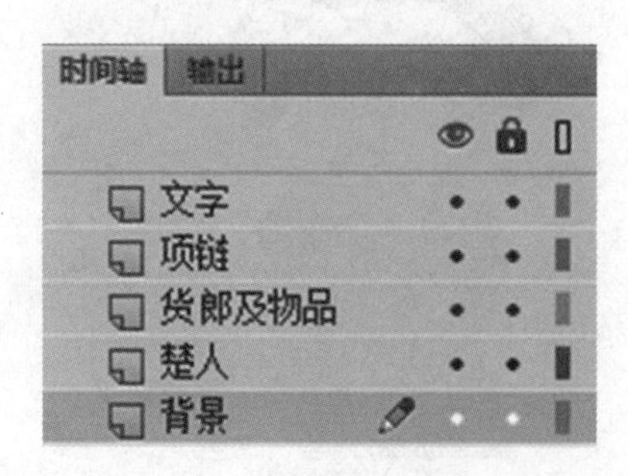

图 6-98

（16）按“Ctrl+F8”组合键，新建一个名称为“楚人偷物品”、类型为“影片剪辑”的元件，选择第 1 帧，将库中的“楚人身体”“楚人左胳膊”“楚人右胳膊”和“树叶”拖到舞台上，调整它们的位置，如图 6-99 所示。

图 6-99

（17）选择“工具”面板中的“骨骼工具”，先单击“楚人身体”，再单击“楚人左胳膊”，如图 6-100 所示，利用“任意变形工具”，调整左胳膊的中心点，如图 6-101 所示。选择图层 1 的第 50 帧，按“F5”键插入普通帧，选中“骨骼”图层的第 50 帧并右击，在弹出的快捷菜单中选择“插入姿势”命令，调整楚人左胳膊的角度，将图层 1 拖动到“骨骼”图层的上方，效果如图 6-102 所示。

图 6-100　　图 6-101　　图 6-102

（18）单击场景 3，回到场景 3 的编辑环境，选择“楚人”图层的第 1 帧，打开“库”面板，将“楚人偷物品”影片剪辑元件拖到舞台上；选择“项链”图层的第 1 帧，将库中的“项链”元件拖到舞台上；选择“货郎与物品”图层的第 1 帧，将库中的“货郎”“首饰盒 1”“首饰盒 2”“手链”和“手镯”分别拖到舞台上一次，调整其位置，如图 6-103 所示。

（19）选择“文字”图层的第 1 帧，字体颜色设置为白色，其他设置同步骤（13），在舞台上输入“楚人以树叶遮住自己的眼睛，来到首饰摊前，观察摊主好像没看到自己。”，如图 6-104 所示。

图 6-103

图 6-104

（20） 将“楚人”图层拖动到“货郎及物品图层”的上方，如图 6-105 所示。

（21） 分别选中“文字”“项链”“货郎及物品”和“背景”图层的第 100 帧，按“F5”键，插入普通帧，选中“楚人”图层的第 100 帧，按“F6”键，插入关键帧，选中“楚人”图层的第 1 帧，在其上右击，从弹出的快捷菜单中选择“创建传统补间”命令，选择第 100 帧上的“楚人偷物品”实例，调整其位置，如图 6-106 所示。

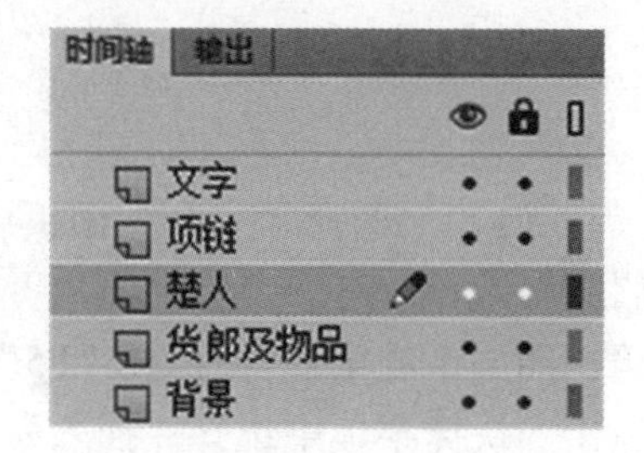

图 6-105

（22） 选择“货郎及物品”和“背景”图层的第 180 帧，按“F5”键，插入普通帧；选择“文字”图层的第 101 帧，按“F6”键，插入关键帧，修改文字为“楚人刚要拿起项链，店主大喊道‘抓小偷啊！抓小偷啊！’楚人顿时吓得面如死灰。”。选择“文字”图层的第 180 帧，按“F5”键，插入普通帧；选择“项链”图层的第 101 帧，按“F6”键，插入关键帧；选择该图层的第 150 帧，按“F6”键，插入关键帧，选中第 101 帧并右击，从弹出的快捷菜单中选择“创建传统补间”命令，调整第 150 帧上项链的位置，如图 6-107 所示。

图 6-106

图 6-107

（23） 选择“楚人”图层的第 151 帧和第 180 帧，分别按“F6”键，插入关键帧，选中第 151 帧并右击，从弹出的快捷菜单中选择“创建传统补间”命令，选择第 180 帧，单击“楚人偷物品”实例，打开“属性”面板，调整其色彩效果，如图 6-108 所示，此时第 180 帧效果如图 6-109 所示。

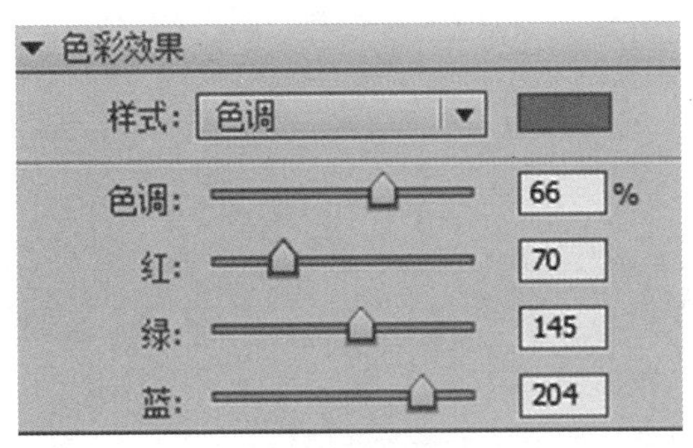

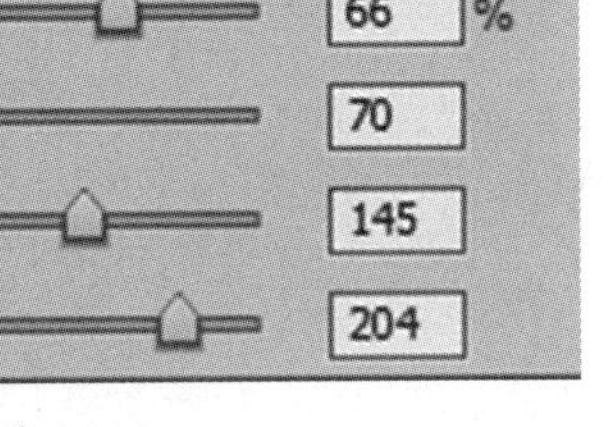

图 6-108

图 6-109

（24） 选择“项链”图层的第 160 帧，按“F6”键，插入关键帧，调整其位置，如图 6-110 所示，选择“项链”图层的第 150 帧，在其上右击，从弹出的快捷菜单中选择“创建传统补间”命令，选择“项链”图层的第 180 帧，按“F5”键，插入普通帧。

图 6-110

（25） 按“Ctrl+Enter”组合键，测试影片。

项目七　游戏的制作

Flash 动画广泛应用于游戏制作中，如换装游戏、掷骰子游戏、石头剪刀布游戏等。本项目主要介绍游戏的制作方法。

学习目标：

- ActionScript 3.0 的语法规则。
- ActionScript 3.0 的基础知识。
- 常用语句。
- 函数。

任务一 换装游戏

7.1.1 任务效果及思路分析

本任务需要制作上衣、下衣影片剪辑元件（共制作 12 件衣服的影片剪辑元件），制作女孩影片剪辑元件，通过添加动作、拖动衣服、对衣服与女孩进行碰撞检测等操作决定显示哪一件衣服，如图 7-1 所示。

（1） 制作背景。

（2） 制作 12 件衣服和女孩影片剪辑元件。

（3） 制作上衣和下衣影片剪辑元件。

（4） 添加动作脚本。

图 7-1

7.1.2 任务知识和技能

1. ActionScript 3.0 概述

ActionScript 是 Adobe Flash Player 和 Adobe AIR 运行时环境的编程语言，它在 Flash、Flex 和 AIR 内容与应用程序中实现交互性、数据处理，以及其他许多功能。

ActionScript是由Flash Player和AIR中的ActionScript虚拟机（AVM）执行的。ActionScript

代码通常由编译器（如 Adobe Flash CS4 Professional 或 Adobe Fle Builder 的内置编译器或 Adobe Flex SDK 中提供的编辑器）编译为“字节代码格式”（一种由计算机编写并且计算机能够理解的编程语言）。字节码嵌入 SWF 文件中，SWF 文件由 Flash Player 和 AIR 执行。

ActionScript 3.0 提供了可靠的编程模型，具备面向对象编程基本知识的开发人员对此模型会感到似曾相识。ActionScript 3.0 相对于早期的 ActionScript 版本改进的一些重要功能包括以下几个。

（1） 一个新增的 ActionScript 虚拟机，称为 AVM2，它使用全新的字节代码指令集，可使性能显著提高。

（2） 一个更为先进的编译器代码库，可执行比早期编译器版本更深入的优化。

（3） 一个扩展并改进的应用程序编程接口(API)，拥有对对象的低级控制和真正意义上的面向对象的模型。

（4） 一个基于 ECMAScript for XML (E4X) 规范（ECMA-357 第 2 版）的 XML API。E4X 是 ECMAScript 的一种语言扩展，它将 XML 添加为语言的本机数据类型。

（5） 一个基于文档对象模型(DOM)第 3 级事件规范的事件模型。

ActionScript 3.0 的脚本编写功能超越了 ActionScript 的早期版本，旨在方便创建拥有大型数据集和面向对象的可重用代码库的高度复杂应用程序。虽然 ActionScript 3.0 对于在 Adobe Flash Player 中运行的内容并不是必需的，但它使用新型的虚拟机 AVM2 实现了性能的改善。ActionScript 3.0 代码的执行速度可以比旧式 ActionScript 代码快 10 倍。

2. ActionScript 3.0 语法规则

（1） 对大小写敏感。

ActionScript 3.0（简称 AS3.0）对大小写敏感，如变量 Ab 与 ab 将被视为两个不同的变量。

（2） 点运算符。

ActionScript 3.0 中，点“.”用于表示与对象相关的属性或方法，例如：

```
sh1.x=100;//设置实例 sh1 的 x 坐标为 100
```

（3） 括号与分号。

在 ActionScript 3.0 中花括号“{}”作为分界符，将代码分为不同的块，如循环结构与选择结构中就经常用到“{}”。

圆括号“()”通常用于放置选择结构中的条件表达式、函数定义中放置参数，其次在逻辑表达式中，“()”内的部分要先进行运算。

分号“;”作为一个语句的结束。

（4） 注释。

单行注释符号：

```
//
```

举例：

```
var name:String="anne"; //定义一个字符串类型名称为 name 的变量
```

多行注释符号：

```
/*......*/
```

（5） 标识符和关键字。

关键字是指编程语言预先定义的标识符，在程序中有特定含义，用户在对函数、变量、类等进行命名时应避开关键字，否则编译出错。ActionScript 3.0 中常见的关键字如表 7-1 所示。

表 7-1　关键字列表

as	break	case	catch	false	class	const	continue
default	delete	do	else	extends	false	finally	for
is	native	new	null	package	private	protected	public
return	super	switch	this	throw	to	true	try
typeof	use	var	void	while	with		

标识符命名应符合以下规则。

① 第一个字符必须为字母、下画线“_”或美元符号“$”。

② 由字母、数字、下画线、美元符号组成。

③ 不能与关键字重名。

3. ActionScript 3.0 中的数据类型及变量

在 ActionScript 3.0 中，基本数据类型包括以下几种。

（1） String：一个文本值。例如，一个名称或书中某一章的文字。

（2）Numeric：对于 Numeric 型数据，ActionScript 3.0 包含以下 3 种特定的数据类型。

number：任何数值，包括有小数部分或没有小数部分的值。

int：一个整数（不带小数部分的整数）。

uint：一个“无符号”整数，即不能为负数的整数。

（3） Boolean：一个 true 或 false 值，如开关是否开启或两个值是否相等。

在 ActionScript 中，若要创建一个变量（称为声明变量），应使用 var 语句：

```
var 变量名:数据类型;
```

或者

```
var 变量名:数据类型=值;
```

4. 实例名称

实例名称是指影片剪辑实例、按钮元件实例、视频剪辑实例、动态文本实例和输入文本实例，它们是 AS 语句面向的对象。

要定义实例名称，使用“选择工具”选中舞台行的实例，然后在“属性”面板中输入名称即可。

7.1.3　任务实施步骤

（1） 打开“素材案例/项目七游戏制作/任务二”中的“素材.fla”文件，选择“修改”→“文档”命令，将文档大小设置为 1024 像素×768 像素，将背景颜色设置为#F5EEE3，其他设置保持默认。

（2） 新建 5 个图层，分别为“图层 1”～“图层 5”，从上到下命名为“动作”“上衣和下衣”“衣服”“女孩”和“背景”，如图 7-2 所示。

（3） 选择“背景”图层的第 1 帧，选择“矩形工具”，将填充颜色设置为#EBF6F8，笔触颜色设置为#999999，绘制一个矩形作为女孩背景，如图 7-3 所示。

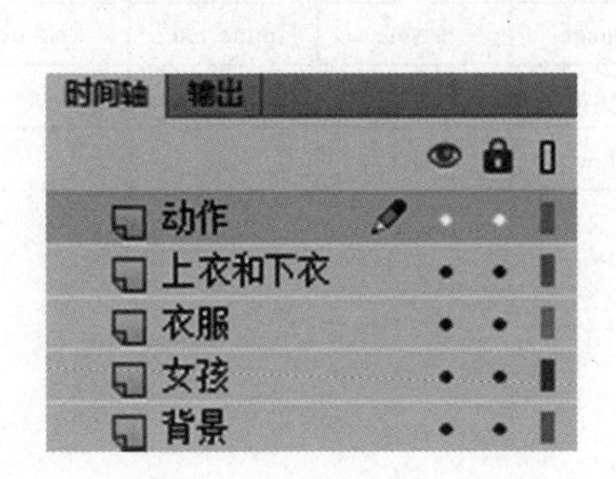

图 7-2

图 7-3

（4） 选择“女孩”图层的第 1 帧，按“Ctrl+L”组合键将“泳装女孩”拖入刚才绘制的矩形中，将实例名称设置为“mm”，如图 7-4 和图 7-5 所示。

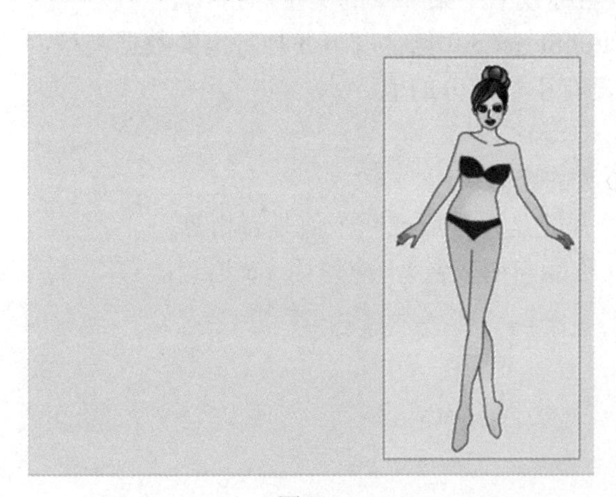

图 7-4

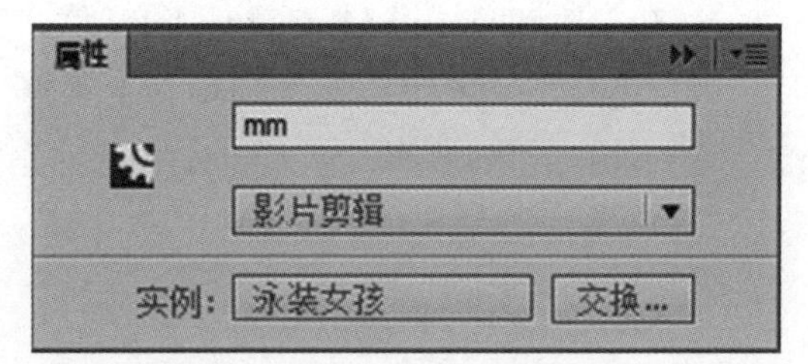

图 7-5

（5） 选择“衣服”图层的第 1 帧，按“Ctrl+L”组合键，将“上 1”～“上 6”和“下 1”～“下 6”拖到舞台上，分别添加实例名称 sh1～sh6、xia1～xia6，调整其位置，如图 7-6 所示。

（6） 制作“上衣”影片剪辑，这是逐帧动画，图层 1 上的第 1 帧是空白关键帧，后面 6 个关键帧分别是“上 1”～“上 6”图片，调整图片的位置，使其大小合适。在图层 1 的第 1 帧添加动作“stop();”，如图 7-7 所示。

图 7-6

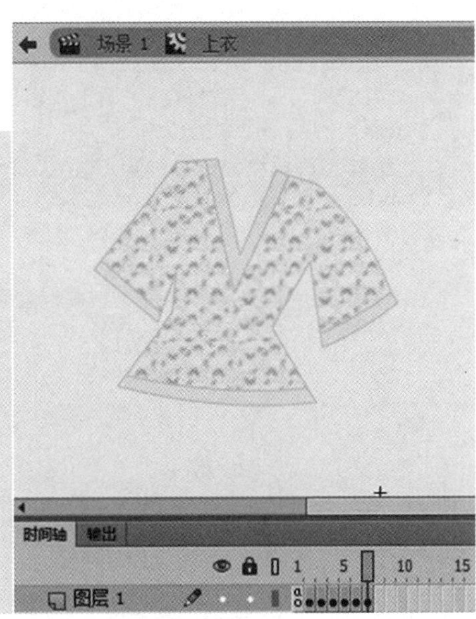

图 7-7

（7） 使用同样的方法，制作“下衣”影片剪辑。

（8） 返回场景 1，选择“上衣和下衣”图层的第 1 帧，按“Ctrl+L”组合键，打开“库”面板，将库中的“上衣”和“下衣”影片剪辑元件拖到“泳装女孩”身上，并分别设置其实例名称为“shangyi”和“xiayi”。在元件上双击打开编辑窗口，采用“任意变形工具”和“选择工具”调整衣服的大小与位置，使其刚好穿在女孩身上。

（9） 选择“动作”图层的第 1 帧，在其上右击，在弹出的快捷菜单中选择“动作”命令，为“sh1”实例添加以下动作代码。

```
//声明变量 xx 和 yy，用于存放实例原有的位置
var xx:int;
var yy:int;
//添加侦听事件
sh1.addEventListener(MouseEvent.MOUSE_DOWN,mdfun);
sh1.addEventListener(MouseEvent.MOUSE_UP,sh1mufun);
//按下开始拖动
function mdfun(event:MouseEvent):void {
    //将事件源存储为 Sprite 对象 A
    var A:Sprite=event.target as Sprite;
    //鼠标跟随实例移动
    A.startDrag();
    //将实例原有位置存储到 xx 和 yy 中
    xx=A.x;
    yy=A.y;
    //将拖动的衣服移到最前
    addChild(A);
}

function sh1mufun(event:MouseEvent):void {
```

```
//将事件源存储为 Sprite 对象 B
var B:Sprite=event.target as Sprite;
//如果实例与 mm 实例重叠，则上衣影片剪辑播放并停止在相关帧上
//衣服实例回到原来的位置
if(B.hitTestObject(mm)) {
    shangyi.gotoAndStop(2);
    B.x=xx;
    B.y=yy;
    //设置 sh1～sh6 六件上衣实例为可见
    sh1.visible=true;
    sh2.visible=true;
    sh3.visible=true;
    sh4.visible=true;
    sh5.visible=true;
    sh6.visible=true;
    //设置 xia1～xia6 六件下衣实例为可见
    xia1.visible=true;
    xia2.visible=true;
    xia3.visible=true;
    xia4.visible=true;
    xia5.visible=true;
    xia6.visible=true;
    //设置当前拖动的衣服实例为不可见
    B.visible=false;
}
//松开鼠标停止拖动
stopDrag();
}
```

（10） 为“sh2”注册事件监听器，其中，sh2mufun 中代码与 sh1mufun 中相同，只不过 shangyi.gotoAndStop(2)应更改为 shangyi.gotoAndStop(3)。类似地，为 sh3～sh6 注册事件监听器，并改写 sh3mufun、sh4mufun、sh5mufun、sh6mufun。

```
//添加侦听事件
sh2.addEventListener(MouseEvent.MOUSE_DOWN,mdfun);
sh2.addEventListener(MouseEvent.MOUSE_UP,sh2mufun);
```

（11） 为“xia1”注册事件监听器，其中，xia1mufun 中代码与 sh1mufun 中相同，只不过 shangyi.gotoAndStop(2)应更改为 xiayi.gotoAndStop(2)。类似地，为 xia2～xia6 注册事件监听器，并改写 xia2mufun、xia3mufun、xia4mufun、xia5mufun、xia6mufun。

```
xia1.addEventListener(MouseEvent.MOUSE_DOWN,mdfun);
xia1.addEventListener(MouseEvent.MOUSE_UP,xia1mufun);
```

任务二　掷骰子游戏

7.2.1　任务效果及思路分析

本任务需要布置场景，不仅要制作 3 个按钮元件，还要制作摇骰子、随机骰子、抛筹码、胜利、失败等影片剪辑元件，通过添加动态文本框和 AS 代码来实现游戏功能，如图 7-8 所示。

（1）　布置场景。
（2）　布置静态文本和动态文本。
（3）　制作摇骰子影片剪辑元件。
（4）　制作随机骰子影片剪辑元件。
（5）　制作抛筹码影片剪辑元件。
（6）　制作 3 个按钮元件。
（7）　制作胜利与失败影片剪辑元件。
（8）　添加 AS 代码。

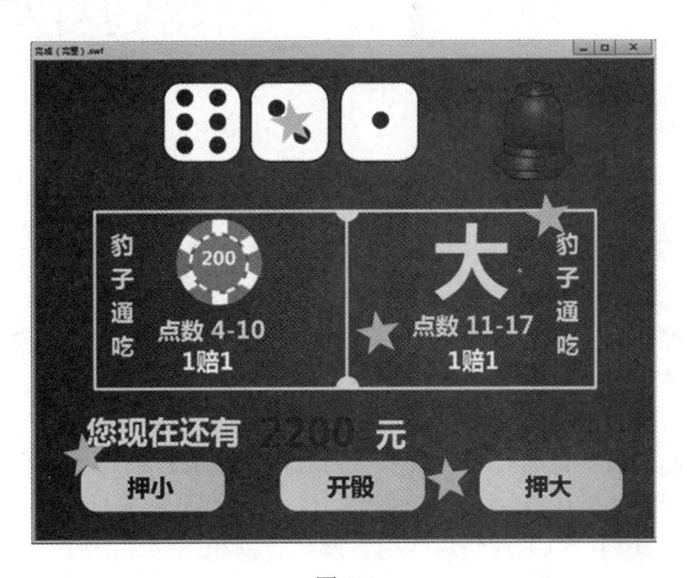

图 7-8

7.2.2　任务知识和技能

1.　使用“代码片断”面板

选择舞台上的对象或时间轴中的帧后，选择“窗口”→“代码片断”命令，打开“代码片断”面板，如图 7-9 所示。在“代码片断”面板中选择要应用的命令，此时，Flash 会自动创建一个“Actions”图层，并将相应的代码添加到该图层的关键帧中，还会自动打开“动作”面板，显示添加的代码，如图 7-10 所示。

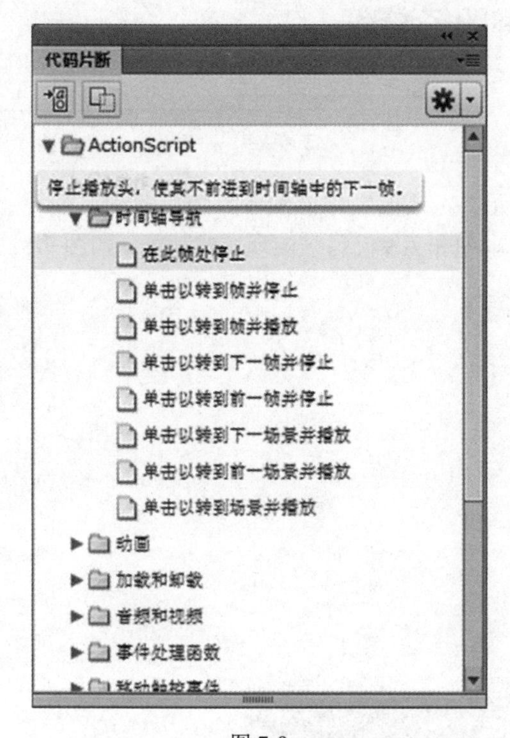

图 7-9

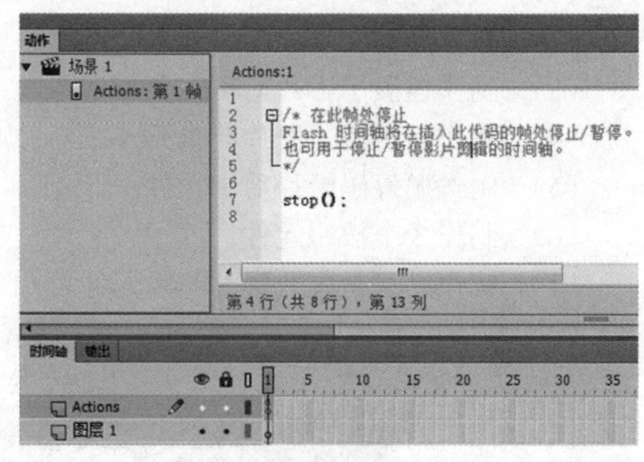

图 7-10

Flash CC 软件在“代码片断”面板中的预置代码可分为“ActionScript”“HTML5 Canvas”和“WebGL”三大类。“ActionScript”类又包含 11 个分类，下面介绍常用的几类。

（1） 动作：利用该代码片断可以将对象链接至 Web 网页、自定义鼠标光标、拖放对象及控制影片剪辑的播放等。

（2） 时间轴导航：该类代码片断主要用于控制动画的播放进程，如停止、开始播放等，或者将动画跳转到哪一帧上。

（3） 动画：该类代码主要用于为对象创建各种动画特效。

（4） 加载和卸载：该类代码主要用于为对象加载或卸载.swf 文件或图像，以及在“库”面板中添加实例或从舞台删除实例等。

（5） 音频和视频：该类代码片断用于控制音频和视频的播放，如暂停或开始播放视频。

（6） 事件处理函数：该类代码片断用于创建各类鼠标事件，如单击鼠标、移动鼠标等。

2. 输入代码的方法

在 Flash CC 软件中，可以为时间轴、按钮元件或影片剪辑元件内的任意关键帧添加代码，在播放动画时，播放到添加代码的关键帧时执行该代码。要为关键帧添加代码，可先选中关键帧，然后选择“窗口”→“动作”命令或按“F9”键，打开“动作”面板。

“动作”面板由 3 个部分组成：脚本导航器（左部分）、脚本窗格（右部分中间区域，主要用于输入和编辑代码）、按钮区（右部分上边），如图 7-11 所示。

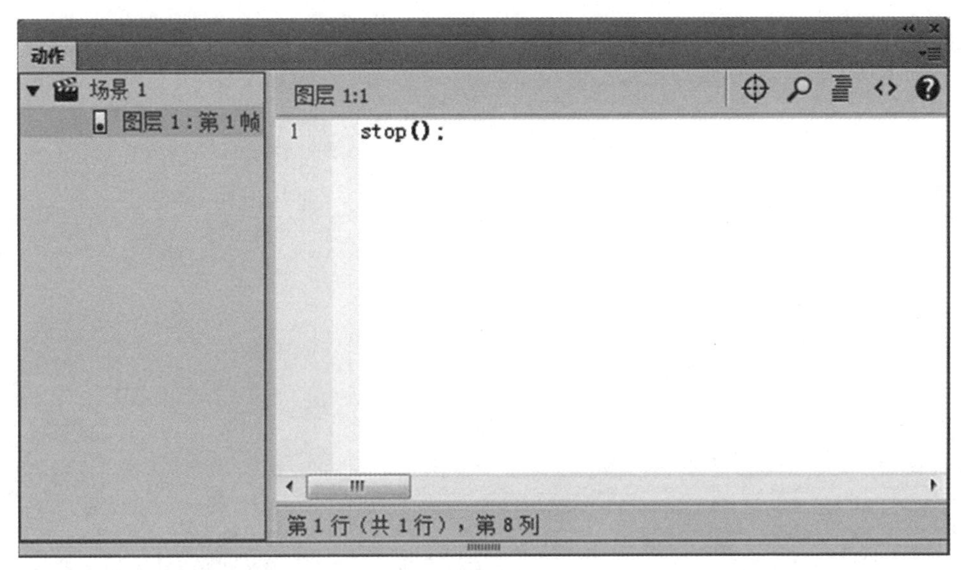

图 7-11

3. 使用 ActionScript 3.0 控制时间轴

时间轴控制函数用于控制动画中时间轴（播放头）的播放进程，它是制作普通交互动画时使用频率最高的函数类型。常用时间轴函数如下。

（1） stop()：动画停在当前帧。

（2） play()：使停止播放的动画从当前位置继续播放。

（3） gotoAndPlay（场景名称，帧数）：当前动画播放到某帧或单击按钮时，跳转到指定帧并从该帧继续播放。

（4） gotoAndStop（场景名称，帧数）：当播放头播放到某帧或单击按钮时，跳转到指定的帧并从该帧停止播放。

（5） nextFrame()：从当前帧跳转到下一帧并停止播放。

（6） prevFrame()：从当前帧跳转到前一帧并停止播放。

（7） nextScene()：跳转到下一个场景并停止播放。

（8） prevScene()：跳转到前一个场景并停止播放。

（9） stopAllSounds()：在不停止播放动画的情况下，使当前播放的所有声音停止播放。

7.2.3 任务实施步骤

（1） 打开“素材案例/项目七游戏制作/任务二掷骰子游戏”中的“素材.fla”文件，选择“修改”→“文档”命令，将文档大小设置为 800 像素×600 像素，背景颜色设置为“#017F17”，其他设置保持默认。

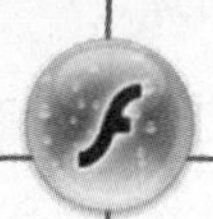

（2） 选择“文件”→“导入”→“导入到库”命令，选择“背景.jpg”“扔音效.mp3”“摇音效.mp3”“胜利音效.mp3”和“失败音效.mp3”等文件，单击“打开”按钮，导入文件，如图 7-12 和图 7-13 所示。

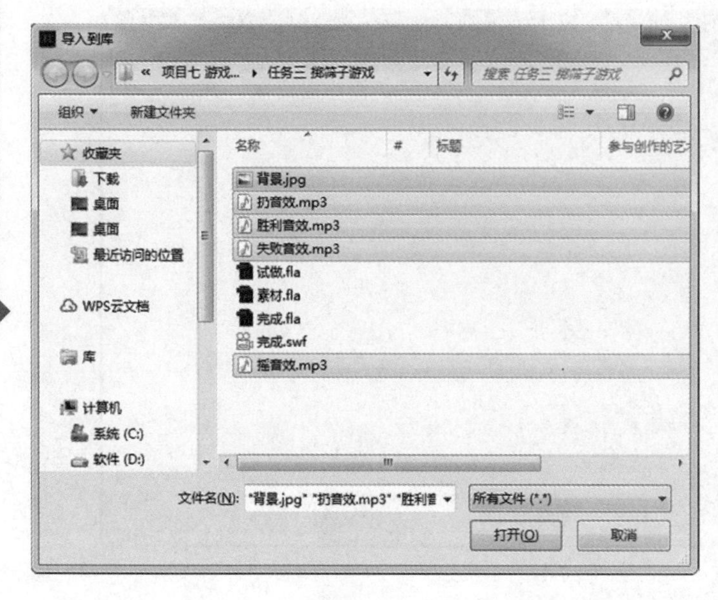

图 7-12

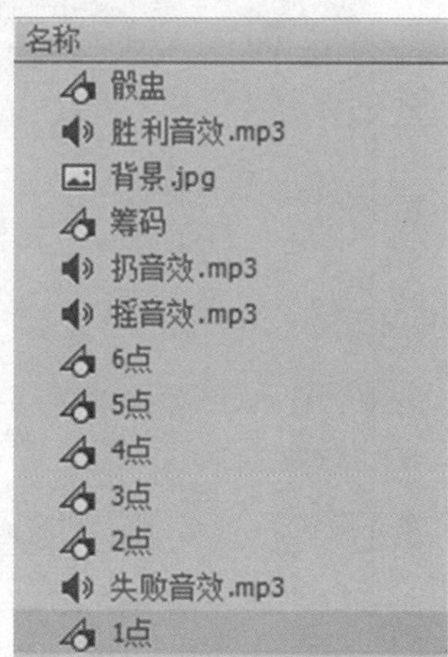

图 7-13

（3） 新建 6 个图层，从上到下命名为“动作”“押大和押小”“按钮”“骰子和骰盅”“文本”和“背景”，如图 7-14 所示。

（4） 选择背景图层的第 1 帧，按“Ctrl+L”组合键，打开“库”面板，将库中的背景图片拖到第 1 帧上，如图 7-15 所示。

图 7-14

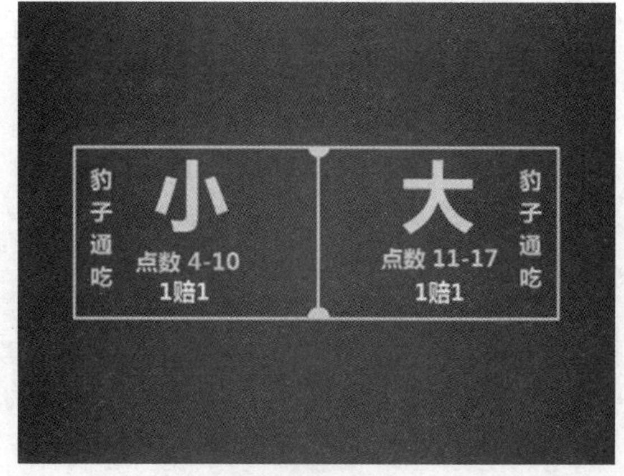

图 7-15

（5） 选择“文本”图层的第 1 帧，选择“文本工具”，默认选择“静态文本”，设置字体颜色为“#E4FC19”，其他设置如图 7-16 所示，在舞台上输入“您现在还有”和“元”；修改字体颜色为红色（#FF0000）、字号为 50.0 磅，修改文本类型为“动态文本”，在舞台上拖出动态文本框，并输入“2000”，如图 7-17 所示。

图 7-16

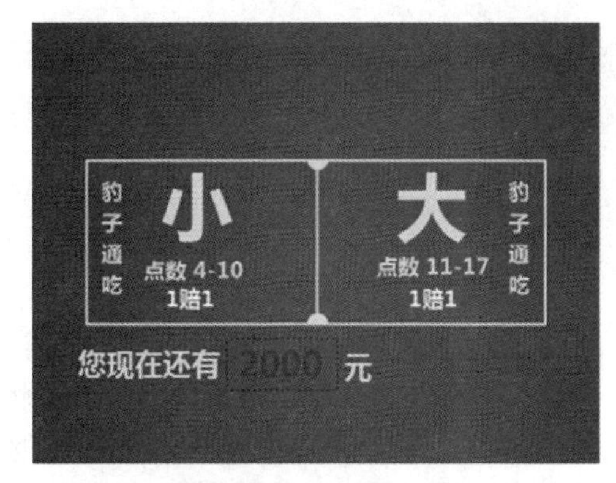

图 7-17

（6） 选择输入“2000”的动态文本框，打开“属性”面板，设置其实例名称为“cashtxt”，如图 7-18 所示。

（7） 按“Ctrl+F8”组合键，创建名称为“摇骰子”、类型为“影片剪辑”的元件，单击“确定”按钮，进入该元件编辑环境，新建“图层 2”和“图层 3”，依次重命名为“动作”“音乐”和“动画”，如图 7-19 所示。

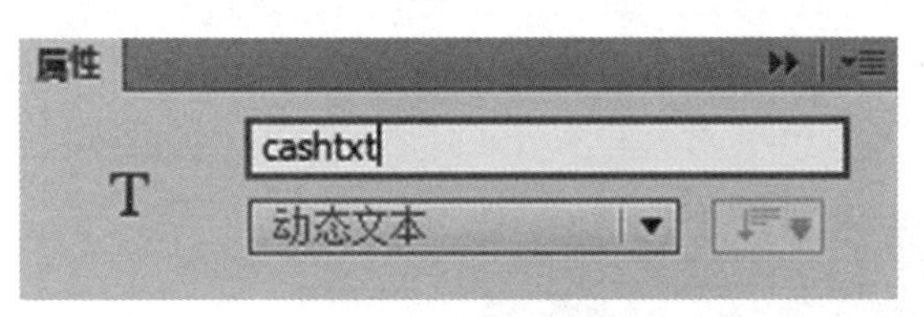

图 7-18

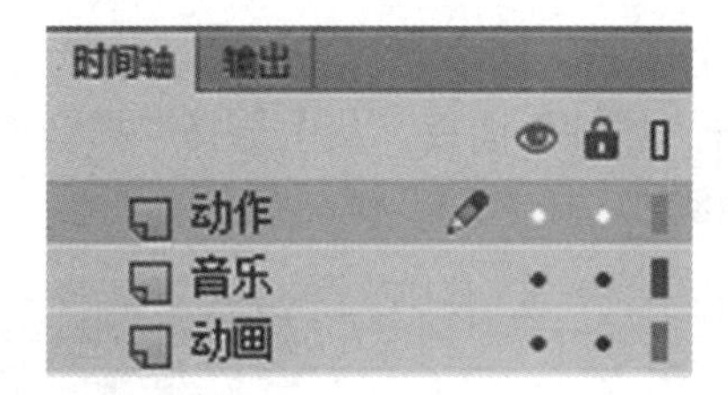

图 7-19

（8） 选择“动画”图层的第 1 帧，按“Ctrl+L”组合键，打开“库”面板，将库中的“骰盅”图形元件拖到舞台上，如图 7-20 所示。选择“动画”图层的第 3 帧，按“F6”键，插入关键帧，选择“任意变形工具”将其向右倾斜，如图 7-21 所示，选择“动画”图层的第 5 帧，按“F6”键，插入关键帧，选择“任意变形工具”将其向左倾斜，如图 7-22 所示。选择第 6 帧，按“F5”键，插入普通帧，如图 7-23 所示。选中第 1～6 帧并右击，在弹出的快捷菜单中选择“复制帧”命令。选中第 7 帧并右击，从弹出的快捷菜单中选择“粘贴帧”命令。选中第 7～12 帧并右击，从弹出的快捷菜单中选择“翻转帧”命令，如图 7-24 所示。

图 7-20

图 7-21

图 7-22

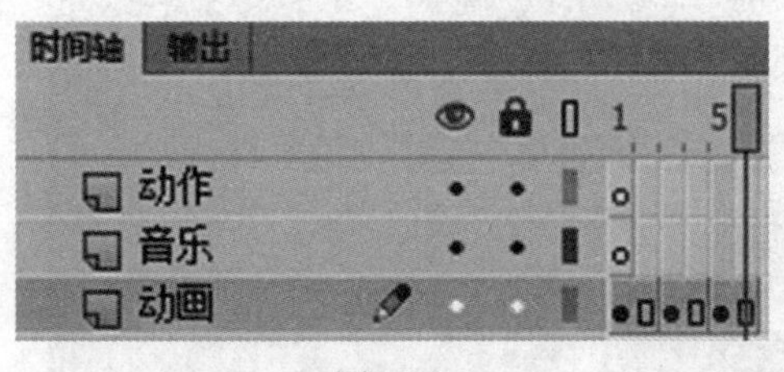

图 7-23

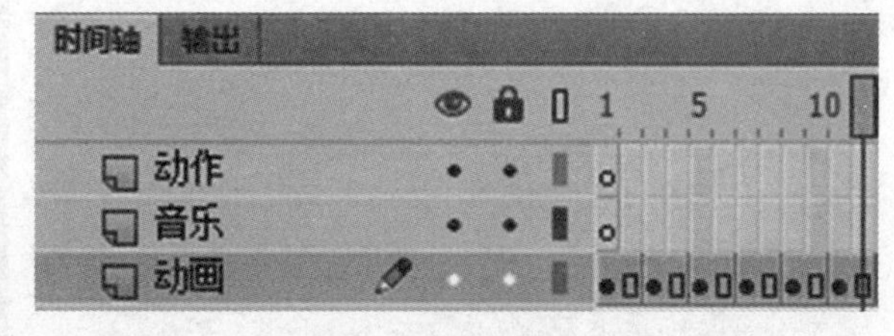

图 7-24

（9） 选择“动画”图层的第 1～12 帧，在其上右击，从弹出的快捷菜单中选择“复制帧”命令，然后分别在第 13 帧、第 25 帧、第 37 帧上粘贴 3 次，如图 7-25 所示。

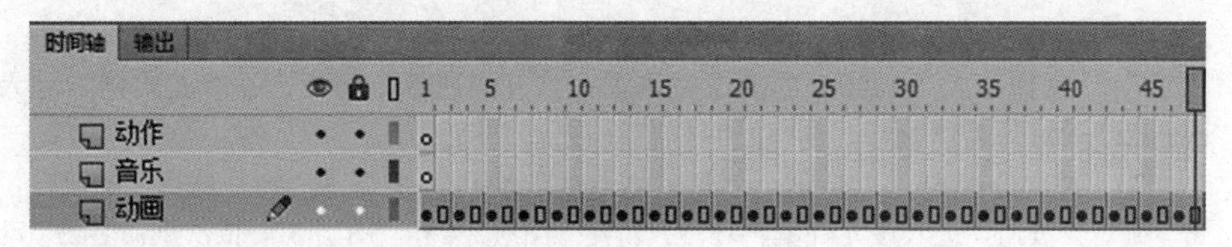

图 7-25

（10） 选择“音乐”图层的第 2 帧，按“F7”键，插入空白关键帧。选择第 2 帧，打开“属性”面板，从中选择“摇音效.mp3”元件，如图 7-26 所示。选择“音乐”图层的第 48 帧，按“F5”键，插入普通帧，如图 7-27 所示。

图 7-26

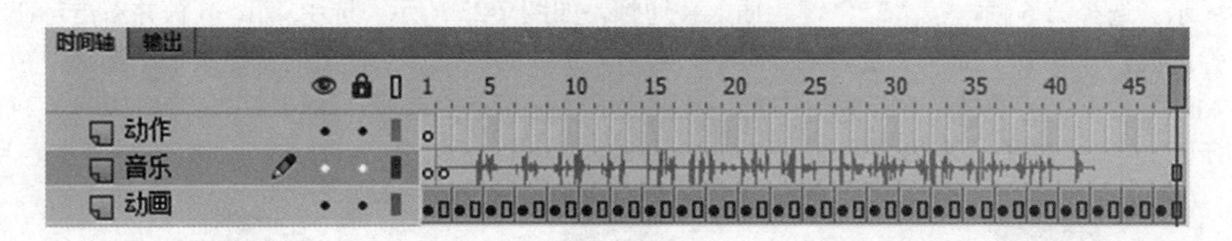

图 7-27

（11） 选择“动作”图层的第 1 帧，在其上右击，从弹出的快捷菜单中选择“动作”命令，打开“动作”面板，在其中输入“stop();”命令，此时“摇骰子”影片剪辑编辑完成。

（12） 按“Ctrl+F8”组合键，创建一个名称为“随机骰子”、类型为“影片剪辑”的元件，选择“图层 1”的第 2～7 帧，按“F7”键，插入空白关键帧，如图 7-28 所示。选择第 2 帧，按“Ctrl+L”组合键，打开“库”面板，将库中的“1 点”图形元件拖到舞台上，如图 7-29 所示。按照同样的方法，将库中的“2 点”“3 点”“4 点”“5 点”“6 点”图形元件分别拖到第 3～7 帧上。选择第 2 帧，命名为“t1”，如图 7-30 所示，按照同样的方法分别选择第 3～7 帧，依次命名为“t2”“t3”“t4”“t5”“t6”。选择第 1 帧，在其上右击，在弹出的快捷菜单中选择“动作”命令，在“动作”面板中输入“stop();”；最终时间轴如图 7-31 所示，此时“随机骰子”影片剪辑编辑完成。

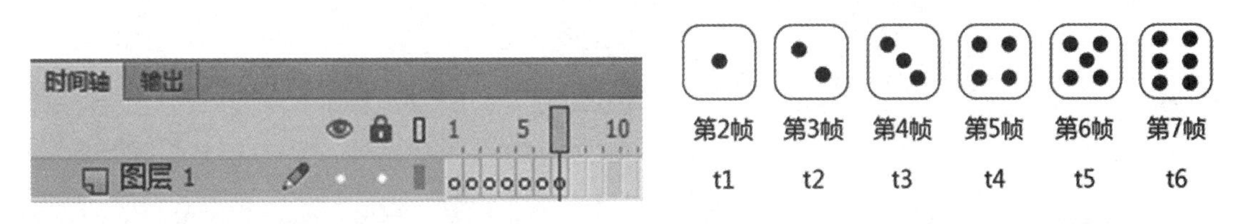

图 7-28　　图 7-29

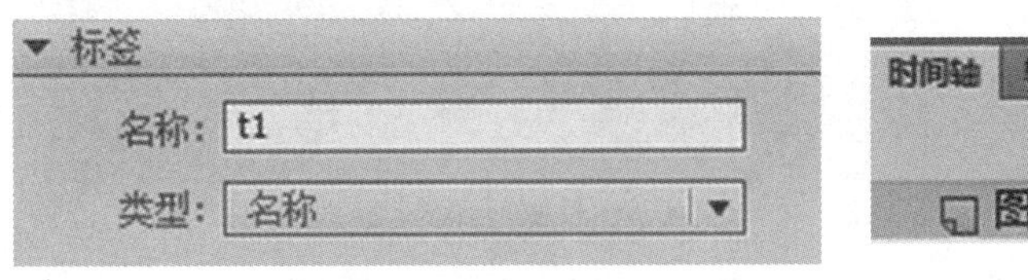

图 7-30

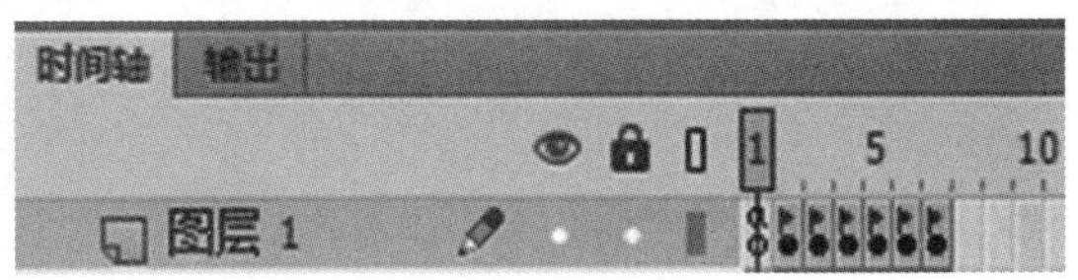

图 7-31

（13）按“Ctrl+F8”组合键，创建名称为“抛筹码”、类型为“影片剪辑”的元件，单击“确定”按钮，再新建两个图层，从上到下命名为“动作”“音效”和“动画”，如图 7-32 所示。选择“动画”图层的第 2 帧，按“F7”键，插入空白关键帧，按“Ctrl+L”组合键，打开“库”面板，将库中的“筹码”图形元件拖到舞台上，如图 7-33 所示。选择“动画”图层的第 15 帧，按“F6”键，插入关键帧。选择第 1～15 帧上任意一帧，在其上右击，在弹出的快捷菜单中选择“创建补间动画”命令，如图 7-34 所示，选择“动画”图层的第 8 帧，向上拖动筹码，如图 7-35 所示。选择“动画”图层的第 12 帧，向下拖动筹码，如图 7-36 所示。选择“音效”图层的第 2 帧，按“F7”键，插入空白关键帧，选择该帧，打开“属性”面板，从中选择“扔音效.mp3”元件，如图 7-37 所示。选择“音效”图层的第 15 帧，按“F5”键，插入普通帧，如图 7-38 所示。选择“动作”图层的第 1 帧，在其上右击，在弹出的快捷菜单中选择“动作”命令，在“动作”面板中输入“stop();”。选择“动作”图层的第 15 帧，按“F7”键，插入空白关键帧，在“动作”面板中输入“stop();”，此时“抛筹码”影片剪辑编辑完成。

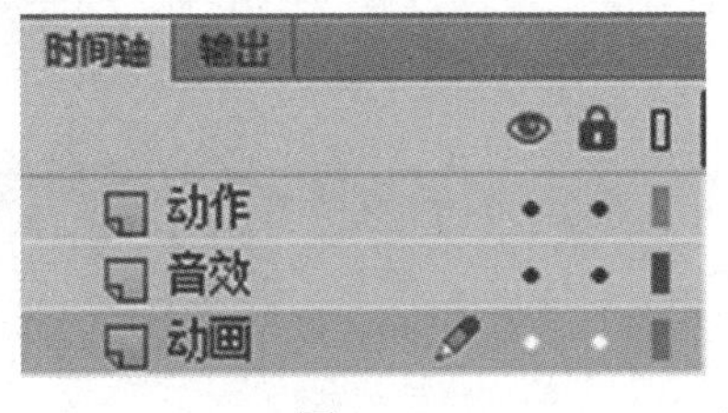

图 7-32

图 7-33

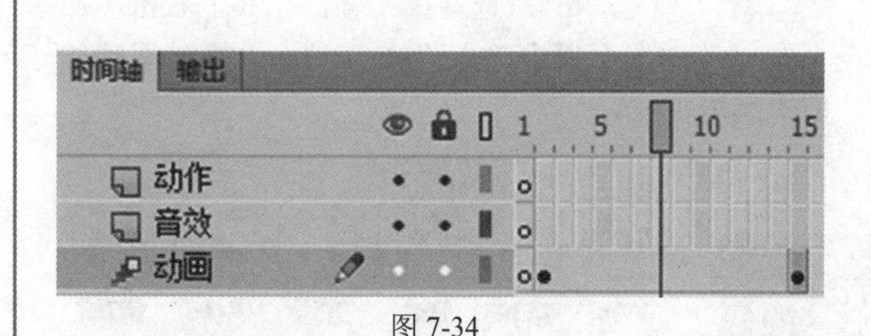

图 7-34

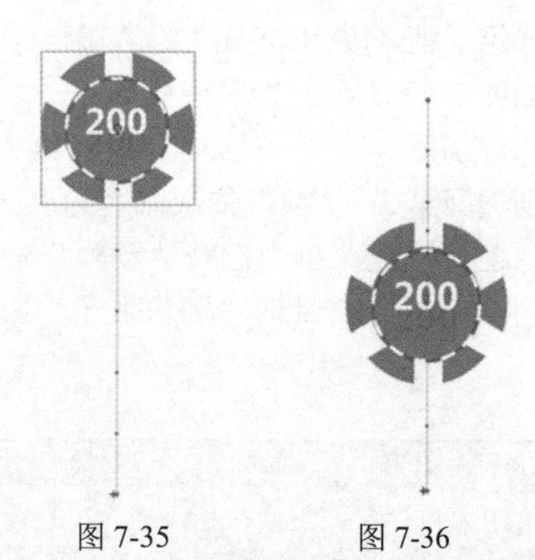

图 7-35　　图 7-36

图 7-37

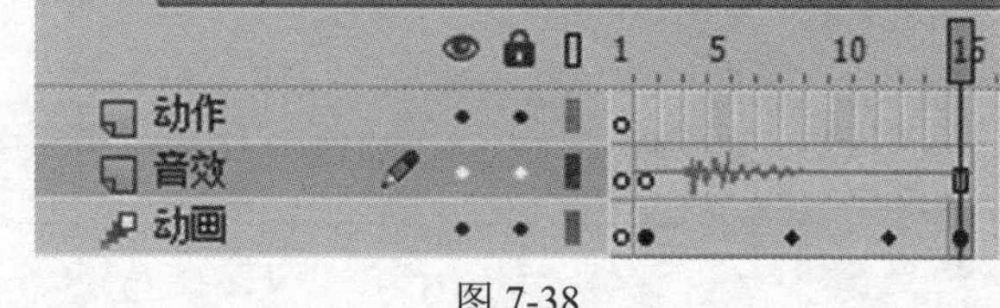

图 7-38

（14） 按“Ctrl+F8”组合键，新建名称为“开骰”、类型为“按钮”的元件，新建一个图层，从上到下命名为“文字”“图形”，选择“图形”图层的“弹起”帧，选择“矩形工具”，设置“矩形边角半径”为“30”、笔触颜色为“无”、填充类型为“线性渐变”（颜色从#E7FA08 到#FCD20E），如图 7-39 所示，在场景中绘制圆角矩形，如图 7-40 所示。选择“文字”图层的第 1 帧，选择“文本工具”，设置字体颜色为黑色（#000000）、字体系列为微软雅黑、样式为 Bold、字体大小为 30.0 磅，在舞台输入“开骰”；选择“文字”图层的“点击”帧，按“F5”键，插入帧，选择“图形”图层的指针经过帧，按“F6”键，插入关键帧，再分别选择“图形”图层的“按下”“点击”帧，按“F6”键，插入关键帧，如图 7-41 所示。选择图形图层的“弹起”帧，更改元件矩形的颜色为玫红色（#FF0099）到橙色（#FF9900）的渐变，如图 7-42 所示，此时按钮“开骰”编辑完成。

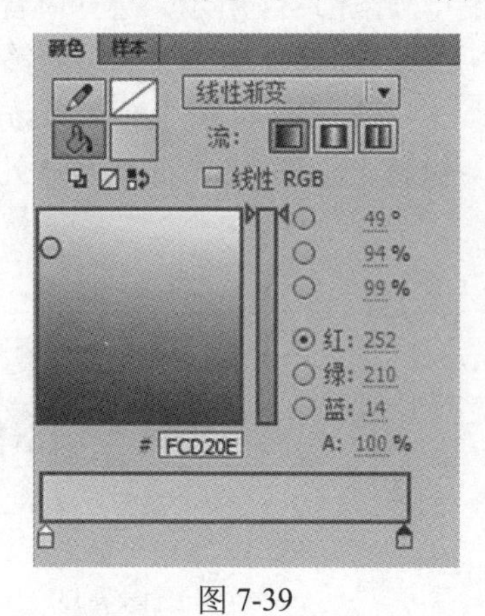

图 7-39

图 7-40

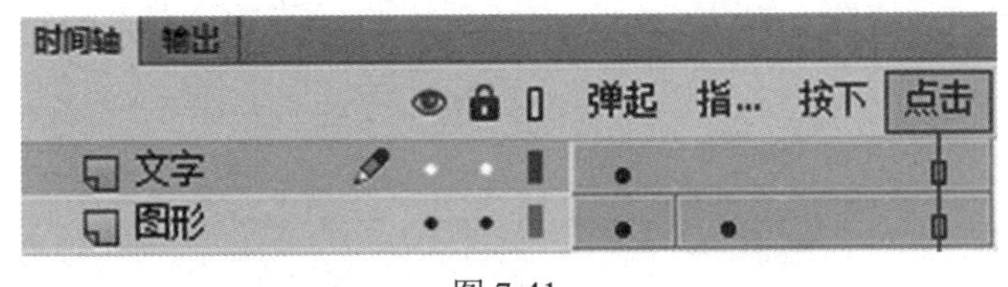

图 7-41

图 7-42

（15） 按“Ctrl+L”组合键，打开“库”面板，在“开骰”按钮上右击，从弹出的快捷菜单中选择“直接复制”命令，将名称“开骰复制”修改为“押大”，如图 7-43 所示，单击“确定”按钮，打开“库”面板，双击“押大”按钮元件，更改“文字”图层的文字为“押大”。用同样的方法复制“押小”按钮元件，更改其文字为“押小”。

（16） 按“Ctrl+F8”组合键，新建一个名称为“五角星”、类型为“影片剪辑”的元件，单击“确定”按钮。选择图层 1 的第 1 帧，选择“多角星形工具”，单击“属性”面板，单击“选项”按钮，设置其样式为“星形”、边数为“5”，设置笔触颜色为无、填充颜色为#FFCC00，在舞台上绘制一个五角星，如图 7-44 所示。选择图层 1 的第 120 帧，按“F6”键，插入关键帧。选择第 1～120 帧上的任意一帧，在其上右击，在弹出的快捷菜单中选择“创建补间动画”命令。选择第 60 帧，向下拖动五角星，再选择第 110 帧，再次向下拖动五角星。选择第 120 帧，将五角星移动到第 110 帧位置的下方，最终形成五角星下落效果，此时“五角星”元件编辑完成。

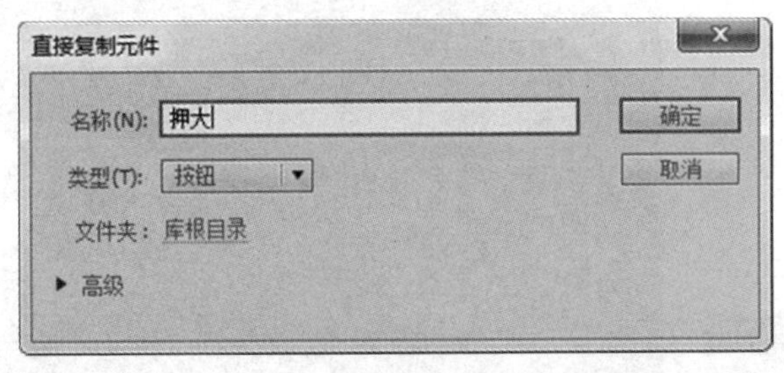

图 7-43

图 7-44

（17） 按“Ctrl+F8”组合键，新建一个名称为“胜利”、类型为“影片剪辑”的元件，单击“确定”按钮，再新建两个图层，从上到下命名为“动作”“音效”和“动画”。选择“动作”图层的第 1 帧，在其上右击，在弹出的快捷菜单中选择“动作”命令，打开“动作”面板，输入“stop();”命令。选择“音效”图层的第 2 帧，按“F7”键，插入空白关键帧。打开“属性”面板，选择“胜利音效.mp3”元件，选择该图层的第 120 帧，按“F5”键，插入帧。选择“动画”图层的第 2 帧，按“F7”键，插入空白关键帧。按“Ctrl+L”组合键，打开“库”面板，将库中的“五角星”元件拖到舞台上，复制多个，效果如图 7-45 所示。选择“动画”图层的第 120 帧，按“F5”键，插入帧，此时“胜利”元件编辑完成。

（18） 按“Ctrl+F8”组合键，新建一个名称为“失败”、类型为“影片剪辑”的元件，单击“确定”按钮。再新建一个图层，从上到下命名为“动作”和“音效”，选择“动作”图层的第 1 帧，在其上右击，在弹出的快捷菜单中选择“动作”命令，打开“动作”面板，输入“stop();”。选择“音效”图层的第 2 帧，按“F7”键，插入空白关键帧。选择第 2 帧，选择“失败音效.mp3”元件，如图 7-46 所示。选择该图层的第 30 帧，按“F5”键，插入帧。

图 7-45

图 7-46

（19） 单击“场景一”，回到场景一的编辑环境，选择“骰子和骰盅”图层的第 1 帧，按“Ctrl+L”组合键，打开“库”面板，将库中的“摇骰子”拖到舞台中一次。打开“属性”面板，在“实例名称”文本框中输入“mc_yao”，如图 7-47 所示；将“随机骰子”拖到舞台上 3 次，分别将 3 个实例命名为“mc_dian1”“mc_dian2”和“mc_dian3”，效果如图 7-48 所示（由于“随机骰子”第 1 帧没有图形，因此在舞台上显示为 3 个中心点）。

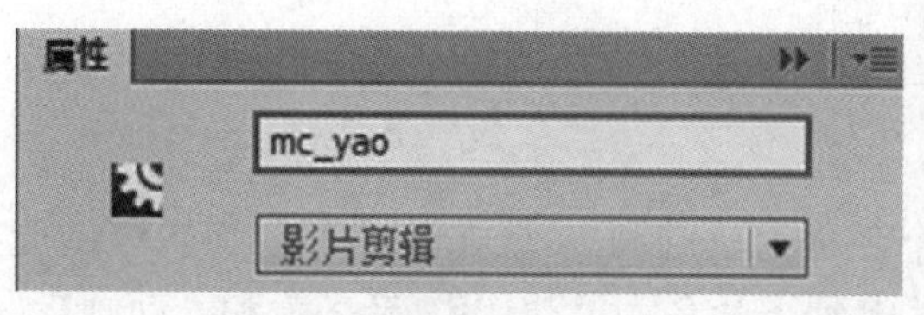

图 7-47

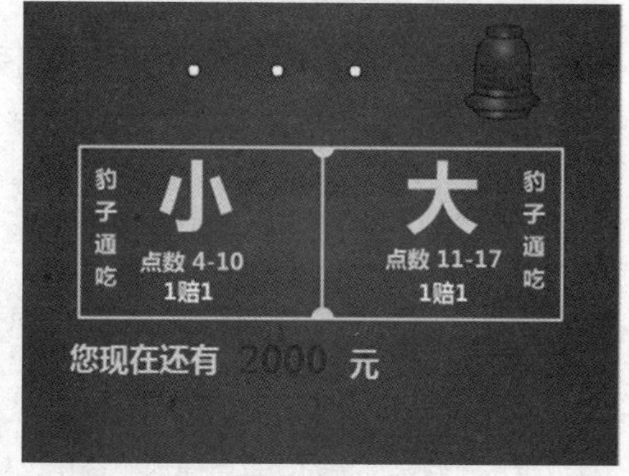

图 7-48

（20） 选择“按钮”图层的第 1 帧，按“Ctrl+L”组合键，打开“库”面板，将库中的“开骰”“押大”和“押小”3 个按钮分别拖到舞台上，如图 7-49 所示，将其分别命名为“开骰”“押大”和“押小”。

（21） 选择“押大”和“押小”图层的第 1 帧，按“Ctrl+L”组合键，打开“库”面板，将库中的“抛筹码”影片剪辑元件拖到舞台上两次，分别放在大字和小字上，因为第 1 帧为空，所以只能看到两个中心点，如图 7-50 所示。选择大字上的“抛筹码”实例，在“属性”面板上输入“big”作为实例名称。选择小字上的“抛筹码”实例，将其命名为“small”，如图 7-51 所示。将库中的“胜利”和“失败”两个影片剪辑元件拖到舞台上，如图 7-52 所示，分别将它们命名为“mc_victory”和“mc_failure”，由于“胜利”与“失败”元件第 1 帧为空，因此也只能看到两个中心点。

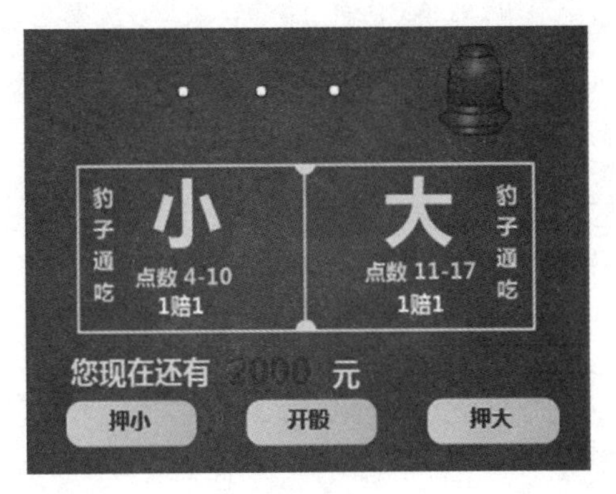

图 7-49

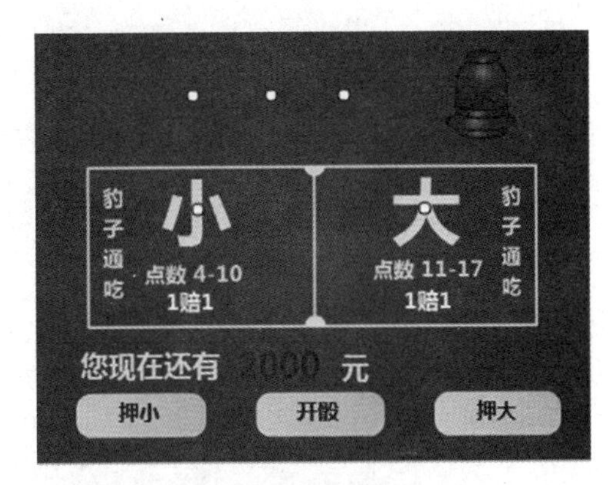

图 7-50

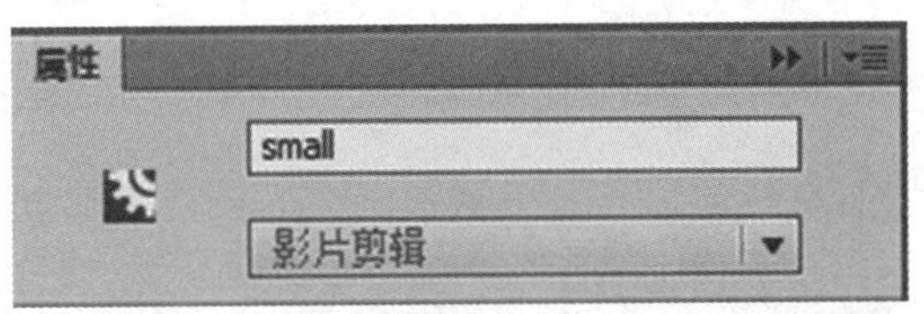

图 7-51

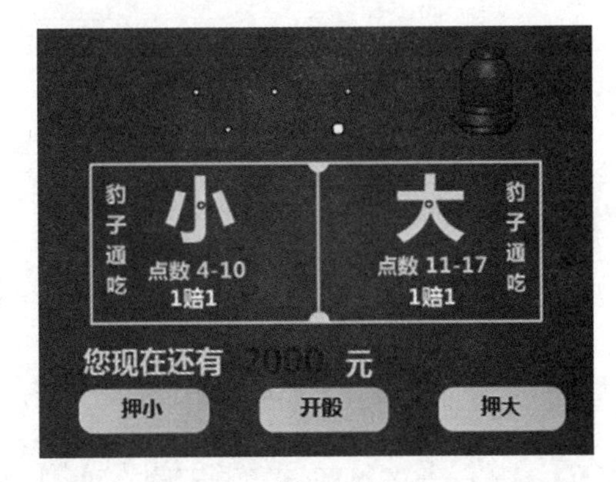

图 7-52

（22） 选择“动作”图层的第 1 帧，在其上右击，从弹出的快捷菜单中选择“动作”命令，在“动作”面板中输入以下代码：

```
stop(); //停在第 1 帧
var total: int = 0; //定义总点数
var flag: int = 0; //当 flag 为 1 时，表示押小，当 flag 为 2 时，表示押大
var cash: int = 2000; //定义总现金额
yaxiao.addEventListener(MouseEvent.CLICK, smallHandle); //为实例名称为
yaxiao 的按钮注册监听器
function smallHandle(e: MouseEvent): void { //为押小按钮定义单击响应函数
    flag = 1;
    big.gotoAndStop(1); //在大字上不显示抛筹码动画
    small.gotoAndPlay(2); //在小字上显示抛筹码动画
    mc_dian1.gotoAndStop(1); //第 1 个骰子影片剪辑显示在第 1 帧处，为空
    mc_dian2.gotoAndStop(1); //第 2 个骰子影片剪辑显示在第 1 帧处，为空
    mc_dian3.gotoAndStop(1); //第 3 个骰子影片剪辑显示在第 1 帧处，为空
}

yada.addEventListener(MouseEvent.CLICK, bigHandle); //为实例名称为 yada 的按
钮注册监听器
```

```
function bigHandle(e: MouseEvent): void { //为押大按钮定义单击响应函数
    flag = 2;
    big.gotoAndPlay(2); //在大字上显示抛筹码动画
    small.gotoAndStop(1); //在小字上不显示抛筹码动画
    mc_dian1.gotoAndStop(1); //第 1 个骰子影片剪辑显示在第 1 帧处，为空
    mc_dian2.gotoAndStop(1); //第 1 个骰子影片剪辑显示在第 1 帧处，为空
    mc_dian3.gotoAndStop(1); //第 1 个骰子影片剪辑显示在第 1 帧处，为空
}

open.addEventListener(MouseEvent.CLICK, openHandle); //为 open 按钮添加事件监
听器
function openHandle(e: MouseEvent): void { //为开骰按钮定义单击事件响应函数
    mc_yao.play(); //播放摇骰子影片
    //延迟 2s 执行开骰子函数 openResult
    var intervalId: uint = setTimeout(openResult, 2000);
}

function openResult(): void {
    var m1: int = Math.floor(Math.random() * 6 + 1); //定义随机数，取值为 1~6
    if (m1 == 1)
     mc_dian1.gotoAndStop("t1"); //当随机数为 1 时，随机骰子 mc_dian1 显示 1 点
    else if (m1 == 2)
     mc_dian1.gotoAndStop("t2"); //当随机数为 1 时，随机骰子 mc_dian1 显示 2 点
    else if (m1 == 3)
     mc_dian1.gotoAndStop("t3"); //当随机数为 1 时，随机骰子 mc_dian1 显示 3 点
    else if (m1 == 4)
     mc_dian1.gotoAndStop("t4"); //当随机数为 1 时，随机骰子 mc_dian1 显示 4 点
    else if (m1 == 5)
     mc_dian1.gotoAndStop("t5"); //当随机数为 1 时，随机骰子 mc_dian1 显示 5 点
    else if (m1 == 6)
     mc_dian1.gotoAndStop("t6"); //当随机数为 1 时，随机骰子 mc_dian1 显示 6 点
    var m2: int = Math.floor(Math.random() * 6 + 1); //定义随机数，取值为 1~6
    if (m2 == 1)
     mc_dian2.gotoAndStop("t1");
    else if (m2 == 2)
     mc_dian2.gotoAndStop("t2");
    else if (m2 == 3)
     mc_dian2.gotoAndStop("t3");
    else if (m2 == 4)
     mc_dian2.gotoAndStop("t4");
    else if (m2 == 5)
     mc_dian2.gotoAndStop("t5");
    else if (m2 == 6)
     mc_dian2.gotoAndStop("t6");
    var m3: int = Math.floor(Math.random() * 6 + 1); //定义随机数，取值为 1~6
    if (m3 == 1)
     mc_dian3.gotoAndStop("t1");
    else if (m3 == 2)
     mc_dian3.gotoAndStop("t2");
    else if (m3 == 3)
```

```
    mc_dian3.gotoAndStop("t3");
   else if (m3 == 4)
    mc_dian3.gotoAndStop("t4");
   else if (m3 == 5)
    mc_dian3.gotoAndStop("t5");
   else if (m3 == 6)
    mc_dian3.gotoAndStop("t6");
   total = m1 + m2 + m3; //计算 3 个随机骰子的总点数
   if (flag == 1) //当押小时
   {
    if ((m1 == m2) && (m2 == m3)) {
        //如果是豹子，则输 200 元，播放失败视频
        mc_failure.gotoAndPlay(2);
        cash = cash - 200;
    } else if (total >= 4 && total <= 10) {
        //如果点数在 4～10 之间并且不是豹子，则赢 200 元，播放胜利视频
        mc_victory.gotoAndPlay(2);
        cash = cash + 200;
    } else {
        //否则输 200 元，播放失败视频
        mc_failure.gotoAndPlay(2);
        cash = cash - 200;
    }
   } else if (flag == 2) //当押大时
   {
    if ((m1 == m2) && (m2 == m3)) {
        //如果是豹子，则输 200 元，播放失败视频
        mc_failure.gotoAndPlay(2);
        cash = cash - 200;
    } else if (total >= 11 && total <= 17) {
        //如果点数在 11～107 之间并且不是豹子，则赢 200 元，播放胜利视频
        mc_victory.gotoAndPlay(2);
        cash = cash + 200;
    } else {
        //否则输 200 元，播放失败视频
        mc_failure.gotoAndPlay(2);
        cash = cash - 200;
    }
   }
   //当现金为 0 时，所有按钮隐藏，游戏结束
   if (cash <= 0) {
    yada.visible = false;
    yaxiao.visible = false;
    open.visible = false;
   }
   //将实时现金额显示在 cashtxt 文本框中
   cashtxt.text = String(cash);
}
```

（23） 按“Ctrl+Enter”组合键，测试影片。

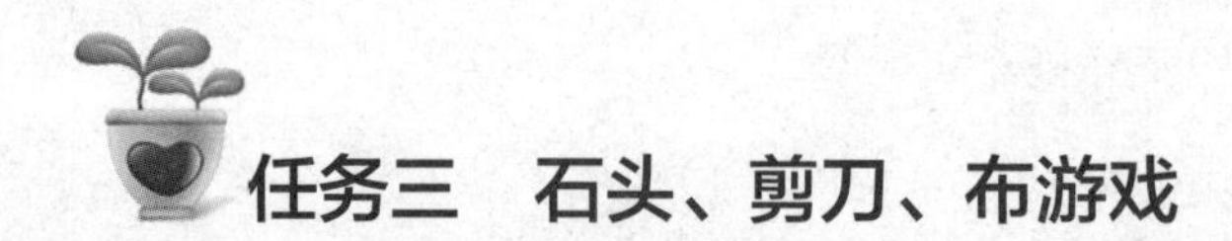

任务三　石头、剪刀、布游戏

7.3.1　任务效果及思路分析

本任务需要制作石头、剪刀、布按钮元件，以及石头、剪刀、布影片剪辑元件，通过布置动态文本和添加 AS 代码来实现游戏功能，如图 7-53 所示。

（1）布置场景。

（2）布置静态文本和动态文本。

（3）制作石头、剪刀、布影片剪辑元件。

（4）制作石头、剪刀、布按钮元件。

（5）布置各元件。

（6）制作“赢”“输”“平局”3 种画面对应的 3 帧。

（7）添加 AS 代码。

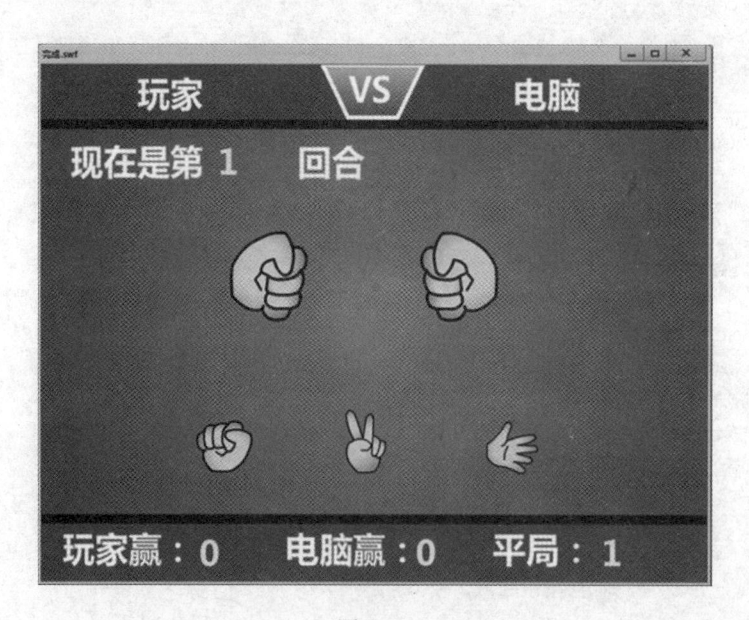

图 7-53

7.3.2　任务知识和技能

1.　ActionScript 3.0 中的函数

函数是 AcitonScript 3.0 中执行特定任务并可以在程序中反复使用的代码块，它分为内置函数和自定义函数两种。内置函数就是系统自带的函数，可以在编写代码时直接调用，自定义函数就是用户需要自己编写的函数。

（1） 调用函数。

Flash CC 软件中内置了一些函数，可通过函数名及“( )”来调用内置函数，如“stop();”“play();”等。函数又分为带参数与不带参数的函数，若要调用带参数的函数，则需要将参数放置在圆括号中，调用自定义函数方法与调用内置函数相同。

（2） 自定义函数。

```
function 函数名(参数 1：参数类型，参数 2：参数类型，…){
    函数体
}
```

例如：

```
function add(a:int, b:int){
trace(a+b);//输出 a 和 b 的和
}
```

2. 事件

事件是指计算机发生的、ActionScript 可以识别并响应的事情，如单击鼠标、移动鼠标及键盘操作等。

在 ActionScript 3.0 中编写事件处理代码，应包括事件源、事件和响应 3 个基本要素。

（1） 事件源：即发生事件的对象，也称为“事件目标”，如果某个按钮被单击，那么这个按钮就是事件源。

（2） 事件：即将要发生的事情，有时一个对象会触发多个事件。

（3） 响应：当事件发生时希望执行的操作。

编写事件代码应遵循以下基本结构：

```
事件源.addEventListener(事件类型.事件名，事件响应函数名);
function 事件响应函数名（evt:事件类型）:void{
//此处是为响应事件而执行的动作
}
```

7.3.3 任务实施步骤

（1） 打开“素材案例/项目七游戏制作/任务三石头剪刀布游戏”中的“素材.fla”文件，选择“修改”→“文档”命令，将文档大小设置为 800 像素×600 像素，其他设置保持默认。

（2） 再新建 4 个图层，分别为“图层 2”“图层 3”“图层 4”和“图层 5”，从上到下命名为“按钮”“文字”“VS”“条状”和“背景”，如图 7-54 所示。

（3） 选择“背景”图层的第 1 帧，选择“矩形工具”，设置笔触颜色为无、填充颜色为径向渐变（色带左端为#11B9DB，右端为#0666D9），如图 7-55 所示，效果如图 7-56

所示，选择图 7-56 中的矩形，打开“属性”面板，设置其位置和大小，如图 7-57 所示，使矩形与舞台对齐且大小一致。

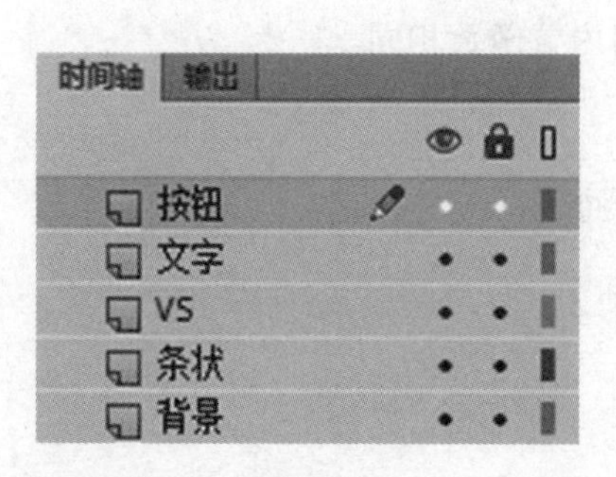

图 7-54

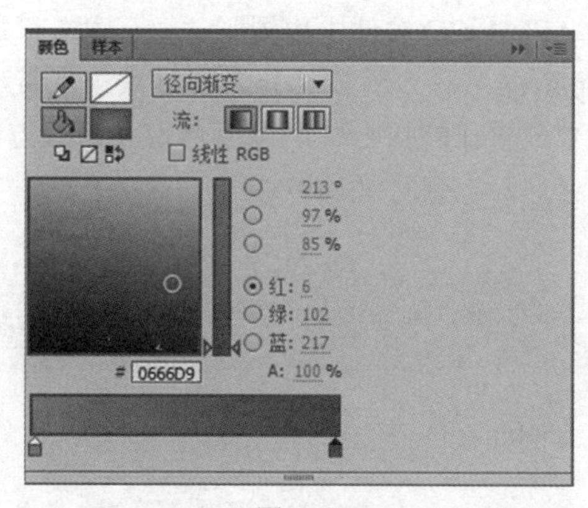

图 7-55

图 7-56

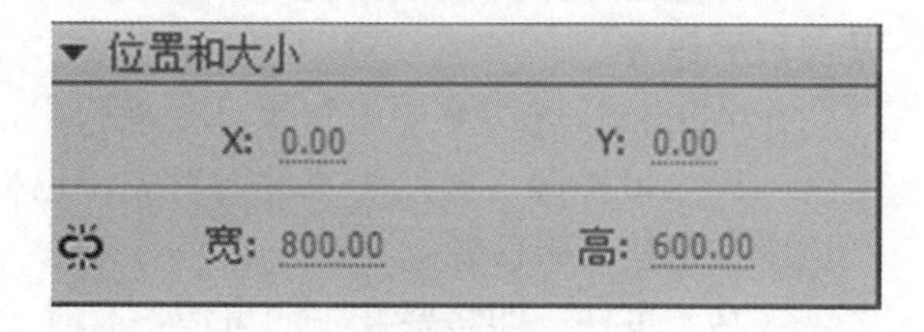

图 7-57

（4） 选择“条状”图层的第 1 帧，选择“矩形工具”，设置笔触颜色为无、填充颜色为“#0F64B4”，在背景上下两端绘制两个修饰的矩形，如图 7-58 所示，修改填充颜色为“#00193A”，再绘制两个宽度较小的矩形（矩形宽度较小，看着像是直线，因此也可以使用“线条工具”），如图 7-59 所示。

图 7-58

图 7-59

（5） 选择“VS”图层的第 1 帧，选择“矩形工具”，设置笔触颜色为白色、笔触高度为 5.00、填充类型为线性渐变（色带左端为#F9B007，右端为#E65212），如图 7-60 所示，效果如图 7-61 所示。

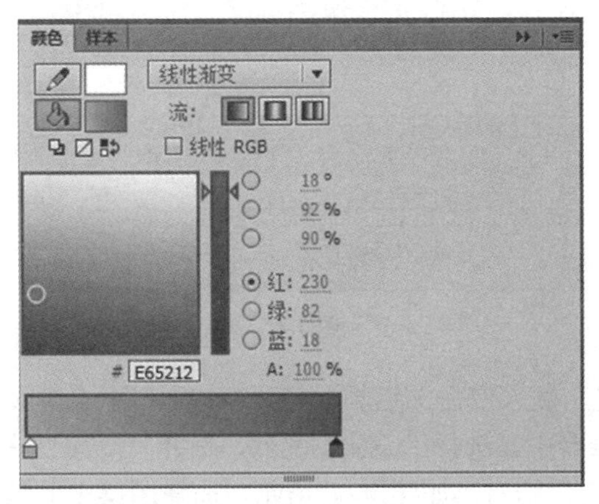

图 7-60

图 7-61

（6） 选择“文字”图层的第 1 帧，选择“文本工具”，设置字体颜色为白色、字体系列为“微软雅黑”、字体大小为“40.0”磅、样式为“Bold”，在舞台上输入“VS”“玩家”“电脑”“现在是第”“回合”“玩家赢：”“电脑赢：”和“平局：”等文本（这些都是静态文本），如图 7-62 所示，修改字体颜色为“#FFFF00”，在“消除锯齿”下拉列表框中选择“使用设备字体”选项，如图 7-63 所示。设置四处动态文本，在 4 个动态文本框中都输入“0”，如图 7-64 所示。

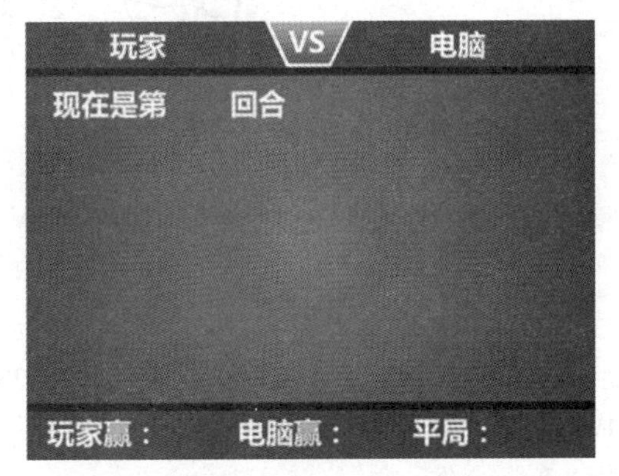

图 7-62

图 7-63

（7） 选择“文字”图层的第 1 帧，选择“第几回合”处的动态文本框，打开“属性”面板，在实例名称处输入“sum”，如图 7-65 所示。将“玩家赢：”后的动态文本框的实例名称设置为“w”，将“电脑赢：”后的动态文本框的实例名称设置为“d”，将“平局：”后的动态文本框的实例名称设置为“p”。

（8） 按“Ctrl+F8”组合键，新建名称为“石头剪刀布”的影片剪辑类型的元件，选择图层 1 的第 2 帧，按“F7”键，插入空白关键帧。选择第 2 帧，在其上右击，从弹出的快捷菜单中选择“动作”命令，在“动作”面板上输入“stop();”。

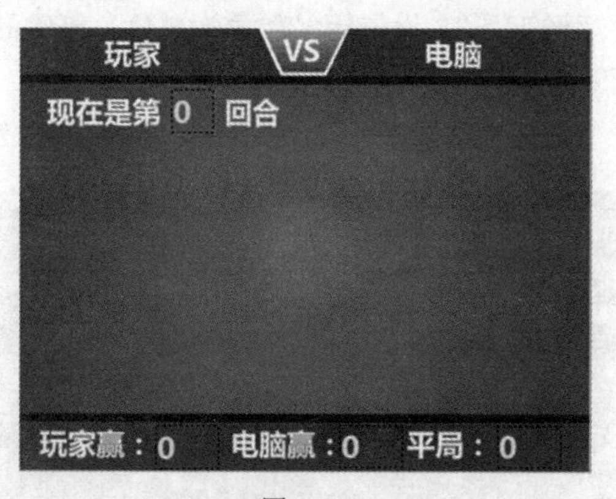

图 7-64

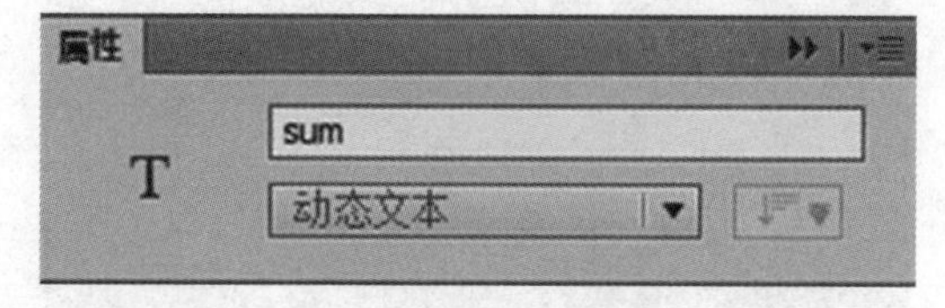

图 7-65

（9） 选择图层 1 的第 3 帧，按“F7”键，插入空白关键帧。按“Ctrl+L”组合键，打开“库”面板，把库中的“石头”元件拖到舞台中。选择“石头”元件，选择“修改”→“变形”→“水平翻转”命令，这样石头朝左变为朝右，如图 7-66 所示。选择图层 1 的第 12 帧，按“F6”键，插入关键帧。选择第 12 帧上的石头将其移到舞台右边，如图 7-67 所示。在第 3～12 帧上创建传统补间动画。

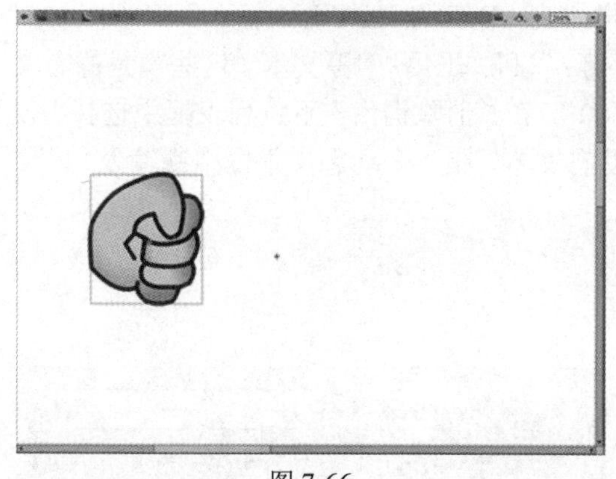

图 7-66

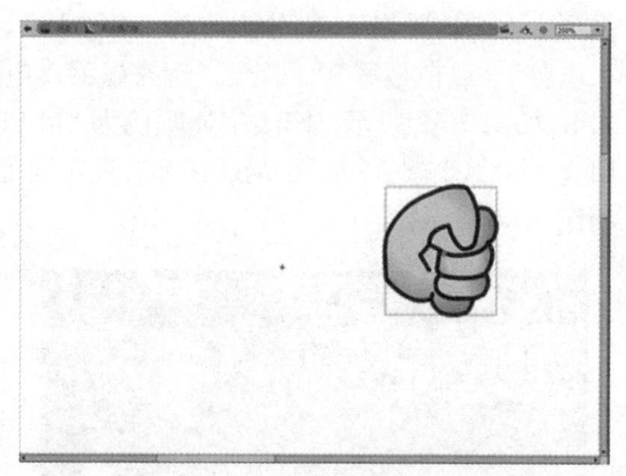

图 7-67

（10） 复制第 3～12 帧，在第 13 帧上右击，在弹出的快捷菜单中选择“粘贴帧”命令，再次在第 24 帧上右击，选择“粘贴帧”命令，如图 7-68 所示。选择第 14 帧和第 23 帧上的石头，在其上右击，从弹出的快捷菜单中选择“交换元件”命令，替换为“剪刀”元件，选择第 25 帧和第 34 帧上的石头，替换为“布”元件。

（11） 选择第 3 帧，打开“属性”面板，在帧名称处输入“a”，如图 7-69 所示，选择第 14 帧和第 25 帧，分别在帧名称处输入“b”和“c”。

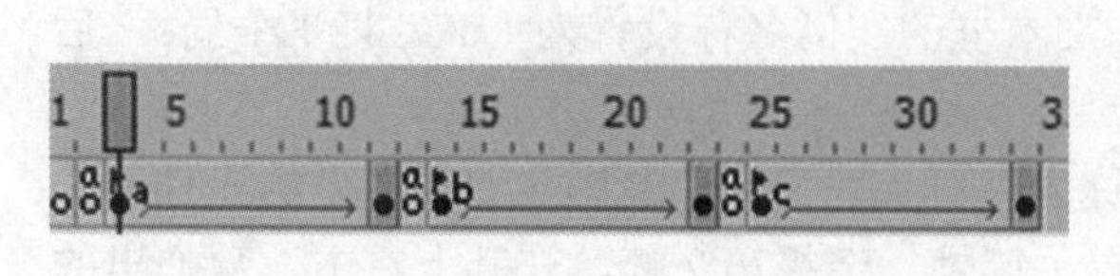

图 7-68

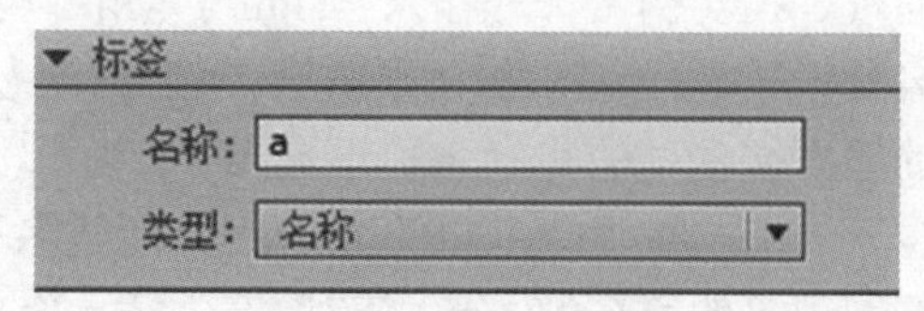

图 7-69

（12） 单击“场景一”，回到场景一的编辑环境，选择“文字”图层的第 1 帧，按“Ctrl+L”组合键，打开“库”面板，将库中的“石头剪刀布”影片剪辑元件拖到舞台上两次，如图 7-70 所示。选择左边的实例，打开“属性”面板，在实例名称处输入“mc_w”，如图 7-71 所示。选择右侧的实例，命名为“mc_d”。

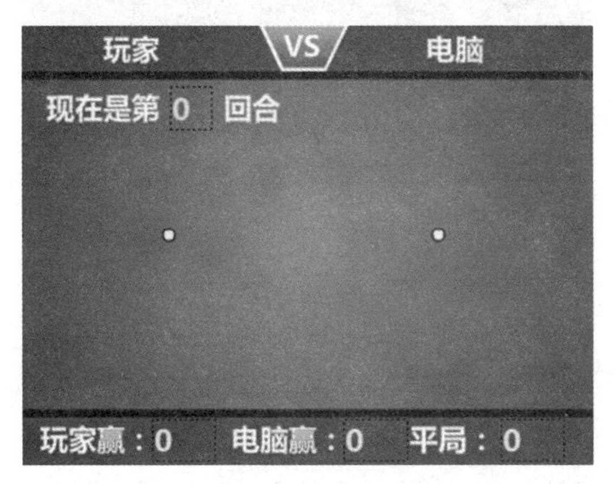

图 7-70

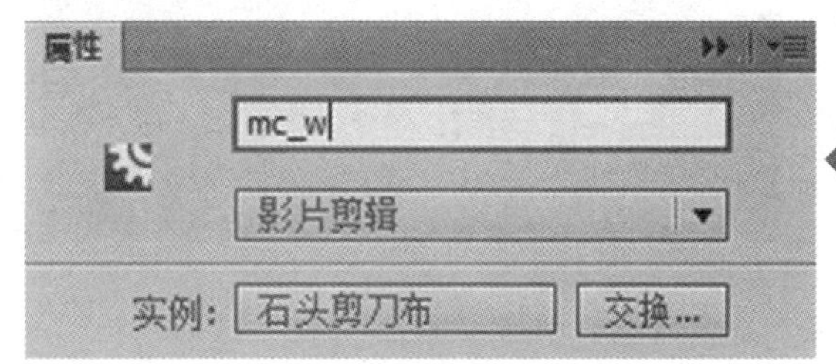

图 7-71

（13） 按“Ctrl+F8”组合键，创建名称为“石头按钮”、类型为“按钮”的元件，选择“弹起”帧，按“Ctrl+L”组合键，打开“库”面板，将库中的“石头”拖到舞台中央。选择“指针经过”“按下”和“点击”3 帧，按“F6”键，插入关键帧。选择“指针经过”帧，设置填充颜色为粉色（#FFCCCC），选择“矩形工具”，绘制一个正方形，如图 7-72 所示。

（14） 选择“库”面板中的“石头按钮”元件，在其上右击，从弹出的快捷菜单中选择“直接复制”命令，得到“剪刀按钮”（图 7-73）和“布按钮”元件。将“剪刀按钮”和“布按钮”元件中的“石头”元件替换为“剪刀”和“布”元件（选择舞台上的“石头”并右击，从弹出的快捷菜单中选择“交换元件”命令）。

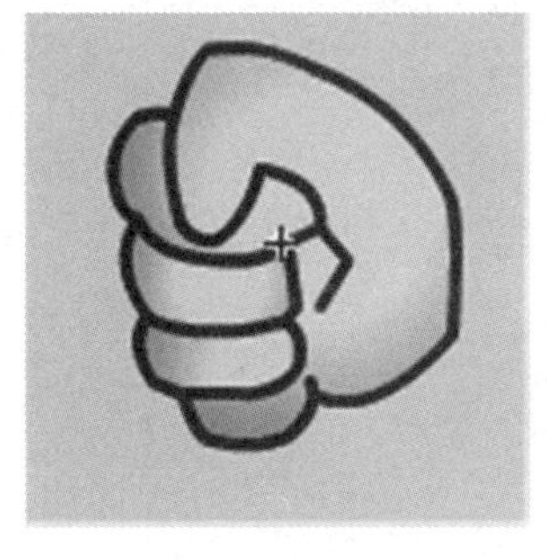

图 7-72

直接复制元件

名称(N):	剪刀按钮	确定
类型(T):	按钮	取消
文件夹：	库根目录	

▸ 高级

图 7-73

（15） 选择“场景一”，回到场景一的编辑环境，选择“按钮”图层的第 1 帧，按“Ctrl+L”组合键，打开“库”面板，将库中的“石头按钮”“剪刀按钮”和“布按钮”拖到舞台上，如图 7-74 所示。

（16） 选择舞台上的“石头按钮”，选择“修改”→“变形”→“顺时针旋转 90 度”

命令，选择“剪刀按钮”“布按钮”，分别选择“修改”→“变形”→“逆时针旋转 90 度”命令，调整好方向后，选择“任意变形工具”调整 3 个按钮的大小，如图 7-75 所示。

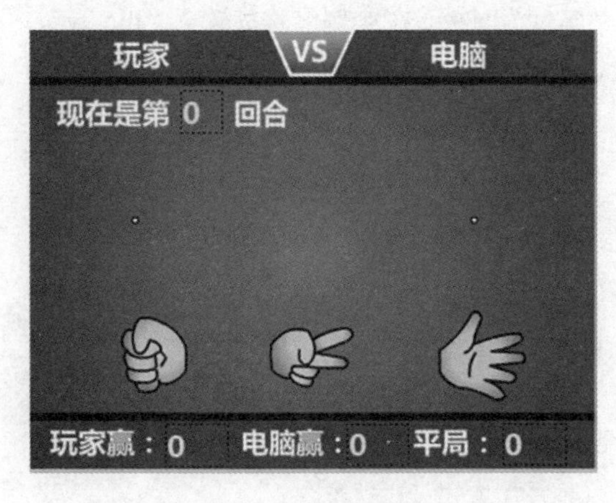

图 7-74

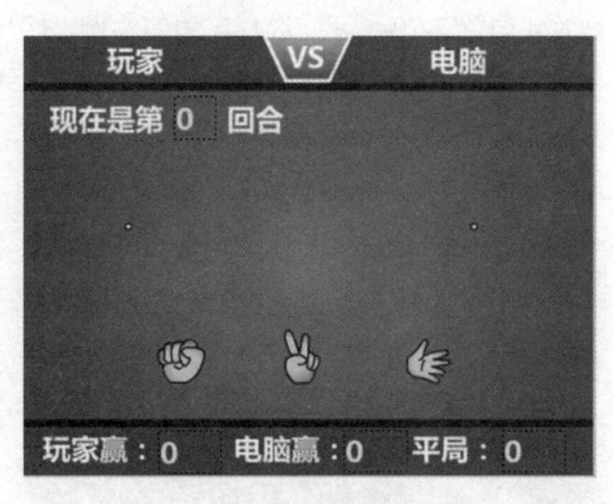

图 7-75

（17） 选择“石头按钮”，打开“属性”面板，在实例名称处输入“st_btn”，将“剪刀按钮”和“布按钮”分别命名为“jd_btn”和“bu_btn”。

（18） 选择“按钮”图层的第 1 帧，在其上右击，从弹出的快捷菜单中选择“动作”命令，在打开的“动作”面板中输入代码，如图 7-76 所示，为“剪刀按钮”和“布按钮”添加类似代码。

```
图层 1:1
1   stop();//停在第1帧
2   st_btn.addEventListener(MouseEvent.CLICK,stHandle);//为石头按钮添加监听器
3   function stHandle(e:MouseEvent):void{//定义石头单击事件响应函数
4   mc_w.gotoAndPlay("a");//玩家显示出石头
5   var m:int=Math.floor(Math.random()*3+1);//定义随机数，取值为1、2、3
6   if(m==1){//如果随机数为1
7       mc_d.gotoAndPlay("a");//电脑显示出石头
8       sum.text=String(int(sum.text)+1);//总局数增加1
9       p.text=String(int(p.text)+1);//平局数增加1
10  }
11  else if(m==2){//如果随机数为2
12      mc_d.gotoAndPlay("b");//电脑显示出剪刀
13      sum.text=String(int(sum.text)+1);//总局数增加1
14      w.text=String(int(w.text)+1);//玩家赢局数增加1
15  }
16
17  else if(m==3){//如果随机数为3
18      mc_d.gotoAndPlay("c");//电脑显示出布
19      sum.text=String(int(sum.text)+1);//总局数增加1
20      d.text=String(int(d.text)+1);//电脑赢局数增加1
21  }
22  //取得四个文本框的值，并转换为int型
23  var w1:int=int(w.text);
24  var d1:int=int(d.text);
25  var p1:int=int(p.text);
26  var sum1:int=int(sum.text);
27  //判断局数是否大于10，玩家与电脑谁赢的次数多，通过条件判断决定跳转到哪个帧
28  if(sum1>10 && w1>d1)
29      gotoAndStop("wy");
30  else if(sum1>10 && w1<d1)
31      gotoAndStop("dy");
32  else if(sum1>10 && w1==d1)
33      gotoAndStop("pj");
34  }
```

图 7-76

（19） 选择“背景”“条状”和“VS”图层的第 4 帧，按 “F5”键，插入帧，选择“按钮”图层的第 2～4 帧，按“F6”键，插入关键帧，选择“按钮”图层的第 2 帧，选择“文本工具”，字体设置随意，在舞台中输入“恭喜！您赢了！”，如图 7-77 所示。选择“按钮”图层的第 3 帧和第 4 帧，分别输入“很遗憾，您输了！”和“打成平手”，接着分别为第 2～4 帧标签命名为“wy”“dy”和“pj”，此时时间轴面板如图 7-78 所示。

图 7-77

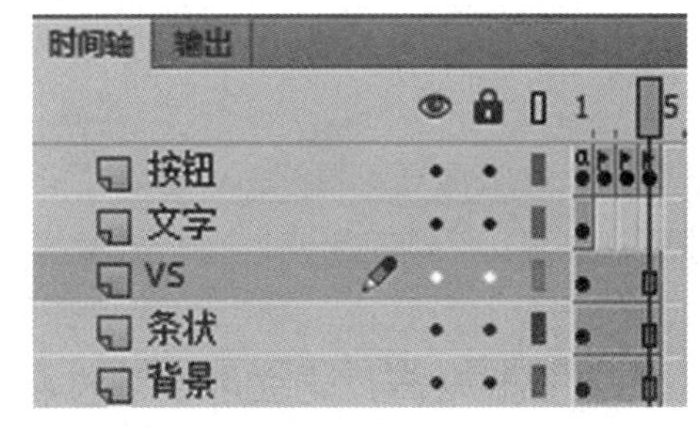

图 7-78

（20） 按“Ctrl+Enter”组合键，测试影片。

项目八　网站应用

Flash 动画广泛应用于个人和商业网站中，如网站 banner、网站导航、生日贺卡等。本项目主要介绍贺卡的制作方法。

学习目标：

- ❖ 场景的使用。
- ❖ 影片的发布与优化。
- ❖ 影片多种形式的导出。
- ❖ 网站 banner、网站导航等的制作。

任务一　个人网站片头动画

8.1.1　任务效果及思路分析

本任务需要绘制背景、制作卡通人物元件、按钮元件、云朵元件，并通过添加代码来实现动画效果，如图 8-1 所示。

（1） 用“矩形工具”绘制背景。

（2） 制作卡通人物元件。

（3） 制作按钮元件。

（4） 制作云朵元件。

（5） 添加代码。

图 8-1

8.1.2　任务知识和技能

1. 编辑场景

选择“插入”→“场景”命令，可以新建场景，如图 8-2 所示。新建场景的名称默认为“场景 2”“场景 3”等。当需要在不同的场景中切换时，可在舞台右上方单击“编辑场景”按钮，从已建场景列表中进行选择，如图 8-3 所示。当选定场景后，即可在舞台中编辑相应的动画。动画制作好后，播放动画时是按照场景的顺序播放的，按“Ctrl+Enter”组合键可测试影片。

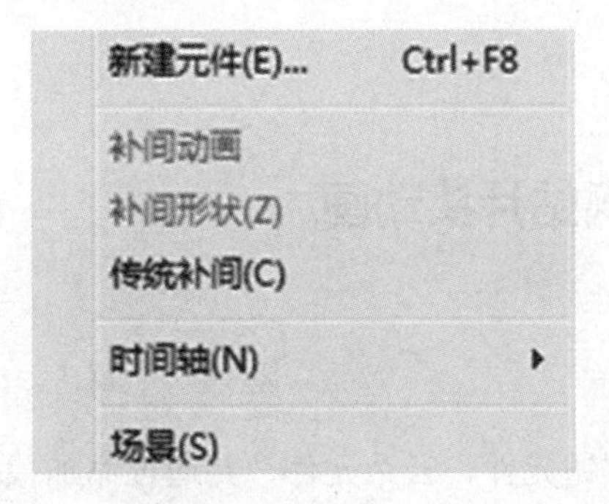

图 8-2

图 8-3

2. 创建多场景动画

新建一个基于 ActionScript 3.0 的 Flash 文档，选择“图层 1”的第 1 帧，选择“椭圆工具”，在舞台中绘制一个圆，如图 8-4 所示，选择“图层 1”的第 100 帧，按“F7”键，插入空白关键帧，选择“矩形工具”在舞台中绘制一个矩形，如图 8-5 所示。选择第 1～100 帧中的任意一帧，在其上右击，从弹出的快捷菜单中选择“创建补间形状”命令，接着选择第 1～100 帧，在其上右击，从弹出的快捷菜单选择“复制帧”命令，选择“插入”→“场景”命令，新建“场景 2”，选择图层 1 的第 1 帧并右击，从弹出的快捷菜单选择“粘贴帧”命令，选择场景 2 中“图层 1”的第 1～100 帧，在其上右击，从弹出的快捷菜单中选择“翻转帧”命令，按“Ctrl+Enter”组合键测试影片，此时将发现，影片播放完场景 1 后播放场景 2。

图 8-4

图 8-5

8.1.3 任务实施步骤

（1） 新建一个基于 ActionScript 3.0 的 Flash 文档，选择“文档”→“修改”命令，将文档大小设置为 800 像素×600 像素，背景色修改为蓝色（#98C5F7），其他设置保持默认。

（2） 新建 4 个图层，自上至下命名为“按钮”“人物”“云朵”和“草地”，如图 8-6 所示。

（3） 选择“草地”图层的第 1 帧，选择“矩形工具”，设置笔触颜色为“无”，填充颜色为绿色（#85D07E），在舞台下方绘制一个矩形，如图 8-7 所示。

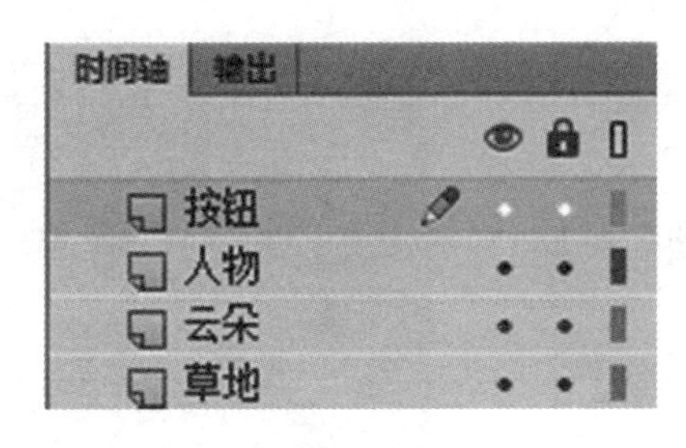

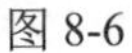
图 8-6

图 8-7

（4） 选择“选择工具”，将鼠标指针移动到绿色矩形的上缘，使其具有一定的弧度，如图 8-8 所示。

（5） 按“Ctrl+F8”组合键，创建一个名称为“卡通人物”、类型为“影片剪辑”的元件，单击“确定”按钮创建元件，如图 8-9 所示。

图 8-8

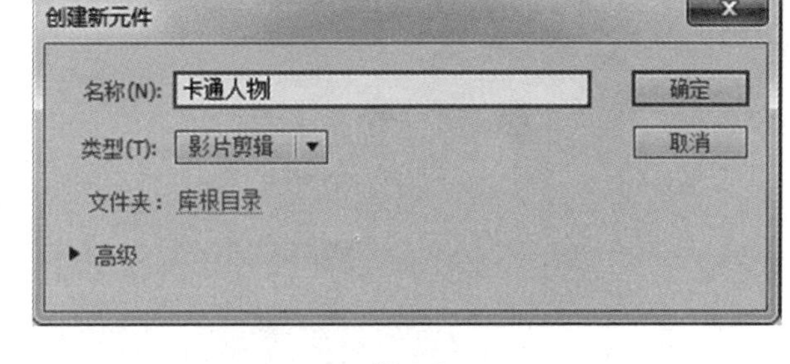

图 8-9

（6） 此时进入“卡通人物”的编辑环境，将“图层 1”重命名为“脑袋”，选择第 1 帧，选择“椭圆工具”，设置笔触颜色为“#FD9BD9”，打开“属性”面板，设置笔触高度为“5.00”、填充颜色为“#FFBAE4”，绘制一个圆形，如图 8-10 所示。

图 8-10

（7） 选择“椭圆工具”，设置笔触颜色为粉红色（#FD9BD9）、填充颜色为白色（#FFFFFF），绘制一个小的白色圆形，如图 8-11 所示。接着修改笔触颜色为“无”、填充颜色为黑色（#000000），绘制两个黑色圆形，如图 8-12 所示，设置笔触颜色为“无”、填充颜色为粉红色（#FD9BD9），绘制两个粉红色圆形，如图 8-13 所示。

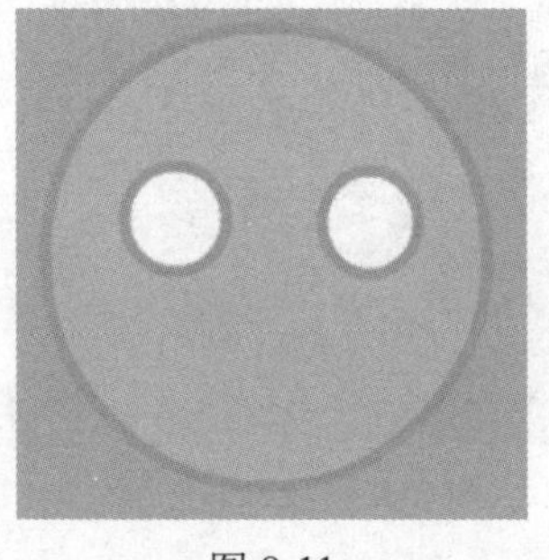
图 8-11

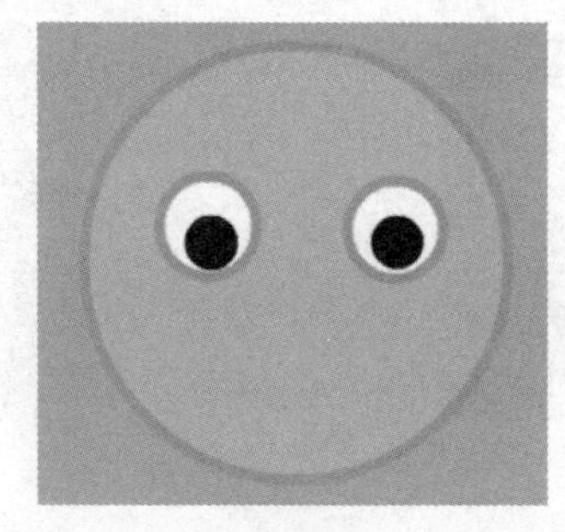
图 8-12

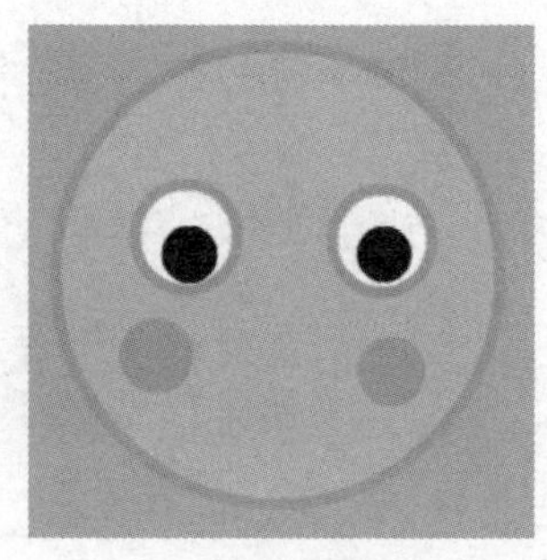
图 8-13

（8） 选择“线条工具”，设置笔触高度为 5.00、笔触颜色为粉红色（#FD9BD9），绘制一条直线作为嘴巴，如图 8-14 所示，选择“选择工具”，调整直线为弧线，如图 8-15 所示。

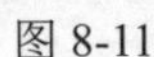
图 8-14

图 8-15

（9） 选择“选择工具”，将鼠标指针移动到头顶位置，按住“Alt”键，拖动弧线进行调整，效果如图 8-16 所示。

（10） 选择“线条工具”，保持笔触高度为“5.00”，设置笔触颜色为紫色（#9581B9），在脑袋上部绘制一条直线，如图 8-17 所示，选择“选择工具”调整直线的弧度，如图 8-18 所示。

图 8-16

图 8-17

图 8-18

（11） 选择“椭圆工具”，保持笔触高度为“5.00”，设置笔触颜色为橙色（#F1DC50）、填充颜色为黄色（#FCF475），绘制一个椭圆形作为宝石，如图 8-19 所示。

图 8-19

（12） 新建“图层 2”，重命名为“身体”，选择第 1 帧，选择“矩形工具”，保持笔触高度为“5.00”，设置笔触颜色为“#CD5E54”、填充颜色为“#EE6A70”，绘制一个矩形作为身体，如图 8-20 所示。选择“选择工具”，调整矩形的 4 个顶点，如图 8-21 所示，使用“选择工具”调整衣服的弧度，如图 8-22 所示。

图 8-20

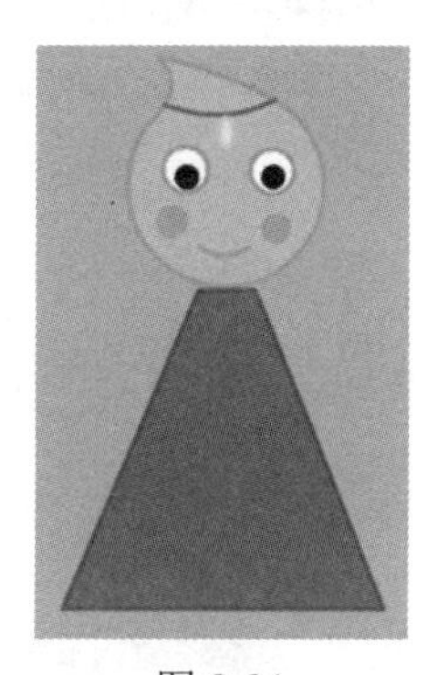

图 8-21

图 8-22

（13） 新建图层 3，重命名为“四肢”，将其移到“身体”图层的下方，选择第 1 帧，选择“线条工具”，保持笔触高度为“5.00”，设置笔触颜色为“#DDDF6B”，绘制卡通任务的四肢，如图 8-23 所示。

（14） 新建图层 4，重命名为“手脚”，选择第 1 帧，选择“椭圆工具”，保持笔触高度为“5.00”，设置笔触颜色为“#DDDF6B”、填充颜色为“#FCF475”，绘制 4 个椭圆形作为手脚，如图 8-24 所示。

图 8-23

图 8-24

（15） 分别选择“脑袋”“四肢”“身体”和“手脚”图层的第 5 帧，按“F5”键，插入帧，如图 8-25 所示。

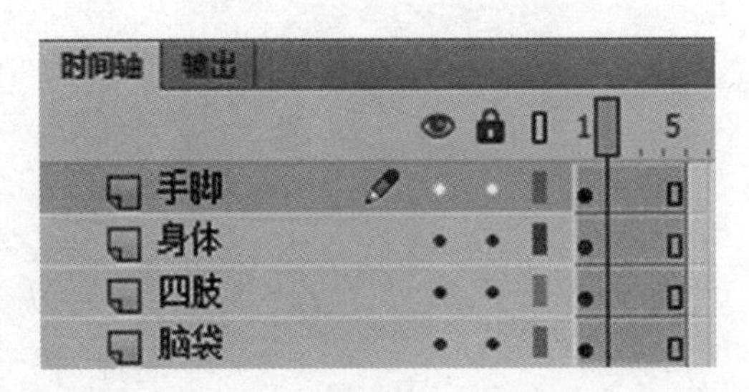

图 8-25

（16） 新建图层“闪光”，选择该图层的第 5 帧，按“F7”键，插入空白关键帧，选择“铅笔工具”，保持笔触高度为“5.00”，设置笔触颜色为“#FCF475”，在“宝石附近”绘制散光图形，如图 8-26 所示。

（17）单击“场景 1”，回到场景 1 的编辑环境，选择“人物”图层的第 1 帧，按“Ctrl+L”组合键，打开“库”面板，将库中的“卡通人物”元件拖到场景中，如图 8-27 所示。

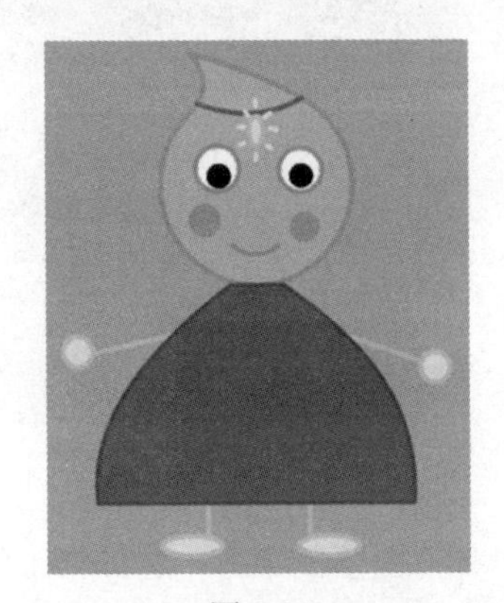

图 8-26

图 8-27

（18） 按“Ctrl+F8”组合键，创建按钮类型的元件，设置名称为“home”，如图 8-28 所示。选择“图层 1”的第 1 帧，选择“矩形工具”，设置填充颜色为“#C3B2D5”、笔触颜色为“#9581B9”，绘制两个矩形，如图 8-29 所示，接着选择“选择工具”，按住“Alt”键，移动鼠标指针到大矩形右边缘，拖出一个角来，如图 8-30 所示。

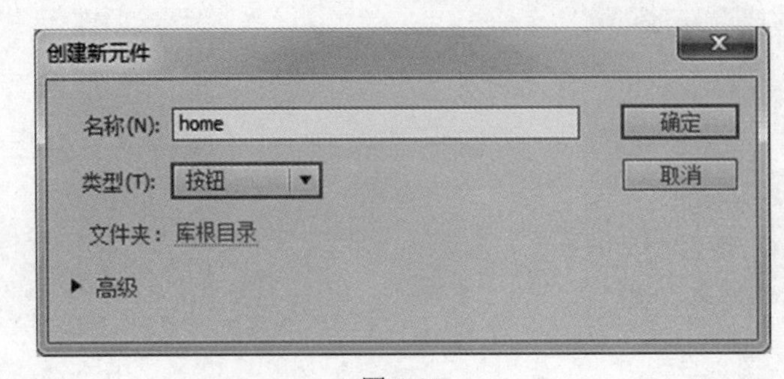

图 8-28

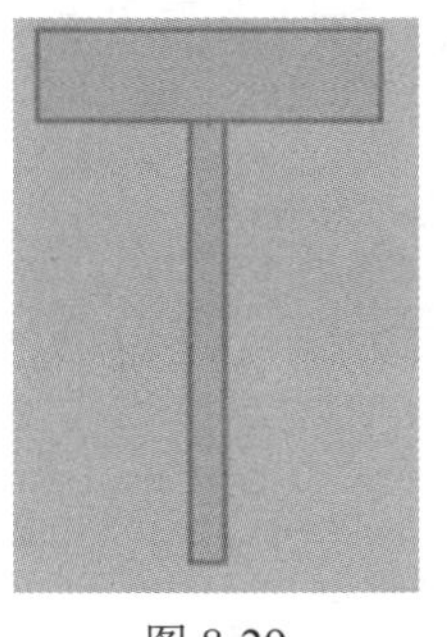
图 8-29

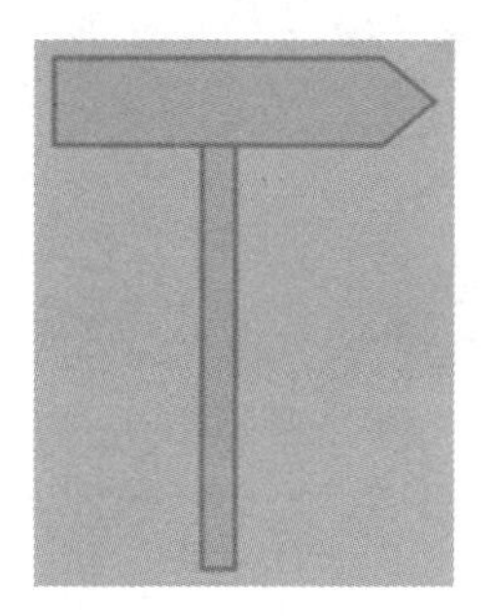
图 8-30

（19） 选择“图层 1”的所有帧（4 帧），按“F6”键，插入关键帧，如图 8-31 所示，选择“指针经过”帧，调整两个矩形的填充颜色为“#9581B9”、笔触颜色为“#C3B2D5”（即笔触颜色与填充颜色交换），如图 8-32 所示。

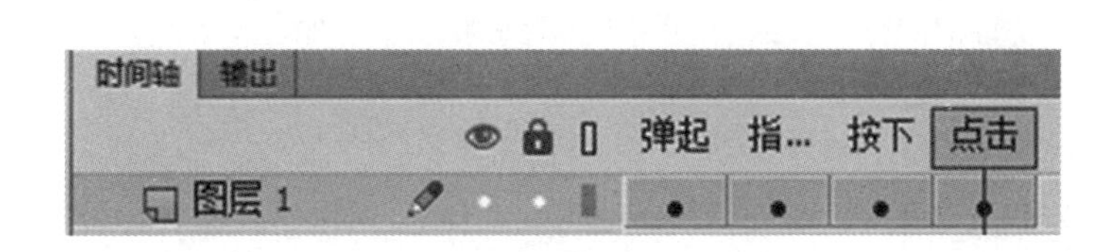

图 8-31

图 8-32

（20） 新建一个图层，默认为“图层 2”，选择“弹起”帧，选择“文本工具”，设置字体颜色为灰色（#666666）、字体系列为“微软雅黑”、字号为 40 磅，输入“我的主页”，如图 8-33 所示。

（21） 单击“场景 1”，回到场景 1 的编辑环境，按“Ctrl+L”组合键，打开“库”面板，将按钮元件“home”拖到场景中，如图 8-34 所示。

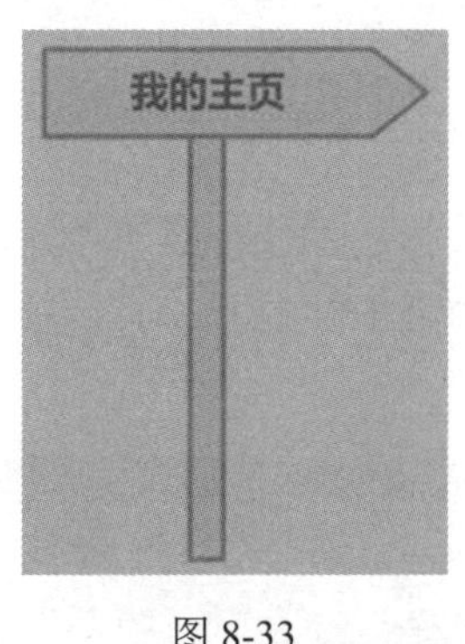

图 8-33

图 8-34

（22） 按“Ctrl+F8”组合键，新建一个类型为“影片剪辑”、名称为“云朵”的元件，单击“确定”按钮，进入云朵的编辑环境，选择“椭圆工具”，设置笔触颜色为“无”、填充颜色为白色（#FFFFFF），绘制 3 个椭圆形，如图 8-35 所示。利用“选择工具”选择云

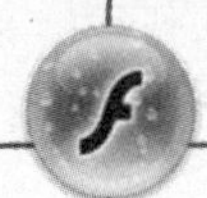

朵图案，选择“修改”→“形状”→“柔化填充边缘”命令，效果如图 8-36 所示，参数设置如图 8-37 所示。

图 8-35

图 8-36

（23） 选择“图层 1”的第 200 帧，按“F6”键，插入关键帧，选择第 1～200 帧上的任何一帧，在其上右击，从弹出的快捷菜单中选择“创建传统补间”命令，选择第 1 帧，将云朵图案移到舞台的左边，选择第 200 帧，将云朵图案移到舞台的右边。

（24） 单击“场景 1”，回到场景 1 的编辑环境，按“Ctrl+L”组合键，打开“库”面板，选择“云朵”图层的第 1 帧，将库中的“云朵”元件拖动到舞台上，如图 8-38 所示。

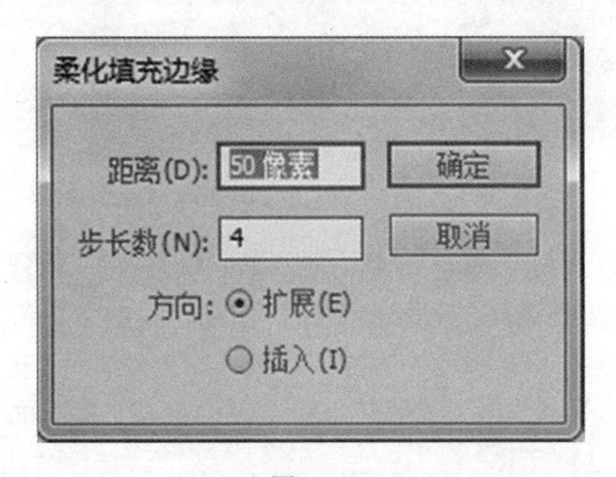

图 8-37

图 8-38

（25） 选择“按钮”图层的第 1 帧，选择“我的主页”按钮实例，打开“属性”面板，修改实例名称为“home”，如图 8-39 所示。

（26） 选择“按钮”图层的第 1 帧，在其上右击，从弹出的快捷菜单中选择“动作”命令，打开“动作”面板，输入如下代码，输入完成后，第 1 帧显示“a”，则表示该帧上已添加代码，如图 8-40 所示。

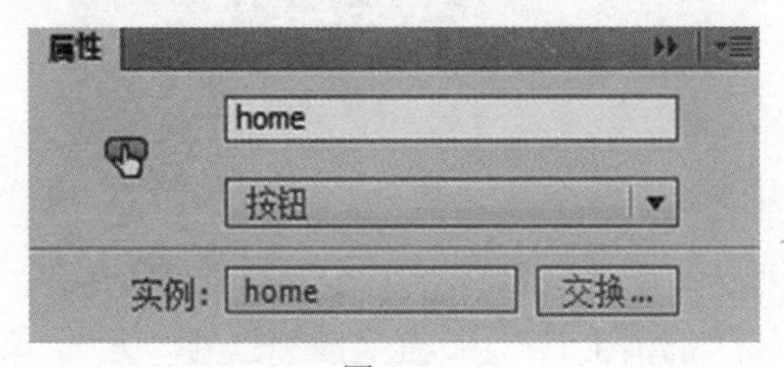

图 8-39

图 8-40

```
//定义函数_getURL，该函数功能为打开指定地址的网页
function _getURL(event:MouseEvent):void {
    //定义打开网址的 URL（即统一资源定位符）
   var _newurl:URLRequest=new URLRequest("http://www.baidu.com");
    //定义打开方式
   var _openmethod:String="_blank";
    //打开网页
   navigateToURL(_newurl,_openmethod);
}
//为名称为 home 的按钮实例注册监听器，MouseEvent.CLICK 为单击事件，此时
//调用之前定义的_getURL 函数。
home.addEventListener(MouseEvent.CLICK,_getURL);
```

任务二 楼盘网站开场动画

8.2.1 任务效果及思路分析

本任务需要绘制 Logo，制作线条、矩形形状渐变的动画，以完成楼盘网站开场动画，如图 8-41 所示。

（1） 使用矩形工具绘制小矩形，通过形状补间动画完成一系列矩形的变化。

（2） 输入楼盘名称和广告语。

（3） 制作企业 Logo。

（4） 输入公司名称。

图 8-41

8.2.2 任务知识和技能

1. 测试影片和场景

选择“控制”→“测试场景”命令（或按“Ctrl+Alt+Enter”组合键），可以测试当前所选择的场景。当选择“控制”→“测试影片”命令或“控制”→“测试”命令（或按“Ctrl+Enter”组合键）时，可以测试影片。测试影片时，会按顺序播放各个场景的内容。

2. 优化影片

动画文件越大，在网络上播放浏览时等待播放的时间就越长。虽然在动画准备发布时会自动进行一些优化，但在制作动画时还要从整体上对动画进行优化，这样可以使文件更小，便于传播。

动画优化一般包括以下几点。

（1）动画中所有相同的对象尽量使用同一元件。

（2）在动画中避免用逐帧动画，多使用补间动画。

（3）如果导入位图，最好把位图作为背景或静止元素，避免使用位图动画元素。

（4）对舞台中多个相对位置固定的对象建组。

（5）尽量用矢量线条代替矢量色块，减少矢量图形的复杂程度。

（6）尽量不要将文字打散成轮廓，尽量少用嵌入字体。

（7）尽量少用渐变色，使用单色。

（8）尽量限制使用特殊类型的线条，如虚线、点线等。

（9）尽量避免在作品的开始出现停顿。

（10）对动画的音频素材，尽量使用 MP3 格式，因为 MP3 占用空间小、压缩效果好。

由于音频引用对象和位图引用对象包含的文件量大，因此避免在同一关键帧中同时包含这两种引用对象；否则可能出现停顿。使用“属性”面板中“颜色”下拉列表中的各个命令设置实例，可以使同一元件的不同实例产生多种不同的效果。

3. 导出 Flash 动画

打开“文件”→“导出”扩展菜单，可以选择将文件导出为图像、影片或视频。

“导出图像”命令：可以将当前帧或所选图像导出为一种静止图像格式或导出为单帧 Flash Player 应用程序。

“导出影片”命令：可以将动画导出为包含一系列图片、音频的动画格式或静止帧。当导出静止图像时，既可以为文档中的每一帧都创建一个带有编号的图像文件，也可以将文档中的声音导出为 WAV 文件。导出影片时，支持 SWF 影片、JPEG 系列、GIF 系列、PNG 系列、GIF 动画。

“导出视频”命令：可以将动画导出为 MOV 格式的视频，其中支持在 AdobeMediaEncoder 中转换视频，还可以忽略舞台颜色（生成 Alpha 通道），此时查看或转换 AdobeMediaEncoder 的视频需要安装 QuickTime 软件。

8.2.3　任务实施步骤

（1）新建一个基于 ActionScript 3.0 的 Flash 文档，选择“文档”→“修改”命令，设置文档大小为 800 像素×600 像素，其他参数保持默认设置。

（2）再新建一个图层，并将两个图层分别命名为“文字”和“动画”，如图 8-42 所示。

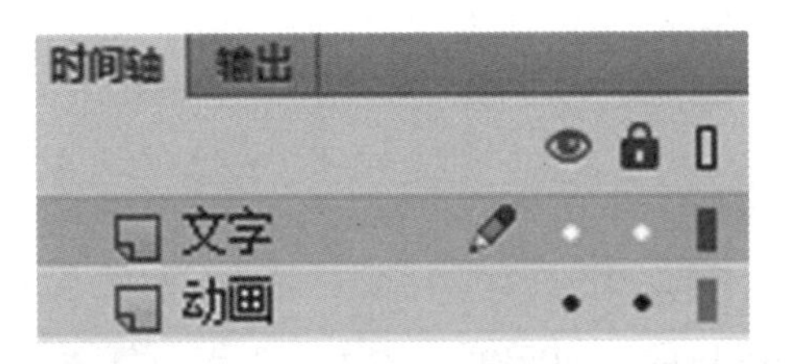

图 8-42

（3）选择“动画”图层的第 1 帧，选择“矩形工具”，设置笔触颜色为“无”、填充颜色为“#004329”，在舞台左侧绘制一个小矩形，如图 8-43 所示。

（4）选择“动画”图层的第 50 帧，按“F6”键，插入关键帧，选择第 50 帧上的矩形，选择“任意变形工具”，将中心点调整到矩形左边的中点，将矩形拉伸，效果如图 8-44 所示。

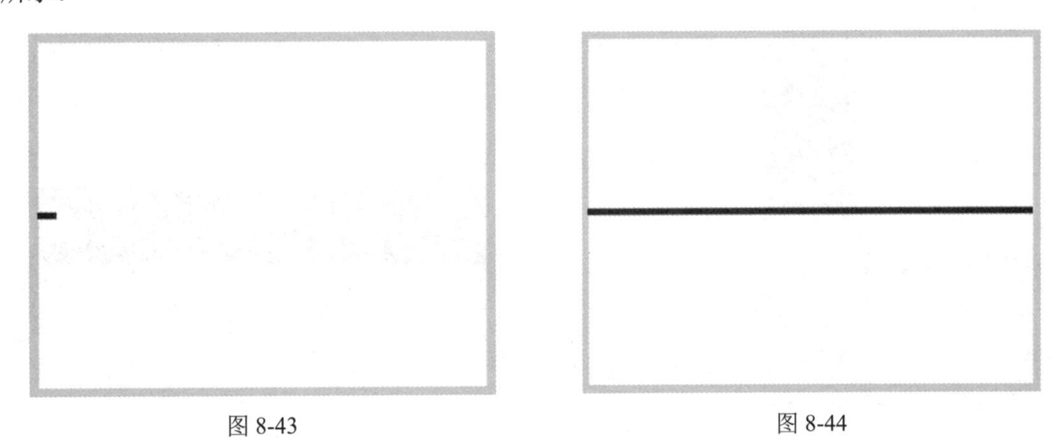

图 8-43　　图 8-44

（5）选择“动画”图层第 1～50 帧上的任意一帧，在其上右击，从弹出的快捷菜单中选择“创建补间形状”命令。

（6）选择“动画”图层的第 100 帧，按“F6”键，插入关键帧，选择第 100 帧上的矩形，选择“任意变形工具”，将矩形拉高，如图 8-45 所示。选择第 50～100 帧上的任意一帧，在其上右击，从弹出的快捷菜单中选择“创建补间形状”命令。

（7）选择“动画”图层的第 120 帧，按“F6”键，插入关键帧，选择“动画”图层的第 150 帧，按“F6”键，插入关键帧，选择“选择工具”，选中第 150 帧上矩形的一部分，按“Delete”键分别将它们删除，如图 8-46 所示，选择第 120～150 帧上的任意一帧，在其上右击，从弹出的快捷菜单中选择“创建补间形状”命令。

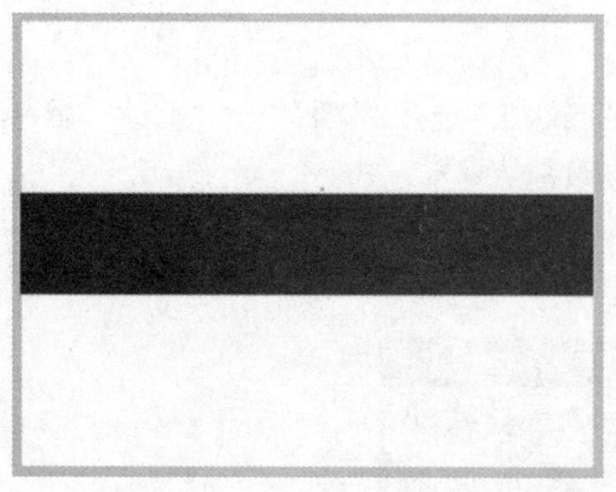

图 8-45

图 8-46

（8） 选择“动画”图层的第 200 帧，按“F6”键，插入关键帧，选择第 200 帧上的矩形，选择“任意变形工具”旋转矩形，并调整矩形的大小，如图 8-47 所示。选择第 150～200 帧上的任意一帧，在其上右击，从弹出的快捷菜单中选择“创建补间形状”命令。

（9） 选择“文字”图层的第 100 帧，按“F7”键，插入空白关键帧，选择“文本工具”，打开“属性”面板，设置字体颜色为“#E7DA9F”，输入文字“观澜”，设置字体大小为“40.0 磅”，在舞台上输入“御苑第 2 期”及“100 万方国际都会住区”，如图 8-48 所示，选择“文字”图层的第 150 帧，按“F7”键，插入空白关键帧。

图 8-47

图 8-48

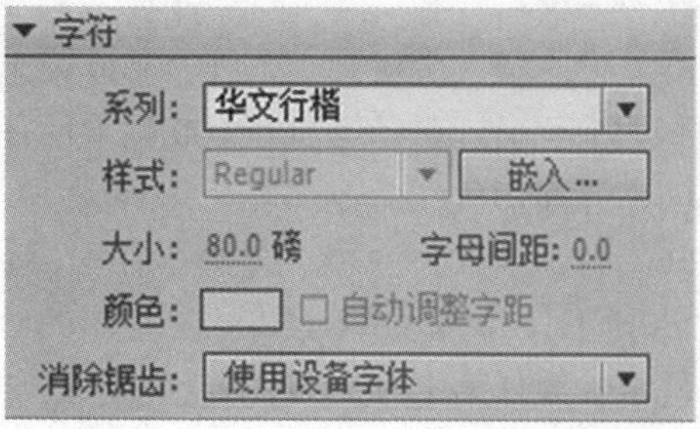

▼ 字符
系列： 华文行楷
样式： Regular　嵌入...
大小： 80.0 磅　字母间距： 0.0
颜色： □ 自动调整字距
消除锯齿： 使用设备字体

图 8-49

（10） 选择“文字”图层的第 200 帧，按“F7”键，插入空白关键帧，选择“文本工具”，设置字体大小为“80.0”磅，其他设置如图 8-49 所示，在舞台中输入“观澜御苑”，如图 8-50 所示，接着选择“矩形工具”，设置笔触颜色为“无”、填充颜色为“#E7DA9F”，绘制两个矩形作为装饰，如图 8-51 所示。

图 8-50

图 8-51

（11） 选择“动画”图层的第 230 帧，按“F6”键，插入关键帧，选择“文字”图层的第 230 帧，按“F7”键，插入空白关键帧。

（12） 选择“动画”图层的第 280 帧，按“F7”键，插入空白关键帧，选择“矩形工具”，设置填充颜色为“#DDB75A”、笔触颜色为“无”，绘制矩形背景，如图 8-52 所示，为使矩形与舞台大小一致，选择矩形，设置其位置和大小，如图 8-53 所示。

图 8-52

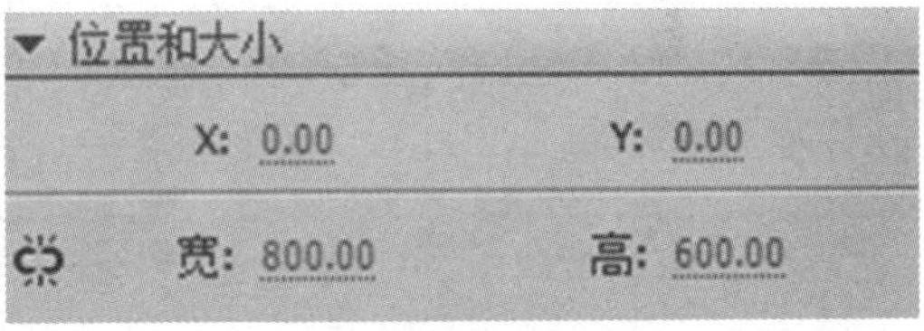

▼ 位置和大小
X: 0.00　Y: 0.00
宽: 800.00　高: 600.00

图 8-53

（13） 按“Ctrl+F8”组合键创建元件，设置名称为“logo”、类型为“图形”，选择“图层 1”的第 1 帧，选择“矩形工具”，设置笔触颜色为“无”、填充颜色为“#DDB75A”，在舞台中央绘制一个正方形（按住“Shift”键），如图 8-54 所示。选择“矩形工具”，设置笔触颜色为“无”、填充颜色为黑色（#000000），在已绘制的正方形中间向外扩展一个稍小一点的正方形（按“Shift+Alt”组合键），如图 8-55 所示，按“Delete”键将中间部分删除，得到一个正方框，如图 8-56 所示。

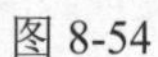
图 8-54

图 8-55

图 8-56

（14） 选择“图层 1”的第 1 帧，按照同样的方法，制作另外一个正方框，使第二个正方框位于第一个正方框的中间位置，如图 8-57 所示。

（15） 选择“选择工具”，选择图 8-57 中的一个矩形区域，按“Delete”键将其删除，效果如图 8-58 所示。

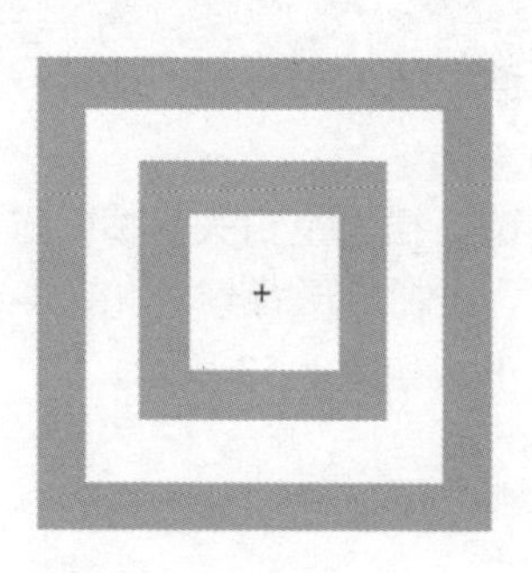
图 8-57

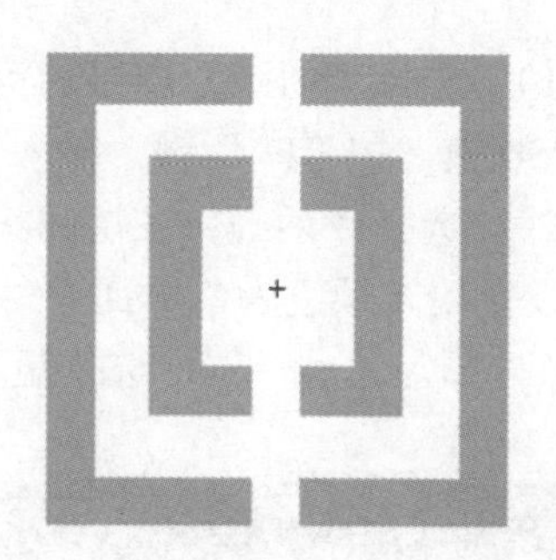
图 8-58

（16） 选择图层 1 的第 1 帧，按“Ctrl+A”组合键，图 8-58 中的图形被选中，打开“颜色”面板，设置填充类型为线性渐变（颜色从#E2A71F 到#ECD195），如图 8-59 所示。

（17） 选择“场景 1”，回到场景 1 的编辑环境，选择“文字”图层的第 280 帧，按“F7”键，插入空白关键帧，按“Ctrl+L”组合键，打开“库”面板，将库中的“Logo”元件拖动到舞台上，如图 8-60 所示。

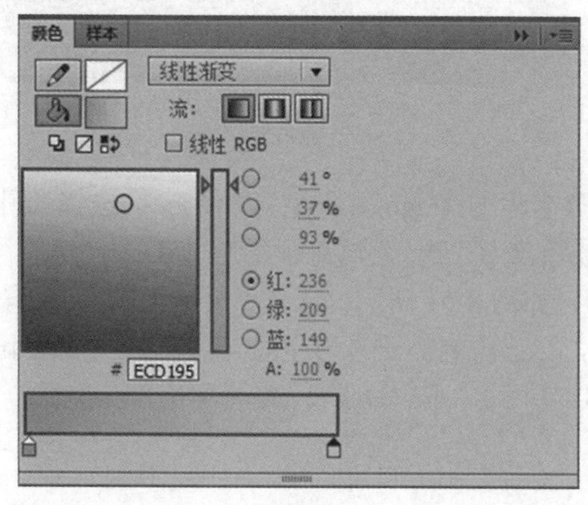

图 8-59

图 8-60

（18）选择“文本工具”，设置填充、笔触颜色为“#DDB75A”，其他设置如图 8-61 所示，在舞台上输入“方正地产”，如图 8-62 所示，选择“方正地产”4 个字，按“Ctrl+B”组合键两次，将文字彻底分离，接着打开“属性”面板，设置填充类型为“线性填充”（颜色从#E2A71F 到#ECD195），效果如图 8-63 所示。

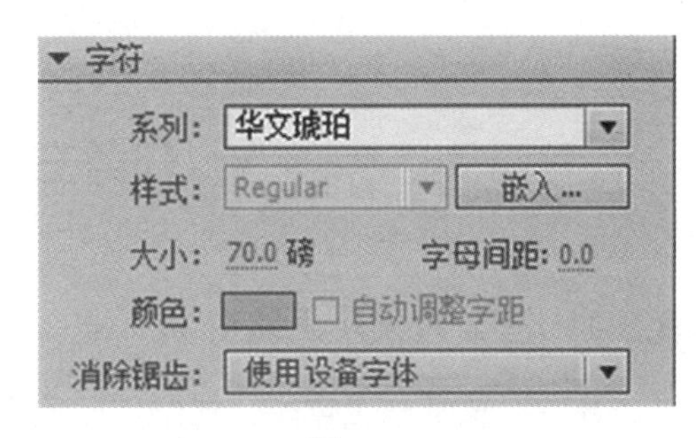

图 8-61

图 8-62

图 8-63

（19）选择“文字”图层和“动画”图层的第 330 帧，按“F5”键，插入帧。

（20）选择“文件”→“导出”→“导出影片”命令，打开“导出影片”对话框，设置保存类型为“SWF 影片”、文件名为“楼盘网站开场动画”，单击“确定”按钮，即可导出 SWF 格式的文件，如图 8-64 所示。

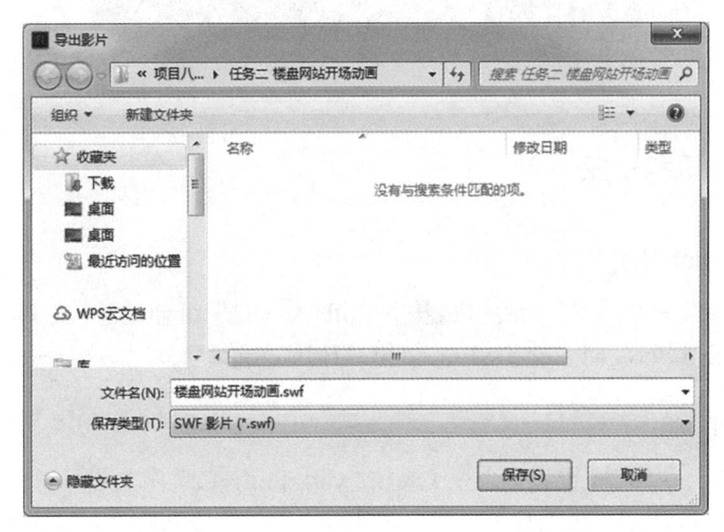

图 8-64

任务三　购物网站片头动画

8.3.1　任务效果及思路分析

本任务需要设置背景、制作打折元件、蒲公英元件等，以实现购物网站片头动画，如图 8-65 所示。

（1）设置文档大小和背景。

（2）将任务拖动到 Flash 文档中。

（3）输入文本信息。

（4）制作打折影片剪辑元件。

（5）制作蒲公英影片剪辑元件。

（6）输入代码，复制得到多个实例，并设置各实例的位置。

图 8-65

8.3.2　任务知识和技能

1. 发布 Flash 影片

选择“文件”→“发布”命令（或按“Shift+Alt+F2”组合键），在 Flash 文件所在的文件夹中将生成与 Flash 同名的 SWF 文件和 HTML 文件。

2. 发布 HTML

选择“文件”→“发布设置”命令（或按“Ctrl+Shift+F2”组合键），打开“发布设置”对话框，如图 8-66 所示。在“发布设置”对话框中可以对发布格式、输出路径等参数进行设置。在“发布设置”对话框中，选中“HTML 包装器”复选框，单击“发布”按钮，将其发布为 HTML 格式。

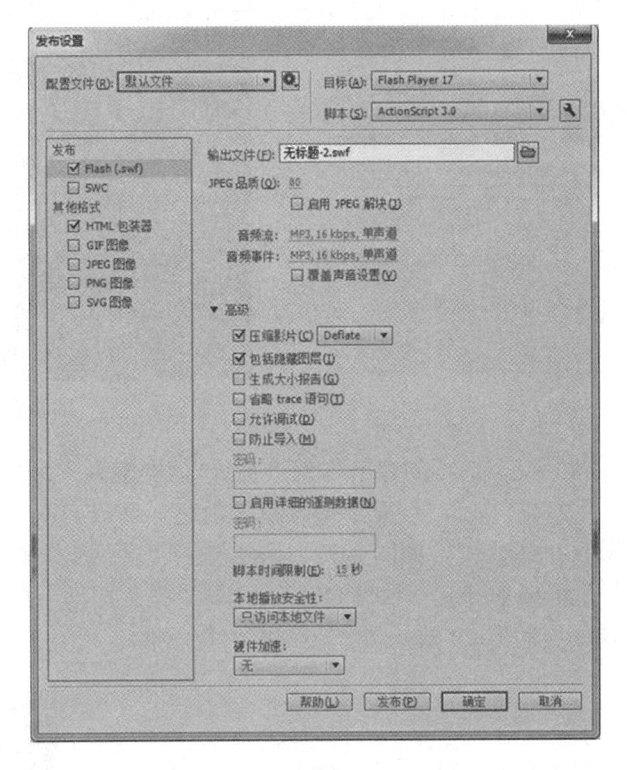

图 8-66

8.3.3　任务实施步骤

（1） 打开“素材.fla”文档，选择“文档”→“修改”命令，设置文档大小为 800 像素×600 像素，将背景色修改为紫色（#664883），其他设置保持默认。

（2） 新建 4 个图层，自上至下命名为“打折信息”“标题”“人物”和“蒲公英”，如图 8-67 所示。

（3） 选择“人物”图层的第 1 帧，按“Ctrl+L”组合键，打开“库”面板，将库中的“女孩”元件拖到舞台上，如图 8-68 所示。

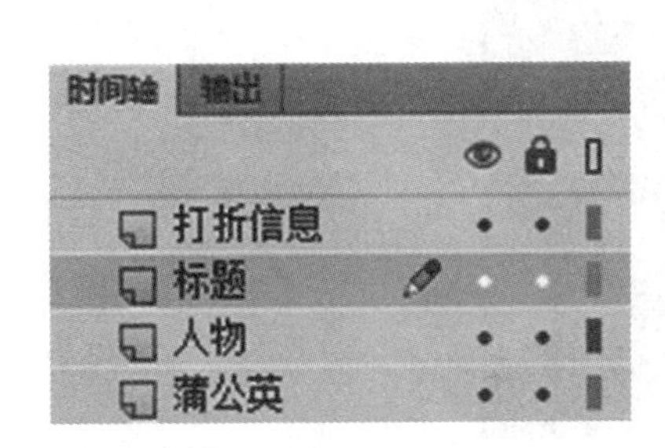

图 8-67

图 8-68

（4）选择“标题”图层的第 1 帧，选择“文本工具”，设置字体颜色为白色（#FFFFFF），其他设置如图 8-69 所示，在舞台上输入“Anne shopping mall”，如图 8-70 所示。

图 8-69

图 8-70

（5） 按“Ctrl+F8”组合键，创建名称为“打折”、类型为“影片剪辑”的元件，如图 8-71 所示，选择“文本工具”，设置字体颜色为白色（#FFFFF），其他设置如图 8-69 所示。在舞台上输入“30% OFF”，如图 8-72 所示，选择“图层 1”的第 10 帧，按“F6”键，插入关键帧，选择第 10 帧上的“30% OFF”，选择“任意变形工具”，将字体放大，如图 8-73 所示，选择该图层的第 20 帧，按“F5”键，插入帧。

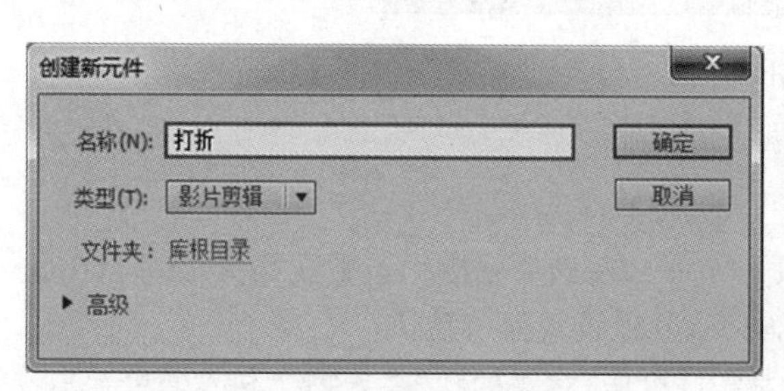

图 8-71

图 8-72

图 8-73

（6） 单击“场景 1”，回到场景 1 的编辑环境，选择“打折信息”图层的第 1 帧，按“Ctrl+L”组合键，打开“库”面板，将库中的“打折”元件拖到舞台上，如图 8-74 所示。

图 8-74

（7） 按“Ctrl+F8”组合键，创建名称为“蒲公英”、类型为“影片剪辑”的元件，如图 8-75 所示，选择“线条工具”，设置笔触颜色为白色（#FFFFFF），绘制如图 8-76 所示的图案；选择“选择工具”，调整直线为曲线，如图 8-77 所示；选择“椭圆工具”，设置笔触颜色为“无”、填充颜色为“#FF3366”，绘制圆形，如图 8-78 所示；选择“线条工具”，绘制一条直线作为蒲公英的柄，选择“选择工具”调整其弧度，如图 8-79 所示。

图 8-75

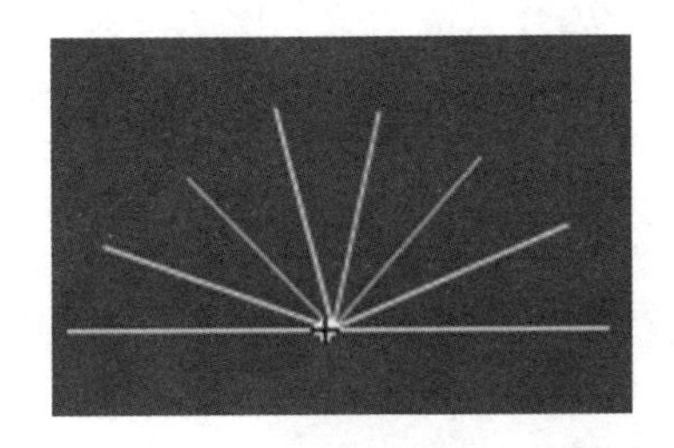

图 8-76

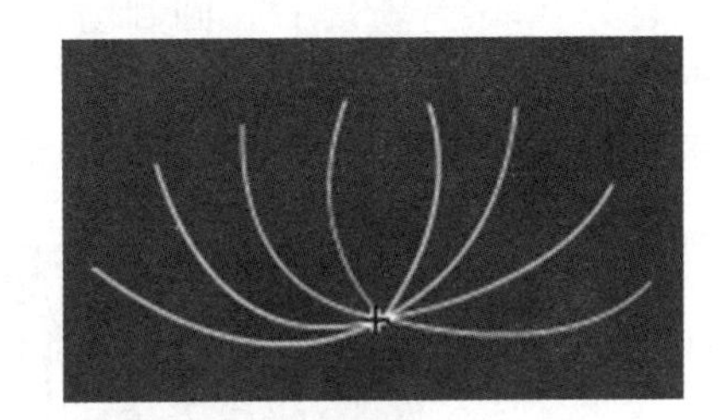

图 8-77

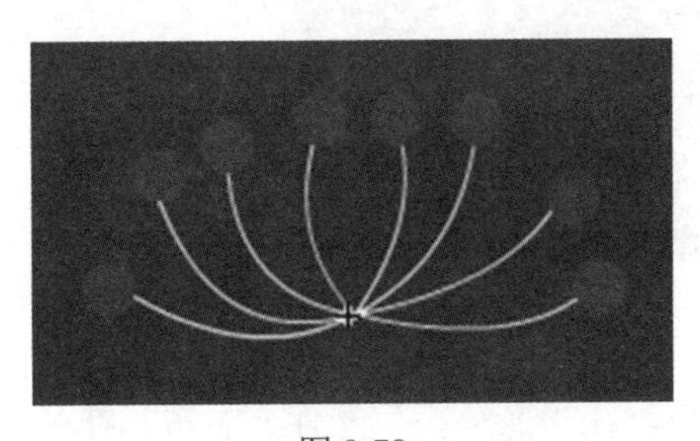

图 8-78

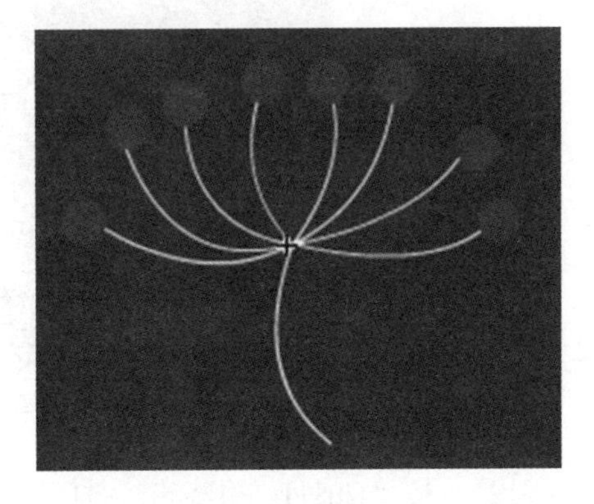

图 8-79

（8） 选择“图层 1”的第 80 帧，按“F6”键，插入关键帧，选择第 1～80 帧上的任意一帧，在其上右击，从弹出的快捷菜单中选择“创建传统补间”命令。

（9） 在“图层 1”上右击，从弹出的快捷菜单中选择“添加传统运动引导层”命令，选择该图层的第 1 帧，选择“铅笔工具”，设置笔触颜色为黑色（#000000），绘制引导线，如图 8-80 所示。

（10） 选择“图层 1”的第 1 帧，移动蒲公英的中心点到引导线顶端，如图 8-81 所示。选择该图层的第 80 帧，移动蒲公英的中心点到引导线的底端，如图 8-82 所示，时间轴面板如图 8-83 所示。

图 8-80

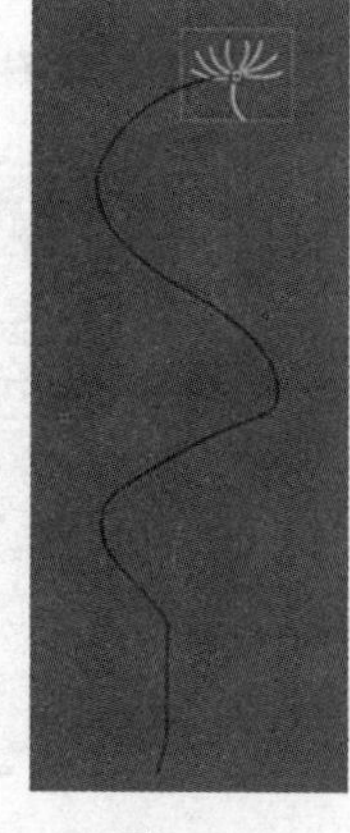
图 8-81

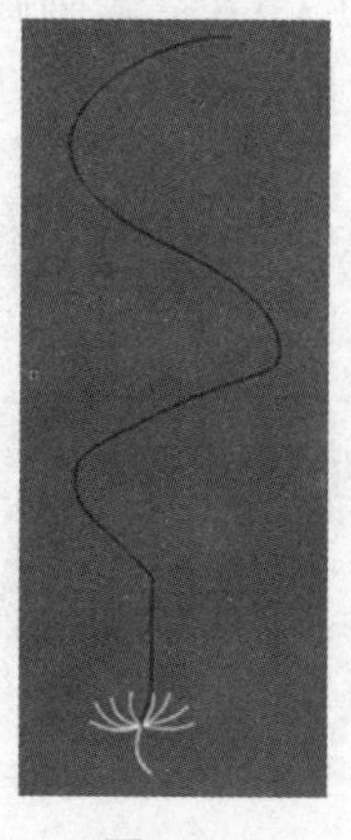
图 8-82

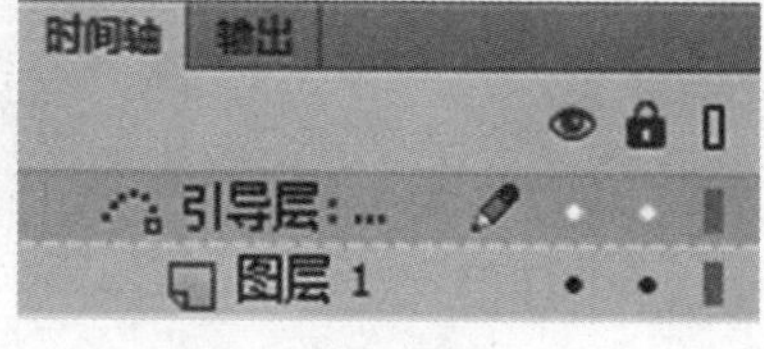

图 8-83

（11） 单击“场景 1”，回到场景 1 的编辑环境，选择“蒲公英”图层的第 1 帧，按“Ctrl+F8”组合键，打开“库”面板，将库中的“蒲公英”元件拖到舞台上，并利用“任意变形工具”调整其大小，如图 8-84 所示。

图 8-84

（12） 按“Ctrl+L”组合键，打开“库”面板，在“蒲公英”元件上右击，在弹出的快捷菜单中选择“属性”命令，在打开的“元件属性”对话框中单击“高级”按钮，选中“为 ActionScript 导出”复选框，然后在“类”文本框中输入“LinkMc”，单击“确定”按钮。

（13） 选择“蒲公英”图层的第 1 帧，在其上右击，从弹出的快捷菜单中选择“动作”命令，在“动作”面板中输入代码，如图 8-85 所示。

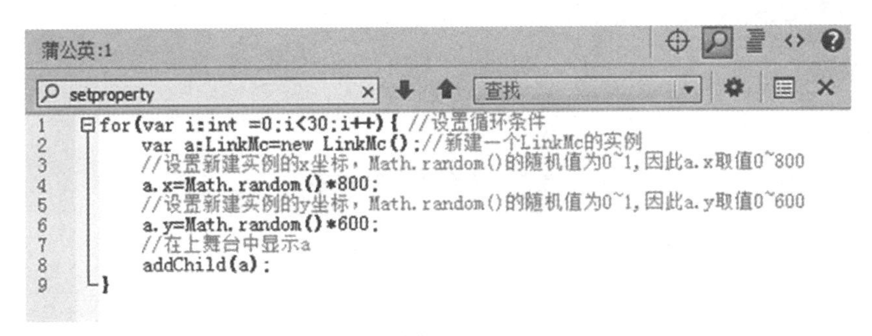

图 8-85

（14） 选择“文件”→“发布设置”命令，打开“发布设置”对话框，选中“发布”列表中的“Flash（.swf）”和“HTML 包装器”复选框，然后将右侧的“JPEG 品质”设置为“100”，如图 8-86 所示。

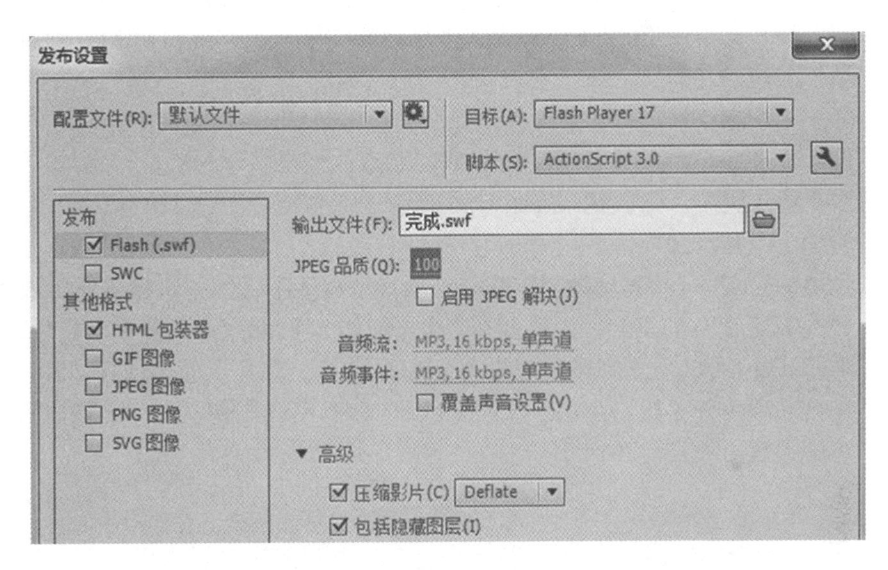

图 8-86

（15） 单击“发布设置”对话框底部的“发布”按钮，发布 SWF 格式动画，如图 8-87 所示。

图 8-87

参考文献

[1] 新视角文化行. Flash CS6 动画制作实战从入门到精通[M]. 北京：人民邮电出版社，2013.

[2] 唐琳. Flash CC 动画制作与设计案例课堂[M]. 北京：清华大学出版社，2015.

[3] 刘洁. Flash 动画制作综合案例[M]. 北京：电子工业出版社，2016.

[4] 张小敏，曾强. Flash 动画制作[M]. 北京：化学工业出版社，2015.

[5] 刘玉红，侯永岗. Flash CC 动画制作与设计实战从入门到精通[M]. 北京：清华大学出版社，2017.

[6] 陈子超，韦庆清. Flash 动画制作综合教程[M]. 北京：清华大学出版社，2016.

[7] 付达杰. Flash 动画制作项目教程[M]. 北京：经济科学出版社，2012.

[8] 邓文达，谢丰，郑云鹏. Flash CS6 动画设计与特效制作 220 例[M]. 北京：清华大学出版社，2014.

[9] 张峤，桂双凤. Flash 动画制作基础与项目教程[M]. 北京：机械工业出版社，2012.

[10] 文杰书院. Flash CS6 中文版动画设计与制作[M]. 北京：清华大学出版社，2014.

[11] 洪妍. Flash CC 动画制作入门与实战[M]. 北京：清华大学出版社，2015.

[12] 九州书源，任亚炫，余洪. 中文版 Flash CS6 动画制作从入门到精通[M]. 北京：清华大学出版社，2014.